茅以升全集

MAOYISHENG QUANJI

◎北京茅以升科技教育基金会 主编

【第3卷】

中国桥话（上）

天津出版传媒集团

天津教育出版社
TIANJIN EDUCATION PRESS

图书在版编目（CIP）数据

中国桥话. 上 / 北京茅以升科技教育基金会主编. -- 天津 : 天津教育出版社, 2015.12
（茅以升全集; 3）
ISBN 978-7-5309-7819-1

Ⅰ. ①中… Ⅱ. ①北… Ⅲ. ①桥－史料－中国－古代 Ⅳ. ①U44-092

中国版本图书馆CIP数据核字（2015）第191709号

茅以升全集 第3卷 中国桥话（上）

出版人	胡振泰
主编	北京茅以升科技教育基金会
选题策划	田昕
责任编辑	田昕 尹福友
装帧设计	郭亚非
出版发行	天津出版传媒集团 天津教育出版社 天津市和平区西康路35号 邮政编码 300051 http://www.tjeph.com.cn
经销	新华书店
印刷	北京雅昌艺术印刷有限公司
版次	2015年12月第1版
印次	2015年12月第1次印刷
规格	32开（880毫米×1230毫米）
字数	300千字
印张	15
印数	2000
定价	70.00元

出版前言

我国自古为多桥大国，历代能工巧匠，勇于创新，勤于改进，桥梁建造技术随着各个时期社会经济的发展而不断完善。过去在长期封建私有制度中，唯有桥梁具有社会公用公有性，它不仅是跨越河谷、连续交通的重要工具，而且反映了崇尚公益的纯朴民俗，并在形态和工艺方面包含着我国悠久的文化传统和民族特色，极大丰富了“桥文化”的博大内涵。在近代铁路、公路、交通设施进入我国之前，古代桥梁承担并且完成了历史所赋予的重要使命。

20世纪60年代初，茅以升在报刊上陆续发表了多篇“桥话”散文，引起读者的广泛兴趣。其中《中国石拱桥》一文，被收入中学课本,更引起广大青少年对古桥的爱好，这些来自社会各方面的反馈，无疑对茅老的古桥研究工作起了相当大的促进作用。从新中国成立后的二十年间，茅老写古桥，写今桥，除了为国内外刊物写了许多文章外，还出版了一本五国文字的《中国的古桥与新桥》的专著，向国内外介绍中国古桥的高超技艺和新中国桥梁事业的突飞猛进，这是茅老从事科普工作的重要组成部分。

1965年，茅以升写成《〈桥话〉编写旨趣》一文，提出了“桥文化”的观点，主张从八个方面阐述古代桥梁在我国政治、经济、历史、地理、科学、技术、文学、艺术等方面的成就与作用，并指出，这种尝试性的编写，在国内外文献中，尚无先例可援，说明了这一设想的创见性。“文化大革命”后期，茅以升与老友夏承栋、陆公达先生合作采集古籍文献中关于古代桥梁的民间故事、各地桥名以及历代诗、词、曲的桥梁断句，辑成手抄本九卷，九卷本所辑录的正是“桥话旨趣”中所列的内容，由此可知，这九卷手抄文献其实是为编写《桥话》而搜集的资料。1986年茅以升主编出版《中国古桥技术史》时，便采用了资料中的“桥记”“桥志”“桥史”“桥工”四部分内容。

这九卷手抄文献的第一到四卷是茅老亲笔辑录《古今图书集成·方舆汇编》之《职方典》中的桥梁资料，以中国古代行政区划为纲，分别将各地的山川、关梁、古迹、艺文、杂事等诸项一一择要录之，遗漏之处还做了补录。从这份手稿中，我们可以看出茅老曾对稿件进行了仔细的校对、修改和誊抄工作，从中我们也可以深刻地体会到茅老严谨治学的求实态度。我们十分珍视这份手抄遗稿，为了最大限度地保存资料原貌，将之以影印版的方式编入全集，是为第三、四两卷，命名为《中国桥话》（上、下）以飨读者。原稿因系手抄，且时间跨度较长，标点、体例不能完全一致的情形在所难免，在此一并说明，不再一一注释。同时，为了方便读者查找，编委会在每卷的前面编录了统一体例的《索引》，以期起到检索的作用。

这本手稿既可以作为广大科学工作者的参考资料，也可以作为向青少年介绍我国古代灿烂文明、进行爱国主义教育的重要读物。由于时间匆促，水平有限，编排错误在所难免，希望读者赐予指正！

《茅以升全集》编辑委员会

2015年3月

《桥话》编写旨趣

拟议中的《桥话》，是一部关于中国古桥的丛话性质的书。记述桥梁在我国政治经济、历史地理、科学技术、文学艺术等方面的成就和作用，以便有批判地继承民族遗产，发扬祖国文化，作为促进今后我国桥梁事业之一助。

桥梁是一种自古有之最普遍而又最特殊的建筑物。普遍，因为它是过河跨谷所必需，而河流山谷则是遍布大地，随地可遇的；特殊，因为它是空中的道路，路上运输越繁越重，桥的结构就愈益复杂了。正因如此，桥的所在地总是险要地方，形成陆上交通之咽喉。为了长期保持着这个咽喉，修建桥梁不仅是百年大计，而且往往是千年大计。这样，桥就成为永久性的公共建筑物，为广大人民所利用，而非任何个人所能私有，也非个人所能修建（私人庭园中的小桥，不属交通范围）。它不像过河渡船，可以成为私人垄断的剥削工具，而是向来公有公用，具有最广泛的社会性。因此，从一座桥的修建上，就可看出当时当地社会上工商业的荣枯和工艺水平；而从全国各地的修桥历史，更可看出一国政治、经济、科学、技术等各方面的情况。最鲜明的例子就是我国解放后，在党的领导下，立即在全国铁路公路上大兴桥梁工程，其中建成的武汉长江大桥、郑州黄河大桥、云南长虹大桥等都是世界闻名的；而现在业已动工的南京长江大桥，长达六公里半，更是世界上基础最深的一座大桥。这都是我国社会主义制度无比优越的一个最有力证明。人民群众在创造历史的长河中，为了修桥和用桥，发挥过多么巨大的智慧和力量！如果说，从一国的修桥历史以及桥成后对国家兴衰和社会在各方面的影响来判断这个国家文化的兴衰，应当不是没有根据的。我国是文化悠久的大国，在人类历史上做出过而且正在做更多的伟大贡献，贡献之一就表现在修桥的成就和在人民生活中所起的作用，从这成就和作用的两方面，都可看出我国文化历史上的特点，其中有很多是别国所无的。《桥话》就是企图记录这两方面重要史迹的一个创作。

《桥话》共分八章。第一章“桥记”，泛论桥的性质、内容和作用。从政治经济上阐述桥在社会上的重要性和依存性；在科学技术上，简述桥的构造和修建条件；在文化艺术上，论述桥在历史上应有的地位。第二章“桥志”介绍我国有史以来全国各地所修主要桥梁的扼要概况。从修桥经过及桥在各地的分布来反映当时的政治状况及经济变化。对各省各地的桥梁，试做简明统计。第三章“桥史”，就我国历代的名桥、古桥、大桥、长桥、奇特及特殊小桥等各种类型的桥，选其有代表性的约五十座，记录其修建简史、结构特点及历史维修经过。第四章“桥工”，包括桥匠，畅述我国历史名桥在科学技术上的成就以及修桥名师巨匠所做的重大贡献。第五章“桥典”，记载历史上传闻的有关各地桥梁的各种故事、轶闻、佳话，来说明桥在人民生活中所起的作用。第六章“桥景”，试论桥在社会上不但是交通工具，而且是文化生活所必需，就一些名胜地方的桥梁，指出桥与环境的关系，附带涉及历史上不少名人小居桥边的故事。第七章“桥名”，桥不以地名而冠以独特称号，是我国桥梁的特点。在这里，对全国各地桥梁的命名，做系统性的叙述，附带一些名桥的命名故事。第八章“桥文”，从我国历代重要文学作品中，选出包含有桥梁字样的断句，以见文学家对桥梁的印象，由于有关桥梁的散文太多，特别是历代修桥，多有碑记，录不胜录，故本章所选，以诗、词、歌、曲为限，特别是唐诗、宋词、元曲中的断句，所选较多。

《桥话》全书约三十至五十万字，尚需时两年至三年编成。

《桥话》的编写，是尝试性质，国内外已有文献中，无例可援，今后有无闻风兴起者，亦难逆料。为了保存我国这一民族遗产，编者当尽最大努力，慎重从事，以期毋负于我国历代桥梁的光辉成就。

茅以升

1965年3月24日

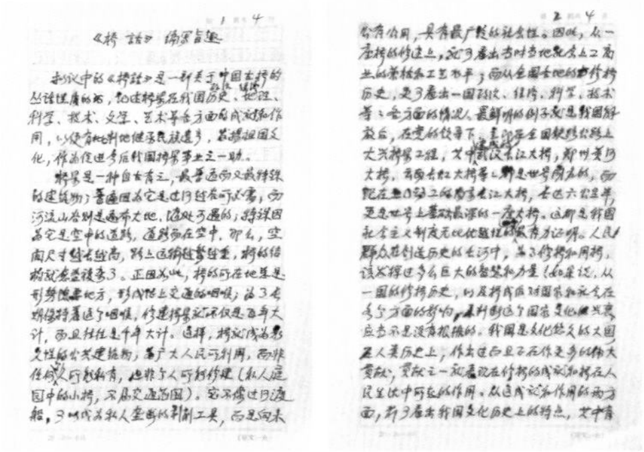

《桥话》编写旨趣

索　引[1]

---

① 为方便读者查阅，《索引》统一了标题体例，并对标题中明显笔误之处做了注释。

② 原文写作“芦”。

① 应为“艺文”。

① 应置前页“泽州古迹考”之后。

① 原文缺“汝宁府”。

① 原文缺“考”字。

① 原文缺“考”字。

① 原文缺“考”字。

①② 应为“纪事”。

① 应为“山川”。

职方典京畿总部艺文（诗词） 第063册 63/37—39

篇名	作者	册/页
卢沟晓月	李东阳咏京都十景之一	63/37
又又又又	林环（诗）	又又
玉蝀桥	董穀（诗）	63/38
又又又	陶崇政（诗）	又又
又又又	唐时升（诗）	63/39
（补遗）		
海子上有期（诗）	（元）~~欧阳原功~~ 黄清老	63/35
燕城怀古（诗）	（元）刘彦昺	〃〃
燕都（诗）（四首之一、之三）	（元）宋本	〃〃
海子桥送客（诗）	（元）杨载	63/36
早春燕城怀旧（诗）（三首之二）	（元）刘崧	〃〃
海子桥（诗）	（元）王蒙	〃〃
壬子秋过元故宫诗（诗）（十九首之八、之十二）	（元）宋讷	〃〃
泛太液池（诗）	（明）杨荣	63/37
蓟门烟树（诗）	（明）金幼孜	〃〃
雪夜召诣高玄殿	（明）夏言	〃〃
御舟歌（诗）	〃〃〃	〃〃
咏光殿（诗）	（明）廖道南	63/38
玉蝀垂虹（诗）	（明）~~[illegible]~~ 王洪	〃〃
涵碧亭（诗）	（明）陈沂	〃〃
秋日再经西苑（词）	（明）文徵明	63/39
紫陌行（诗）	（明）韩上桂	〃〃
广寒宫登眺（诗）	（明）郭正域	〃〃
江城子（饮海子舟中）（词）	（元）许有壬	63/40

20×20=400（京文）

职方典 第十五卷 顺天府关梁考 第066册 22页——25页

1/ 本府大兴、宛平二县附郭据府县志所载共47桥。

卢沟桥在府西南三十里，金明昌初建，明正统间重修，清康熙八年重修。长里许，插柏为基，雕石为栏，栏上石狮子母抱负不可数计。桥东筑城，为九逵咽喉。卢沟晓月称八景之一。

高梁桥 在府西。(宛平县)水从玉泉来，三十里至桥下。岁清明都人踏青高梁桥，是日游人以万计，簇地三四里。浴佛、重午游亦如之。

草桥 在右安门外南十里。故唐万福寺，寺废而桥存。天启间建碧霞元君庙于此。岁四月，游人集，醵且博，旬日乃罢。土以泉故宜花，居人以莳花为业，都人卖花担每辰千百散入都门。草桥去丰台十里。

2/ 良乡县 共三桥：琉璃河桥、长鹅桥、普济桥

3/ 固安县 共六桥：宁远桥、迎薰桥、丰乐桥、拱极桥、石桥、莊家桥

4/ 永清县 县志缺

5/ 东安县 共七桥：大通、通济、济公、永安、八里、小石、次平

6/ 香河县 共七桥：东、西、南北四桥、拱极、百家

20×20=400（京文）

2.

湾、骆驼湾

7/ 通州　共35桥

弘仁桥（（单独写）在州城南三十里，旧名马驹桥，又曰広浑桥。桥东头元君庙西向临桥，桥左右水花铁索环之，隐伏水中。岁四月十八日元君诞辰都士女进香，月一日至十八日尘风汗气四十里一道相属也。

哈叭桥　在东关外稍南跨通惠河上，为宝坻香河大路。旧例外贡不许入城，往来皆由此路故名，即通州志所谓南姜桥也。

浮桥　在东关外罗家口设浮白河之上。明洪武24年巡按张镗造。旧例卫派军夫18名，州派民夫十名看守，岁支道粮千石一关，名曰管桥把总。万历36年工部员外陆基忠悯桥户消乏，檄知州申详增送修桥银若加袁厘，且例派征，每修桥年分请部委官修理，自是桥户得困。清朝改移此门小津处，凡修理桥船之费皆请部发帑，额设桥船50只，桥夫40名，俱于地方佥派。

双桥　在城西十里，本一桥而名双，不知何谓。

△通运桥　在张家湾城南，旧名南门板桥，岁久板

廣，人畜多傷。明万曆33年太監張華設請以造石橋，建福德廟、文昌祠以鎮之，費數万金。

△善人橋　在張家灣城南用小石壘成，明万曆33年水衝。稅監張華易以大石橋，南建万緣庵、土地祠，共費四千余金，將磁佛像于橋下土中。

楊道人橋　在东门外，旧名通运。稅監張華以石易板。

8/ 三河县　共二桥：錯桥、小河桥

9/ 武清县　共六桥：王家、扶头、次村店、漫漫、南宫、鼓丘

10/ 宝坻县　共十桥：武曲、文明、平政、石桥、林亭口、通津、廣川、海濱、望都、渠陽、梁城。

11/ 昌平州　共21桥：永安、七空、三空、永福、青龍、永寧、三水、红桥、永通、印月、史家、大通、天清、通府、泮桥、迎恩、安濟、朝宗、清河、麗水、濟津

12/ 顺义县　共七桥：東门、西门、魯家莊石桥、薛家莊、疊翠、高郎、北米

13/ 密云县　无

14/ 怀柔县　无

15/ 涿州　共四桥：拒馬河、范水、湖梁、挟河

20×20=400（京文）

4.

64/22-25

16/房山县　共三桥：独树、长济、甘池。

17/霸州　共九桥：迎恩、普济、文明、通济、安济、浮桥、板桥三。

浮桥，在苑家口，明弘治甲寅知州徐以贞造舟二十艘，联以铁绳，上布平板，随水升降以通车马。戊午知州刘珩增修，正德己卯郡人太监张忠架木重造，今废。

18/文安县　共八桥：东门、大南门、西门、桥儿窝（均砖桥）苏家桥、德归聚、崇济、曲堤大字（均木桥）

19/大城县　共八桥：城四门桥、小石、旧闸、普济、南赵浮

20/保定县

柏桥渡　在县柏木桥村。昔年河水环绕，行者病涉，岸有古柏忽倒植河中，如桥可渡，迄今遂以为名。

21/蓟州　共十一桥：献桥、永济、通济、郭家、梁家、城河石桥（有二）龙池河、东门、马伸、通济河。

22/玉田县　共十二桥：鸦鸿、东五里、西五里、广济、永济、双桥、通顺、西城、柴亭、虎水、南城、东城

23/平谷县　共八桥：东门、西门、泃北、解官、小横头、高家石桥、龙泉务、鲁家庄。

20×20＝400（京文）

5.

64/22-25

24/ 遵化州　共四桥：五里、黎河、文桥、王寺庄桥

25/ 丰润县　共四桥：姑嫂、石桥、板桥、思乡

思乡桥　在县西，近沙巖寺北曰浭水，出巖儿口，由运河入于海。凡水东流而此水也西，人谓还乡河也。河上架桥焉。

职方典第十四卷顺天府山川考

燕山丛录：浭水源出崖儿口，经丰润玉田，由运河入海。凡水皆自西而东，此水独西，故俗谓之还乡河。宋徽宗过河桥，驻马四顾，怅然曰：过此渐远，安得似此水还乡乎？不食而去。人谓其桥为思乡桥云。

64/20

6.

戴方豊 顺天府古迹考 065册　　65/5-8.

東安县 龙虎桥　在安次南汉元狩二年建，刘琨曾饮此　65/5

霸州 莫金桥　宋杨延朗造

苏家桥　在城东二十里，相传宋苏洵造

文安县 苏桥　在县北四十里河边，宋苏洵曾为文安簿此其故迹。

石桥　在信安镇北，宋杨延朗造　65/8

保定县 柏木桥　在城南二十里，相传旧有行者病涉，将河滨古柏数丈余倒植河中往来竞渡。　65/8

20×20=400（京文）

7.

职方典顺天府部艺文　第065册　65/24—30

昌平县石桥记（元）黄溍　记县尹毕文质修石桥事　65/24

永通桥记（明）李时勉　记内官监太监李德在通州城西八里修造石桥事：桥首西五十尺为水道三券，券与平底石皆交互通贯，锢以铁，分水石旋以铁柱当其冲……明年三月立石　65/26

敕建弘仁桥碑记（明）李贤　记天顺癸未敕建南苑弘仁桥事：桥长二十五丈，广三丈，为洞有九，以隔水为栏于两傍……　65/27

新建洵河石桥记（明）杨一清　记三河县修建洵河石桥事：度之长三十步，高五尺，广若干尺，以正德十年十月功成。　65/27

琉璃河桥隄记（明）雷礼　记嘉靖辛酉修建良乡县琉璃河桥隄事：凡为隄南北东西共长五百余丈，桥一座长四丈五寸，阔三丈五尺，高一丈三尺五寸，水洞八道。　65/29

敕建涿州二桥碑（明）张居正　记慈圣皇太后敕建涿州胡良、拒马二河桥事：乃以二年正月兴工，五阅月而告成事。胡良河桥一，拒马河桥一，其广亦二丈，长三十余丈皆甃以巨石，锢以铁锭。　65/30

8.

职方典顺天府部艺文 第065册 第29卷（诗） 65/34—47

琉璃河 宋 范成大 65/34
过雪桥琉璃桥 宋 文天祥 65/34
仙人桥 宋 赵秉文 〃 〃
金河桥期友约凉不至 （元）张翥 65/36
卢沟野亭 元 贡[illegible] 65/38
题卢沟烟雨图 （元）袁桷 65/37
渔子 （元）傅若金 65/38
卢沟晓月图 元 陈高 〃 〃
（题）卢沟晓月图 元 赵宽 〃 〃
晓发卢沟望京城 元 黄佐 〃 〃
卢沟晓月 元 陈孚 〃 〃
卢沟即事 元 [illegible] 〃 〃
过河西务 元 王懋德 〃 〃
卢沟桥 元 乔世宁 〃 〃
度卢沟桥入史局 元 宋褧 〃 〃
金水桥上闻花池荷香 元 张翥 65/39
过卢沟桥 元 杨奂 65/40
燕中怀古诗 元 李源道 65/40
卢沟桥北上 明 杨荣 65/41
刘秉忠墓 明 [illegible]
过海印寺 明 [illegible]
九日同诸公登海印寺钟楼同 明 胡侍
从[illegible]入鹳鹊谷 明 王嘉谟
经海印废寺 明 [illegible]
过卢沟 明 胡俨 65/42
越桥 〃 〃 〃 〃 〃
慈恩寺 明 何景明 65/43
度飞虹桥诗 明 朱维京 65/43
西山（三首之二） 明 李东阳 65/44
卢沟桥西村庄 明 [illegible]薇 65/44
立秋日卢沟送郑太师 明 [illegible]元夫 〃 〃
李园小集 明 刘同升 龙华寺 明 吴惟英 65/46
卢沟晓月应制 明 马之骏 65/46
卢沟桥 明 吴国伦 65/47
秋兴 明 尹耕 〃 〃
北关 明 于慎行 〃 〃

20×20=400（京文）

9.

职方典顺天府部艺文 第065册 芦沟桥(诗词)

题目	作者	册/页
芦沟桥	明 顾起元	65/48
〃 〃 〃	明 唐时升	〃 〃
玉蝀桥	明 区大相	65/49
夜宿净业寺	明 朱国祚	〃 〃
琉璃桥	明 袁中道	〃 〃
经京道中	明 杨旦	65/50
水调歌(九日过芦沟)	明 范戒大	65/50
满江红(过芦沟)	明 张埜	〃 〃

20×20=400(京文)

10.

芦沟桥材料补遗

(1) 圣武亲征记：甲戌四月，金主南迁，留太子守中都。……福兴同数遣军阻芦沟……人尽夺衣甲器械牧马之近桥者。 66/7

(2) 明史纪：……时燕王以援永平，诸将请守芦沟桥。王曰：李九江方图深入，舍此不守，使彼得志，必顿困于坚城之下，此兵法所谓利而诱之者也 66/14

(1) 许奉使行程录：卢沟河水极湍急，每候水浅深，置小桥以渡，岁以为常。近年于此河两岸造浮梁，建龙祠，宏丽如黎阳三山制度。 64/9

(2) 水部备考：卢沟河发源于太原之天池……至嘉靖三十年以后，东岸堤决者二十处，于是以三十五年兴工，次年桥之东西北河岸堤成数步…… 64/9

(3) 戴司成集：卢沟本桑乾河，俗曰浑河，在都城西南四十里，有石桥横跨二百余步，桥上两旁皆石栏，雕刻石狮，形状奇巧，金明昌间所造。两崖多旅舍，以其密迩京师，驿通四海，行人使客往来络绎，疏星晓月，曙景苍然，亦一奇也。 64/9

(4) 长安客话：卢沟桥金明昌初建，正统间重修，长二百余步，左右石栏刻狮子数百枚，情态各异 64/9

(5) 破梦闲谈：卢沟晓月为燕京八景之一。崇祯三

20×20=400（京文）

车辰，风景萧条。议者谓此为畿辅咽喉，宜设兵防守，又须筑城以卫兵。于是当移之此，规里许为斗城。城名拱北，二门，南曰永昌，北曰顺治，创于崇祯丁丑，特设参将提督之。

职方典顺天府部纪事 第066册　　66/7—15

金史世宗本纪：大定28年5月诏卢沟河13使旅往来之津要，令建石桥，未行而世宗崩。大定29年6月章宗以涉者病河流湍急，诏命造舟，既而更命建石桥，明昌三年三月成，敕命名曰广利。66/7

金史章宗本纪：大定29年闰月作卢沟石桥。66/7

〃〃〃〃〃〃：明昌三年三月癸未卢沟桥成。66/7

元史列传郭守敬：迁都水监，开通惠河，由文明门东七十里与白河会，通州接置牐七，桥十二，人赖其利。66/9

石田集：（元）天历元年丞相燕铁木儿将大军东出，蓟讨秃满迭儿，与王禅前军战榆河，剿之，追战兵于虹桥北，两军隔虹桥水为营，合兵鏖战白浮之野，大败之。66/11

元史文宗本纪：至顺二年诏建燕铁木儿生祠于红桥南，树碑以纪其勋。66/11

（明）仁宗实录：洪熙元年五月，水决卢沟桥东狼窝口岸一百余丈，命行后军都督府行部发军民修筑。66/15

（明）宣宗实录：宣德三年六月浑河水溢，冲决卢

20×20=400（京文）　　11.

66/15—

浑河堤百余丈，行在工部奏闻，上命併力用工二月，修卢沟桥浸水所决河口。 66/15

(明)宣宗实录：宣德三年七月，顺天府三河县奏，本县错桥东通辽海，西达京师，今年五月，霖雨山水暴涨，坏桥，驾石岸缺，驿使往来不绝，乞拨军夫工匠于华山石厂取石修砌，庶几可成。从之。

宣德三年七月，命通州修白河官河桥梁。八月，车驾发京师，渡潞河，驻跸虹桥。

三年八月丁未，车驾发京师，戊申驻跸三河县东之草桥。

九月上驻跸蓟州西五里桥。 66/15

(明)宣宗实录：四年九月，上谓行在工部尚书吴中等曰：天气向寒，白河等处人难往涉，当治桥梁。中奏州白河水深沙陷桥梁难成，宜用官船为梁以济，令官同民修治。从之。 66/15

(明)英宗实录：正统元年十月，造通州白河浮桥，以导快船及预备运砖船为之。 66/15

正统二年二月，李庸请造龙神庙于堤上，且令宛平县复民二十户，自石经山至卢沟桥往来巡视，从之。 66/15.

20×20=400（京文）

12.

66/16—22

（明）英宗实录：八年六月修南海子红桥。九年三月修芦沟桥，修通州富河、白河桥。十年正月修南海子北门外红桥。十一年八月造通州八里庄桥，命工部右侍郎王永和督之。十二年六月修南海子北门外红桥 66/16

（明）英宗实录：天顺七年四月新造弘仁桥成。桥在南海子东墙外，旧名马驹桥。水自城西南经南海子出，旧以木为桥，水涨即冲去，往来者病焉，上悯之，发帑金数万，改造石桥。因命阁臣李贤、陈文、彭时往视焉。贤言工役浩大，莫若用军士，一月人给银一两，则力齐而工易完。从之。桥成，改名弘仁，命贤为碑记。66/16.

天顺八年六月，裕陵成。共创金井宝山城池一座……白石桥三，甃石桥五…… 66/16

（明）宪宗实录：成化七年二月，发官军五千，以少监马通、都督赵胜、工部侍郎李颙修筑芦沟桥堤岸 66/17.

（明）孝宗实录：弘治三年五月，修筑芦沟桥成 66/18

（明）世宗实录：嘉靖四十一年八月，芦沟西南堤坏，命工部尚书雷礼往视……报可。

四十一年命工部尚书雷礼修芦沟河……而世宗朝芦沟只此也。 66/22

20×20=400（京文）

13.

榖城山房笔麈：（明）万历甲戌有诏发帑金为桥涿之胡良渡，大司空朱公衡力争。66/23

密云县志：（万历）十三年大水南关广济桥冲决。66/23

昌平州志：（万历）三十五年闰六月二十四日大雨如注，经二旬……明陵内五空桥、七空桥、沙河桥皆决 66/24

（明）熹宗实录：天启元年十二月御史李日宣议于都门至良乡界……又芦沟桥至赵村十里，赵村至良乡二十里，仅有芦沟桥巡检弓兵二十人难以策应，应一体设备以遏乱原，得旨即行。66/24

北京岁华记：正月十六夜妇女俱出门走桥，不过桥者云不得长寿。66/26

20×20=400（京文）

14.

职方典顺天府部杂录　第066册　　66/46—51

燕都游览志：海子南岸旧有海子桥，亦名月桥，俗呼三座桥，近断圮　66/46

燕都游览志：银锭桥在北安门海子三座桥之北，此城中水际看西山第一绝胜处也……　66/46

燕都游览志：德胜桥在德胜门内……　66/46

" " " " "：太平仓在净业寺北，循城垣有桥，桥下有水关……　66/46

行国录：元时居庸关、卢沟桥俱有过街塔。按欧阳元功诗：蓟门城关过街塔，一一行人由窦间。则蓟近城门亦有之矣。　66/46

病逸漫记：大通桥去通州四十里，地形高通州五丈，置十闸方可行舟。三里河在天地坛前，去通州五十里，形高通州一丈九尺，置二闸便可行舟，但有一道走沙耳。　66/48

析津日记：重建三里河桥碑在桥西铁山寺。碑建于正统十二年，翰林院修撰江阴周叙撰文。铁山寺僧宗泼号也　66/48

昌平山水记：土城关北十二里为清河……有桥跨其上，永乐中建。宣德五年二月……　66/51

广济桥跨清河，在府北三十里　" "

20×20=400（京文）　15.

职方典顺天府部汇考　第66卷　第066册　　66/53—55

燕都游览志：出东便门有大通桥……　　66/53

通漕类编：大通桥东至通州入白河闸渠置闸，而漕舟不行……　　66/53

长安客话：大通桥东有花园……　　〃

帝京景物略：城南二十里有围曰南海子……领七十二桥以度，元之旧也　　66/53

帝京景物略：右安门外南十里草桥，金时有万福寺，寺废而桥存。……桥去丰台十里中多亭馆，元廉右丞之万柳堂……　　66/53

燕都游览志：草桥众水所归，种水田者资以为利，十里居民皆莳花为业……　　66/53

燕都游览志：春园在西直门桥右，园尽则高梁桥矣……　　66/55

长安客话：高梁河离西直门仅半里，桥跨河上，……桥北精蓝棋置，岁四月八日为浴佛会，四方来观肩摩毂击，浃旬乃已。　　66/55

寓林集：高梁桥疏柳夹溪，夹岸依依，有江南之色　　66/55

珂雪斋集：西高梁桥杨柳夹道，带以清流……不可悉数。　　66/55

20×20=400（京文）

16

66/55——67/2

帝京景物略：水从玉泉来三十里至(高梁)桥下，夹岸高柳丝垂，到水……浴佛日重午游亦如之 66/55

燕都游览志：此行殿在高梁桥稍西……中贵多于此游观。 66/55

燕都游览志：嘉兴观在阜城门稍北而西……自此至双峰寺北过白石桥…… 66/55

顺天府志：镇国寺在白石桥 66/56

△燕都游览志：驸马都尉万公白石庄在白石桥稍北……附郭园亭，当为第一。 66/56

△帝京景物略：万驸马白石庄有爽阁、郁斋、轩翳月池。 66/56

△燕都游览志：延寿庵在白石桥西二里…… 66/56

、帝京景物略：双林寺西二里有神虎桥，桥四石虎，万历中，一虎夜逸，遂名三虎桥 66/56

长安客话：高梁桥西北十里平地有泉……过白石桥，与高梁水合。 67/1

帝京景物略：巴沟自青龙桥东南入于淀……园北有桥曰蛮儿，一曰西勾。 67/1

△帝京景物略：水从高梁桥而西，傍有极乐、真觉诸寺略之……即玉泉山下也。 67/2

20×20=400（京文）

17

67/2—8

長安客话：甕山北五里为青龙桥，元时白浮堰之上游也。其西通金山口，其北斜界百望山。 67/2

明一统志：七里泊在礓䃰，源自昌平州，东南流至宛平县，会高梁河，青龙桥跨其上。 67/2

△珂雪斋集：青龙桥侧数武有寺…… 〃 〃

長安客话：玉泉山以泉名……地东跨小石桥，北经桥下东流入西湖…… 67/2

侯山集：穿青龙桥而西访玉泉山…… 〃 〃

△顺天府志：慈恩寺在青龙桥侧，万历中敕建。 67/3

長安客话：卢沟桥金明昌初建，正统间重修，長二百余步，左右石栏刻狮子数百枚，情态各异。 67/8

戴司成集：卢沟有石桥，横跨二百余步，桥上两旁皆石栏，雕刻石狮，形状奇巧，金明昌间所造…… 67/8

△黄图杂志：元时卢沟桥畔有符氏雅集亭…… 67/8

破梦闲谈：卢沟晓月为畿辅八景之一…… 67/8

△辛斋诗话：卢沟河畔元有符氏雅集亭。蒲道源诗，卢沟石桥天下雄…… 67/8

長安客话：卢沟桥西北三十里为灰厰…… 67/8

（東安）名胜志：卧虹桥在故安次县南，跨界河

20×20=400（京文）

18.

67/10—14

川，相传汉元狩二年造，晋刘琨留饮于此。 67/10

（通州） 通州志：卧虎桥在北关厢城外，旧以板为之，万历六年，工部郎中李燕易之以石。 67/11

八里庄桥即永通桥，在普济闸东，正统十一年敕造，祭酒李时勉作记。 67/11

鄚县志：天津桥俗呼新河庄桥，元总管郭汝梅造，在县西北二十五里。 67/12

帝京景物略：出左安门东行四十里，石桥五尺曰弘仁桥，桥东碧霞元君庙…… 67/12

（三河县） 县志：洵河石桥俗名小河桥，在三河县南门外，正德十二年御马监太监张锐造，大学士杨一清作碑记。锐，邑人也。 67/12

長安客话：错桥在县东五里之七渡河。 〃

（昌平州） 昌平山水记：芹城在州东二十里，有桥，桥下有水，出芹城北，南流入于沙河。 67/14

昌平山水记：自州西门而北六里至（明）陵，下有白石坊一座五架，又北有石桥三空。……坡北一里有石桥五空，又北二百步有大石桥七空。…………大石桥正北二里有石桥五空。又二里……今尽矣。 67/14

肃公录：出昌平州东门数里入伽蓝口，又三里

20×20=400（京文）

67/14—15

为永陵园……复行三里度一溪，溪西有七孔桥，长陵神道……又行里许为德陵神宫监，又半里许名东井，相传成祖八妃墓也。少北度一小石桥为德陵，陵西向面大溪。过大石桥而西为永陵，再西而北至景陵。由长陵西下坡渡石桥为献陵，又度小石桥为庆陵，再度石桥二为裕陵，松木森列。再西见碑楼出松隙中，度一大石桥，抵碑楼下，则茂陵也。……由茂陵神马厩神宫监而西三四里，度一大石桥至泰陵，渡溪而南至康陵，折而北为锥石口。自碑而东有断桥，循麓右转，复渡溪水，上一岗至定陵，又南为西井，再南为万妃坟，又南则昭陵，东至思陵。67/14

燕都游览志：皇陵入谒第一层龙沙带匡，第二层白玉石坊，在红门之南。嘉靖十九年建坊北石桥，桥南二齐松……第四层为龙凤门，门内外石桥七座，白玉石为栏…… 67/14

昌平山水记：献陵在天寿山西峰之下，距长陵西少北一里，自北五空桥北三十余步……玉案山之右有小桥，前数步又一小桥跨涧水，涧水自陵东来过桥下，会于北五空桥。山后桥三道，皆一空。67/15

昌平山水记：景陵在天寿山东峰之下，距长陵

20.

67/15—16

东少北一里半，自北五空桥南数步分东为景陵神路，至殿门三里。—　67/15

昌平山水记：裕陵在石门山，距献陵西三里，自献陵碑亭东分西为裕陵神路，路有小石桥一。67/15

昌平山水记：茂陵在聚宝山，距裕陵西一里。自裕陵碑亭东分西为茂陵神路，路有石桥一空。67/15

昌平山水记：泰陵在史家山，距茂陵西少北二里。自茂陵碑亭东分西为泰陵神路，路有石桥五空，贤庄、灰岭二水经焉。碑亭北有桥三道，皆一空，制如茂陵。67/15

昌平山水记：康陵在金岭山，距泰陵西南二里。自泰陵桥下分西南为康陵神路。路有石桥五空，锥石口水经焉。又前有石桥三空，制如泰陵。67/15

昌平山水记：永陵在十八道岭，距长陵东南三里，自七空桥北百余步分东为永陵神路，长三里，有石桥一空，……碑亭南有石桥三道皆一空。67/15

昌平山水记：昭陵在大峪山，距长陵西南四里。自七空桥北二百许步分西为昭陵神路，长四里。路有石桥五空，德胜口水经焉。又西有石桥一空，陵东南。碑亭南有桥三道，皆一空。67/16

20×20=400（京文）

21

67/16—23

昌平山水记：定陵在大峪山，距昭陵北一里。自昭陵五空桥东二百步分北为定陵神路，长三里。路有石桥三空，陵东向，碑亭东有桥三道，皆一空。67/16

昌平山水记：庆陵在天寿山西峰之右，距献陵西北一里。自裕陵神路小石桥下分东北为庆陵神路，长二十余步，有桥一道，一空，制如献陵。……殿后门北有桥三道，皆一空。殿门西又有一小桥，为行者所由。67/16

昌平山水记：德陵在潭子峪，距永陵东北一里。碑亭东有桥三道，皆一空，制如景陵。67/16

（房山县）北游纪方：圣阁在庆涛桥西二十里。北有姚少师塔，塔前有御制碑文。右为长罗寺，司礼监太监王安墓在其后。67/22

方舆纪要：玉室洞天在县西北七十里，有独桥十八跳。67/23

（霸州）长安客话：霸在宋时盖与辽分界处，若今清雄诸城，一垣之外即故境也。州北一里旧有界河，相传杨延朗造单桥于此间，因以名。67/23

（文安县）方舆纪要：苏家桥在县东二十里，当往来之孔道。靖难初，燕王自闾安县渡巨马河，驻师

67/24—29

苏家桥即此。

（文安县） 日下纪闻：按苏桥县志谓苏明允故迹，载诗云：苏公曾援文安簿，河上苏桥自昔传，然明允为文安主簿，以修礼书授职，未尝赴州也。 67/24

（玉田县） 名胜志：采亭桥在县西二十里，金学士杨绘延，绘邑人，采亭其别字也。 67/29

旧志：鸦鸿桥在县东南四十里。 " "

20×20=400（京文）

23.

永乐大典第5?卷 永平府关梁考 第067册 67/48

根据通志、府县志全载

1/ 本府(卢龙县附郭)共四桥：漆河桥、滦阳桥、滦河桥、永济石桥 67/48

县志：此外桥在城东二俱石砌，在城门外共四俱木桥

2/ 迁安县共七桥：黄台、三里、十里、清河、青龙、大塞、旧城浮桥 67/48

3/ 抚宁县共六桥：钟家庄、洋河、海洋、李官营石桥、程家庄、栖霞

此外抚宁阳河上有桥七，北至别撤。 67/48

4/ 昌黎县共六桥：石桥、虹桥、柳河、接湾、魏家店、狮子 67/48

5/ 滦州共23桥：沂河通津、公安石桥、岩山、八里、御驾、龙坡、波底、清水、榆关、驻驾、碾窑店、大海龙堂、石牛、蔡家、双桥、牝牛、马家、唐山、桥子镇东五里桥、西五里桥 67/48

6/ 乐亭县共八桥：商家社、清河、解家、迎恩、阜民、布德、悦泽、崇信 67/48

7/ 山海卫共七桥：撑海、登仙、文明、大明、以年、石河、咽喉 67/48

94

职方典第67卷 保定府关梁考 第068册 68/40—49

1/ 新城县（八景）升仙晓月：在县南关，相传金时有人卖药于石桥上，号药仙。忽一日白昼飞举，因名升仙桥 68/40

2/ 雄县（八景）石桥夜月

3/ 东鹿县（新城八景）草桥夜月：邑治中桥之通衢者有二，东偏者架木为之曰草桥，……两岸多植槐柳，……每月望日登桥四顾，水光月色，一片空明，如置身冰壶玉洞中。 68/41

△（新城八景）东山耸翠：邑人蜀永州推官张萧命别墅也……其地在草桥东数十武……楼外即草桥，河水萦绕…… 68/41

4/ 安州 一河走西北，九河汇东南。板桥之戍垒犹存，土尾之危隄可恃。 68/41

（濡阳八景） 板桥晓月 68/42

职方典第68卷 保定府山川考 第068册

1/ 本府（清苑县附郭） 莲花池：在府治南，元大帅张柔凿，两沼对开，一桥曲度…… 68/43

2/ 高阳县 马家河：有通济桥，夹岸堤可卅里而遥，树万柳，曰万柳金堤…… 68/49

20×20=400（京文）

职方典第69卷 保定府关梁考 第068册 68/54

1/ 本府(清苑县附郭)(府县志合载)共43桥 68/54

天水桥：在郡南郭，——明弘治四年建

大冉石桥：在北大冉村明嘉靖年重建

张登石桥：在县南六十里，明万历年修。

西门石桥：在西门外，明万历年重建

北门西石桥：明万历二十三年乡人刘子九建。

2/ 满城县共16桥 68/54

方顺桥：在县南50里，石券雕阑，坚致雄伟，隋开皇时建

南张石桥：建于正德初年，嘉靖末年重修。

通济桥：在南关外，万历二十三年创建。

大册营桥及两渔、北宋、要庄、南宋、西庄、马家、次韩七木桥：皆大册河之要济也。夏水泛涨，势且汹涌，惟九月后搭修，四月撤去，年年如此。

3/ 安肃县共五桥 68/54

瀑河桥：在县北关，知县周瓒创建，嘉靖壬子重修。绿柳环堤，激湍啮岸，有二石狮伏枕清流，若睥睨状。

徐河桥：在县西三十五里。近村居民鸠工聚石，创自(元)大定庚子，落成于明昌乙卯。迄今行旅无壅，而

20×20=400(京文)

26.

68/54—55

石桥犹存 68/54

4/定興县共四桥：

时济桥：在固城村北，成化初建

西桥：以通涞易拒馬河之津也。夏秋舟渡，冬春架梁。万历中建。

南桥：为南北通津，即河阳渡也。亦夏拆秋盖，万历中创建。

5/新城县共28桥 68/54

昇仙桥：在县南郭，相传金时有人卖药桥上，自号药仙，忽一日白昼飞举，因名昇仙。

候流桥：在县西北十二里候流村。

6/唐县 腾桥：在县西三十里雹水村之南，万历时知县杨一桂建。 68/54

7/博野县共九桥 68/54

大夫桥：在县西，明都御史吴横建。

淑人桥：在县西，王淑人建，因以名桥。

8/庆都县共二十一桥 68/54

9/容城县共八桥：三门、北关、黑龍口石桥、土桥、

小李村東西两石桥、王村西土桥、王村南石桥 68/55

10/完县共十一桥 68/55

20×20=400（京文）

27

68/55

下叔桥：在县南六里，西通唐水柳河，北通伊祁、王雲山水总会之路。康熙十一年重造。

11/雄县共35桥 68/55

姚公桥：原名易阳桥，在教家庄南，唐为圩渡险度，横舟中洲，害索行人。康熙八年，知县姚文燮捐资重造大桥，造坊曰利济迴澜，士民立石，因易今名。

12/祁州共七桥：望春、兹河、涌泉、唐河、通济、沙河、张村 68/55

13/深泽县共九桥：永济、博济（二座）、通济桥（连三座）、安济、广济、普济。 68/55

14/东鹿县共十二桥 68/55

草桥：为新城八景之一

无闵桥：在县西贤丘村南，滹沱河经其下。

15/安州共十四桥

东作桥、西成桥、南讹桥、北泽桥：在城四壕，明嘉靖初知州樊鹏造，万历中曹育贤、马鸣銮重修。

乐家港桥：在州西北三里，嘉靖初樊鹏造。万历己酉秋僧仁宽募缘重修。

16/高阳县共九桥

弘济桥：在城南二里许……初名马家桥——嘉靖二十八年移造于桥西易今名。康熙六年重修 68/55

20×20=400（京文）

28

68/55-56

17/新安县共十五桥 68/55

三台石桥：跨雹河之水，正德间义民张隆建，后圮，生员乐华、散人刘侍、徽闲省民吴景川等募资鸠工重修，邑人刘参政撰碑记。

三台义济桥：跨芦草湾之水，为安肃、清苑、安州通衢路，邑人刘参政建。

長流桥：在县西南三里许，濡、滋、徐、曹、雹并会流诸水，俗呼为大桥，以西关头有小桥也。州民于大桥南又修一桥，架木凌空，名曰长流桥……今俱废。

永济桥：在三台南，跨雹河下流。单崇建，邑人同知李梦龙有记。

东关三官庙后桥：旧狭窄，肩舆俱由城内，不便盘诘。清康熙十二年知县陈对扬捐俸增修阔大，行者不病，而门禁得严，阖邑称善。

18/涞水县共四桥：道拦、拒马、石亭、稻滩 68/56

拒马河桥：每岁秋冬以学木桥，到春拆毁，以防水涨。

20×20=400（京文） 29

职方典第80卷保定府部艺文　第069册　69/60

易水诗　唐贾岛　69/60

过徐河桥　元刘因　〃　〃

20×20=400（京水）

30.

畿辅通志第84卷河间府关梁考 第070册 70/16

根据畿辅通志

1/本府(河间县附郭)二桥：瀛东桥、瀛西桥 70/16

2/献县二桥：五节、大慈

五节桥：在县郎單家木桥，明正德六年五女遭寇，死此桥下，故改名五节，崇祯间知县袁粹向改造石桥 70/16

3/阜城县一桥：刘韩桥 〃 〃

4/肃宁县二桥：中堡、龍泉 〃 〃

5/任邱县二桥：东莊、刘公 〃 〃

6/交河县二桥：東濠、泄镇 〃 〃

7/青县二桥：登瀛、吴召 〃 〃

8/景州二桥：向化、广川 〃 〃

9/東光县一桥：系虹 〃 〃

10/沧州三桥：骑鲸、驾虹、望海 〃 〃

11/南皮县四桥：登云、会川、砥柱、万花 〃 〃

12/庆云县一桥：回澜桥 〃 〃

13/天津衛二桥：鸿济桥：在衛城西北，明景泰三年造 70/16

安西桥：在衛西门外，明弘治八年造

20×20=400（京文）

81

永乐大典第90卷河间府部古迹考　第070册　　70/36-46

范桥县：古青县，宋为范桥镇，本名范桥渡，今俱废。
　大观时升为兴济县。　　70/36

永乐大典第91卷河间府部艺文　第070册

创建大慈桥记　　明李世隆　　70/43

通桥春涨(诗)二首　　明朱曰藩　　70/46

20×20=400（京农）

32

职方典第94卷真定府部山川考 第070册

狄水河：在曲阳县东三里许，发源于恒山北谷，东流至定州与滱水合。世传宋狄青治中山时漕运于此。今已淤塞，有古桥尚存。 70/57

老僧河：在隆平县北五里，相传古有一老僧寻水至此，以杖插地，水泉涌出成溪，故名。上建石桥，亦名老僧桥。 70/58

职方典第95卷真定府关梁考 第070册

根据畿辅通志记载

1/本府（真定县附郭）桥二：

雕桥：在府城西十五里，桥下有穴数十，泉涌不息，环流于城，值旱资以灌溉，民多利之，故府志称为雕桥涌泉。

名 广济桥：在府城南门外一里，滹沱河上，每岁夏五月水泛拆之，渡以舟楫，至冬则复搭架。无极县东门外、高邑县北门外、武强县南二里、新乐县南三十里诸桥俱同名。

2/获鹿县三桥：莲花、金河、良政

3/井陉县三桥：通济、横涧、洪口

名 通济桥：在井陉县东二十里〔元氏县西二十五里、临城县东北五里、隆平县北五里、冀州

20×20=400（京文）

70/60—61

南、郭乐县南一里、曲阳县清远门南诸桥俱同名） 70/60

横涧桥：在县东北二十里，临城县东六十里桥同名。 70/60

4/宁晋县二桥：文兴、衡水 70/60

5/元氏县二桥：登封桥、吴桥 70/60

登封桥：在元氏县西北杨村陂西，路通井陉，由此可登封龙，故名。

吴桥：在元氏县南左村西北，桥南有古冢，北不纵崩，槐阳八景之一。

6/栾城县一桥：在栾城县东门外，止一券，高三丈、长十丈、阔二丈，金太和中建，明弘治十一年义民安玉重修。 70/60

7/无极县二桥：滋水、通衢

滋水桥：在县西门外，古桥石栏楣雕琢故事人物。 70/60

8/平山县三桥：冶河、立部、觉山石桥 70/60

冶河桥：在平山县西一里，明嘉靖年建，板桥冬架夏撤，两岸有桥房六间，以贮桥木。

9/定州三桥：恒绕、唐溪、赵庄石桥 70/61

20×20=400（京文） 34

70/61

10/新乐县二桥：浴日、画壁 70/61

11/曲阳县四桥：临济、登瀛、汶水、鸡鸣 " "

12/行唐县二桥：升仙、升通 " "

升仙桥：在县西门外，相传王化时有仙人飞升于此

13/武强县一桥：化龙桥 70/61

14/赵州三桥：安济、永通、秀水

安济桥：在赵州南五里洨河上，一名大石桥，制造奇特，隋匠李春之迹也。唐中书令张嘉贞有铭。

15/柏乡县五桥：恒济第一、午河、槐水、西槐水、济滏 70/61

16/隆平县一桥：广济桥 70/61

17/临城县一桥：东安桥 70/61

18/赞皇县一桥：王佛桥 " "

19/宁晋县四桥：澄洨、安济、接瀛、文桥 " "

20/衡水县二桥：衡漳、郎子 " "

郎子桥：在县西南二十里，汉时王郎屯驻军于此

职方典第一百四十卷真定府古迹考 71/36

吴桥古冢：在元氏县南左村西北桥南西侧有大冢 71/36

20×20=400（京文）

35

職方典第一百五卷 真定府部藝文 第071冊

篇名	作者	册/页
安濟橋銘并序 (趙州橋)	(唐)張嘉貞	71/41
安濟橋銘	(唐)張彧	71/41
馬欄橋记	(明)趙寬	71/47
衡漳橋记(衡水)	〃 〃 〃	〃 〃
東橋记(欒城縣)	(明)石玠	71/49
題梁太宰雕橋莊	(明)楊巍	71/50
	〃梅之煥	
	〃李標	
	〃刘寅翮	
	〃傅振商	
	〃李吕龄	

20×20=400（京文）

36.

职方典第一百十卷 顺德府城池考 第0172册 72/7-8

府城(邢台县附郭) 按邢台县志：北门又曰回图土，衡漳襄桥，因以为名。隍濠后因建旱水闸……72/7

职方典第一百十一卷顺德府关梁考

通志府县志公载

1/本府(邢台县附郭)共十二桥 72/8

鸳水桥：城北四里二水相交故名，旧名广济又名徐谦，正德时重修。

牛头桥：城西南古拴牛石尚，俗呼城为卧牛，故呼桥为牛头云。

2/沙河县石桥三座 72/8

3/南和县共二十四桥 72/8

板桥：城北五里东韩村，按县志，引澧水为门，隋开皇中造石桥。后废，易以板，正统十六年重修石桥。

通津桥：澧水神祠东岁亭间，知县朱铣引澧水入津池，经流东西交池。

澧水桥：县西十里，俗名土桥。弘治间知县门宁建三门以杀水势。

小户村桥：县西北十三里。按县志名大通桥，路

20×20=400（京文）

37

72/8-35

通任县成化十年造，正德八年重修。72/8

崇义桥：在城南狼河上。万历十三年乡人建崇义馆因以名桥。

草桥：在大镇店，即永定桥也。

南塞桥：府志、县志均未载。按畿辅通志：在南和县，跨澧水西，为往来输输之所。桥北有寺，寺中有楼，真佳景也。

4 平乡县共四桥：陈西、下庄、尹村、窦二庄。70/8

5 唐山县共八桥：大寨、老僧、马河、南石桥、小石桥、利民、永济七处 70/8

6 内丘县共六桥：尹村、乾石、九龙、义济、仁济、西桥 70/8

7 任县共二十七桥：会民、广顺、儒林、迎恩、大石、盖河、澧河、玉石、升龙、方桥、达微、清源、泽雨、朝阳、通顺、通济、小石桥、仁祥、马河、石泉、大宋、台南、西留、县南、张坡、张河、通冀。70/8-9

畿辅通志第一百十七卷顺德府祠庙

三贤祠：府治东，相传即板桥故处。旧为豫让祠，成化十七年通判张晖重修，今祀魏徵宋璟，更今名 72/33

镇洺观音寺：在城东三十里通济桥旁，有古石佛 72/35

20×20=400（京文） 38

职方典第一百十八卷顺德府古迹考　第072册　　72/39-43

本府：板桥石桥俱府城内，父老相传即豫让所伏之桥，今失其处。　72/39

唐山县：界桥，在县东，东汉初平三年，袁绍及公孙瓒战处，旧犹有古界城，今皆不存　72/40

职方典第一百十八卷顺德府部艺文　第072册

澧水石桥记　　隋　失名　　72/43

20×20=400（宋文）

39.

職方典第一百二十二卷廣平府关梁考　第072册

通志、府县志合载

1/ 本府(永年县附郭)共十三桥 72/60-61

长桥：在府城東南十二里。唐書，元谊据洺叛，王虔休战于长桥，又破之鸡澤即此。

2/ 曲周县共九桥：東桥、滏陽、新寨、刘庄屯、新庄、七沿、徐城、南寨、馬疃、東门石桥 72/61

3/ 肥乡县共四桥：西高堡、赵兜寨、张兜寨、北高营 72/61

4/ 鸡澤县共十八桥：東平、西戎、南明、北拱、通济、通固、田家、旧城、邢家、于家口、永陽、北双塔、小石桥、薛西口、柳林口、雁池、沙陽、小韩固。72/61

5/ 廣平县共四桥：浮桥三座、常棠桥

浮桥：一在長春门外，一在美利门外，一在时熏门外，日为浮板，夜则去之。72/61

6/ 邯郸县共六桥：張莊、羅城头、柳林、南蘇曹、北蘇曹、馮村、蘇里、贾营口 72/61

7/ 成安县共六桥：東门、小东门、西门、南门、西郭北隅、南郭護城隍 72/61

8/ 威县共五桥：迎薰、旭日、迎恩、拱辰、弘济 72/61

9/ 清河县三桥：孔桥、豐桥、永济 72/61

20×20=400（京文）

40

职方典第一百三十卷广平府古迹考 第073册　　73/24-42

(本府)長橋：在府东南二十里。唐書元谊据洺叛，王虔休战于长桥，又破之鸡泽，即此。(重見)　73/34

(邯郸)学步橋：在邯郸北门外，相传寿陵子学步于此。　73/35

市橋：在邯郸南门内，相传赵王集市于桥下，有陈桂继年。　73/35

职方典第一百三十二卷广平府纪事　第073册

宋游道行至邺，会霖雨，行旅拥于河桥。游道于幕下朝夕宴歌。行者曰：何时节作此声也，固大痴。游道应曰：何时节不作此声也，亦大痴。(北齐書)　73/42

唐書韦景骏传：神龙中历肥乡令，县北滨漳，连年泛溢……景骏相地势，益南［污损］千步，因高筑障，水至堤趾，辄去，其北燥为腴田。又維艚以梁其上，而废長桥，功少费约，后遂为法。　73/42

广平府艺文　职方典第131卷　第73册

惠判滨中公南园蚕园题(诗)　明文徵明　73/40

20×20=400（京文）

41.

职方典第一百三十三卷大名府山川考　第0173册　　73/47—53

（南乐县）岳儒园河：在县北四里岳儒园村……

今梁清桥跨其上……亦黄河之支流也。　73/47

职方典第一百三十四卷大名府关梁考　第0173册　缺补图志

1/ 本府：本府城之城附郭其关梁志皆不载。

2/ 大名县六桥：浮桥、东、南、西三桥、砖桥、永济桥　73/53

3/ 南乐县四桥：繁水、漳水、清流、朱博　73/53

4/ 魏县四桥：柱中、回澜、中桥、长桥　" "

5/ 清丰县四桥：西河、大河、旧城、杨家　" "

6/ 内黄县四桥：集贤、广惠、仁寿、观音　" "

7/ 濬县十九桥：　73/53

云溪桥：在濬县云溪门外，旧名康川桥，嘉靖间重建，今重修。

（名）圣功桥：在濬县，跨大伾三山两河成梁。

碓礓梁：在濬县西北二十里，元时建。

（名）童山双陵桥：明时建，今重修。

8/ 滑县八桥：陈公、爱翁、平桥、广济、便桥、韶山、圣功、新桥　73/53

（名）圣功桥：宋崇宁五年二月，诏滑州系浮桥于北岸仍名曰天成桥，寻改曰圣功桥。

9/ 东明县十五桥　73/53

20×20=400（京文）　　42

73/53—76/31

丘公桥：在县治西南隅能仁寺东旧有木桥，岁久地坏，万历年，知县丘云章砌为石桥，往来者甚便之，故呼为丘公桥。至万历四十一年知县李遇知大加修葺，筑成共制为一大桥，人又名为李公桥。 73/53

玉带桥：在县北门外，旧有漆水浸（没）害城郭，万历十六年知县牛诠置桥其上，若玉带然，故名。万历廿年，屠大伦重修，改题曰连登桥。

10/閬州六桥：石川、南溪、西门、南砂桥、北石桥、浮翠 73/53

11/長垣县七桥：普济、阳泽、惠政、周申侯、北郊、大通、广济 73/53

周申侯桥：在北门外，乡民周敏申与侯举等建，故名

广济桥：在长垣县西郭，接县壕，万历二十五年建，清康熙九年重修 73/53

（古迹）富庶桥：在濬县南新镇有高阜曰适卫，次桥曰富庶桥，相传子适卫与冉有问答处。

钜桥：在濬县西五十里，武王发钜桥之粟，即此。 76/31

20×20=400（京文）

43.

（藝文） 長橋霽月（詩） 明姜漢臣魏县景十首之一

74/48

（紀事） 大名府旧志：武王伐紂，至商郊，紂懼，登鹿台，焚死。武王遂散鹿台之財，發鉅橋之粟而定天下。（鹿台、鉅橋俱濬县地。）

74/49

20×20=400（京文）

44.

《永乐大典》第一百五十一卷 宣化府关梁53 第075册　75/9-10

宣化府共有梁十九，桥四十一　75/9-10

各梁名称：老君　花儿　李家　赵家　谢家

杨家　西孙家　东孙家　侯家　刘家　邓

家　水长　板市　黄花儿　黄家　邢家

江家　堪家　太师　王白（以上共梁十九均

在宣化府城周围三十里至二百十里）

各桥名称：普济　通济　永思　极捷　孤山

广宁　广济　通济　三桥　七里　博济

镇静　武林　顺济　横四河　新桥　七里

葛国　渡口　广东　清水河　济胜　安家

台　普济　广济　马屯　昌平　大新　桂

林坊　虎溪　东巷口　南巷口　鼓手营

皇城大桥　小桥　丁字　东巷　单塔西

西巷口　美人　鸡鸣古桥　以上共四十一桥

普济桥：在府城南五里，跨洋河，明正统年建，成化年间重修，后毁，改为木桥。

孤山桥：在永宁城西十五里，跨妫川。

广宁桥：在永宁城东北五里，跨部傅河。

广济桥：跨溪河，明成化间构木为之，万历时倡作石桥。

75/9-10

通济桥：跨洋河，初架木覆土，明嘉靖间易之以石，居民便之。

七里桥：在怀柔城北七里，明弘治六年建。

武林桥：在保安卫南四十里，跨桑乾河，本武林二姓所建。

新桥：在怀安城东北三十里，跨洋河，明景泰五年建。

七里桥：在怀安城西城，跨柳河，明弘治五年建。

万固桥：在顺圣西城，跨桑乾河。

桂林坊桥：在府城儒学西，万历二十六年建。

美人桥：在延庆州西十五里，跨妫川

鸡鸣古桥：在鸡鸣山右侧洋河左岸，石柱七十有五，东西横列，长百步，阔十二步，柱高一丈，围如之。元虞集云：汉太守王霸所作桥，今其地有马役遗迹。

20×20=400（京文）

46

职方典第一百五十八卷宣化府部艺文 第075册　75/34-39

顺圣西城万固桥记　(明)王　敏

……诸门之渠一处，植巨木为桥，桥之上，石为两旁堤若九，架以木，木之上甃石封密，浇以灰汁。桥凡八空，纵三十仞，横三仞有奇……75/34

重建宣府儒学桂林桥坊碑记　(明)连標　75/38

怀来城东通济桥记　(明)翁万达　〃〃

洋河建广惠桥碑记　(明)郭正域　75/39

……乃为长键直钩，钜穴沙浮石，错落如星，沙尽石出，如卵如齑，布满中河……舁沙布椿以磉实之……桥长千尺，广五毂轨，高不及广者尺有咫，基之阔九丈有二，阔四丈有八……栏楯高六尺有五……桥南穿沙为长堤凡千二百武，阔视桥，以通往来，桥北二千武，以通狂澜之羡，使不得决洪而南。堤北种柳数万株，俾不侵防而桥以无恐……匠之工廿万，卒之工七十万，椿之株十万，石之丈三万，金之两万有一千……　75/39

新建怀来妫水河通济桥碑记　(明)贺逢圣　75/41

九宫口桥碑记　(明)罗　淳　75/42

怀来县(诗)　(元)陈　孚　75/44

独石(诗)　(元)马祖常　75/45

海淀烟雨(诗)　(明)赵　琳　75/45

20×20=400（京文）

47

《职方典》第一百七十一卷 奉天府关梁考 第076册

通志所载

1/ 奉天府（承德县附郭）十一桥 76/28

花家桥：在城南九十里

永安桥：俗名大石桥，城西二十里，崇德六年造

2/ 辽阳州五桥：镇远、升平、升仙、安定、渠水

3/ 海城县十桥

4/ 盖平县十三桥

望旭桥：城东门外

张果老桥：城南四十里有驿站

5/ 开原县十三桥（其中已废者六，仅存数不及三） 76/28-29

6/ 铁岭县二桥：范河桥、小桥 76/29

奉天府艺文 职方典第174卷 第76册

婆娑道中（诗） （元）阎长言 76/41

20×20=400（京文）

45

职方典第一百七十六卷锦州府关梁考　第076册　76/53

通志所载

1/ 本府(锦县附郭)三桥　76/53

十三山石桥：城东八十五里

2/ 宁远州四桥　76/53

募建石桥：中内所南门外，明季建

3/ 广宁县二十一桥(其中十一桥今废)　76/53

会流桥：在经滦桥南，城内长春大会至此合流

四塔桥：城南九十里，今废

火烧桥：城东三十五里今废

20×20=400（京文）

49

职方典第一百九十二卷济南府部 第078册 78/11—14

山川考

蛤蜊桥：在霑化县旁堤附近，蛤蜊活物，大者如盘盂，岁聚集于此，横数尺，亘三二里，行人往来其上，俨然一桥也，故名。岁饥居近桥者剖而食之，足以卒岁 78/11

关梁考 府州县志合载

1) 本府（历城县附郭）共三十桥 78/14

鹊华桥：旧名百花桥，元易今名，遂以百花名其南桥。齐乘曰：桥在大明湖南岸，桥侧有元人书大明湖石碑。

泺源桥：齐乘曰：泺源桥在城西，苏子由有记。

百花桥：鹊华南，两桥相望，中为百花洲。

兴文桥：府学前芙蓉泉水经流其下入，泮池。

旱石桥：西关，跨锦缨河，嘉靖元年重修。

来鹤桥：趵突泉白雪楼前，樊太守时英建。

黄阁桥：城西五里，嘉靖十二年，袁中丞宗儒用有司议开浚黄阁废河，自匡山铺经长清界抵故店、華宗口，凡小清塞处，悉疏掘之，达于其旧，以防鲍陇泺涤暴雨泛涨。乃因莲山

58

78/14-15

西虞桥甃石为之，又造板桥于西南门津，教谕王僎记

柳阴桥：城东柳行头。昔有乩仙报一举子云：柳阴桥上定分明。扬榜日，行至桥上遇报，始知此为柳阴桥。

滙川桥：跨突泉东以北流，大理问士人铭之，不止跨水北流，往令行人不便也。

灰河小桥：跨突下流至广东桥，为之以杀大势，下复合入城壕，泺铸与北之水自东南来会，亦一小胜。李庆之燻灶，诚都风味。

21 章丘县六桥 78/15

绣江桥：在县城东清河上，成化十六年造，提学广信举陈撰文；嘉靖九年重修，东莱大学士毛纪撰文

朝阳桥：在漯河，韩信破田横，耿弇擒张步，皆于此济师。

從化桥：在县北八里西村清河，有邑人尚书张舜臣记

3 邹平县十五桥

西门桥：在西郭外浚河上，雨久陂涨，淤甚

20×20=400（京文）

81.

78/15

艰，康熙二十九年知县程议修石桥，石备未竟工作

敬家桥：在城西三十里，唐平章敬文昌封郇平郡公，家于此。

对门口桥：在城西北十二里，即汶河注入小清河处。康熙二十五年，巡抚张公鹏起议设石闸于此，未果

三座桥：在城东北八里。夏月雨集，迤北洼地，一派汪洋，建桥三座，以济行人。

罗园庄大石桥：在城西北四十里，大峪、泉涧，李滕汇此，石桥坚固，亦颇据胜

4/ 淄川县二十二桥 78/15

霁虹桥：县治南门外般水上，成化十年县丞崔志创建，嘉靖丙戌知县张文全重修，邑人孙克辉有记。

六龙桥：在县治西门外孝妇河上，万历中知县王时科建。是岁秋举者六人，因纪兴桥上，遂名焉，有孙之獬记。顺治五年大水圮之，康熙十六年重修始成，戊午大水又圮。

五里桥：在城东北，邑人高汝登建。

20×20=400（京文）

52

薛相桥：在城西十里，为邑景之一。

明和桥：在城北二十五里。明嘉靖中，邑人胡应命建。后圮，邑人韩茂村、胡宜春重修，胡为应命四世孙。康熙丙寅邑人韩冲偕议重修。

花水桥：在城北二十六里，邑人高所翔造。后圮，邑人袁希贤等重修，有记。

韩家桥：在城西北三十里，邑人韩玉揚建。

池子头桥：在南，康熙二十五年邑人韩冲偕义修。

5/长山县十四桥

西关石桥：在西关外，康熙二十年，僧兴泽及淄川张福禄、高画、杨永吉、生员卢起龙建。

6/新城县十八桥

司马桥：旧名广济桥，在县东半里许，乡宦李秉重修，少师尚书王象乾增修更名。

小石桥：在县东北一里许，旧系土桥，乡耆于祐易以石。

巩家庄桥：在县七里，寿官巩良贵修石桥。

袁家庄桥：在县东南八里，邑增生王兆润、乡民孔应元等修石桥。

7/ 齐河县二桥

大清桥：在县东十里许，即大清河桥也。地係九省通衢……明嘉靖二十七年羽士张演升发愿募修石桥，真人陶仲文捐银助之，复奏发帑金一万四千余两，敕巡抚沈应龙调派九县夫役，委济南府同知王应乾、通判萧音督修，至三十四年桥成。九空，石砌铁锔，上置狻猊栏柱，经営完密，结构最工。跨东西二坊，一额曰大清桥，一额曰济北朝宗。至天启七年……水势滔天，毁桥而北……五年全面桥屹然未动……而行旅亦皆借以通便云。

高家桥：在县西四十里。因赵牛河秋水暴涨，阻滞行旅，乡民高标山资修桥以便往来，至今赖焉。时称高家桥。

8/ 齐東县十二桥

曹家桥：在曹家码头西，康熙二十三年重修，知县余为霖有碑记。

9/ 济阳县三桥

南关桥：在城西一里，建于正德年，后乡民曹臣補修。万历35年邑人庠湖郭应晖重修。

78/16

10/禹城县十一桥 78/16

11/临邑县六桥 " "

解愠桥、双桥俱在南门外。

12/长清县十桥 78/16

13/肥城县七桥 78/16

迎恩桥：在北门外，封君李第重修

14/陵县一桥：三里桥 78/16

15/泰安州三桥：高老、广济、汶口 " "

16/新泰县十桥 " "

腾蛟桥：在城西二里

登峰桥：峙山下，顺治戊戌乡民王希成独造。

公西桥：在公家庄，顺治丙申，乡民刘三重、李望凤重修。

17/莱芜县十桥 78/16

渡仙桥：在仙人山下，北五里，有碑。

18/德州五桥 78/16

19/德平县十一桥

方便桥：在县东北二十里，义民于安然、生员于斯盛重修。

20/平原县五桥 78/16

20×20=400（京文）

55.

78/16—17

津期桥：即平原津。

董家桥：在董镇口，离县二十里，以士董遇春创修，长百步，宽二丈，行者称颂不绝。

21/武定州三桥 78/16

22/海丰县十桥 78/16

枣园桥：在县西十二里，通京畿孔道。明成化二十年海丰康云协建木桥三，正德十五年、嘉靖三十三年、崇祯十五年相继修增以木石，筑驰道一里余。

23/乐陵县七桥 78/17

郭镇桥：因钩盘河造，县北门外。晋杜预既造此桥，上从百官临会，举觞劝预曰：非卿此桥不成。预曰：非陛下圣明，此桥不立也。后圮，万历十九年知县王登庸重加修造，筑石坚平。

？

美政桥：因钩盘河造，……景泰年间，知县苗昂创置，至今民赖以济，俗名曰大桥。

善化桥：因徒骇河造，……知县苗昂率道人韩刚等下梢安土成桥，袤二里，百姓赖之，有修建之利，俗名曰小桥，有教谕吕文聪记。

刘宗桥：县东南十里许，河流处阔有三里余，

20×20=400（京文）

56

道通武定、阳信，每岁行者阻于水，赖有邑人刘仲良鸠众修之。知县王登甫嘉其行谊，具名善人传，申呈上司，时称贵之。

广济桥：在县東十六里，崇祯八年，乡民刘友性募缘所造。

24/商河县四桥 78/17

黄郎桥：在城南五十里

25/滨州七桥 78/17

石桥：州西北二十五里，在秦台乡四图。明弘治八年致仕官杨崇孅造石桥其地，因名。有碑记。清康熙二十八年州人知县杜桐杜亮重修，进士张灵识石。

26/利津县三桥 78/17

云路桥：在万世宗师坊南湾中，积水为池，乃学宫之泮宫也，明教谕朱尧时造。

杨惠桥：在南门外，明县尹杨政芳造，为积水渊堰，康熙十一年重修。

27/霑化县七桥 78/17

流钟庄桥：万历二十一年义士李孝民倡众造

20×20=400（京文）

67

78/17

黄昇店桥：万历三十年义民王君佩杨进孝鸠众造。

赵家桥：在富国东北五里许，万历四十二年耆民赵士夏造。

窦家桥：在富国东，万历三十年义民李遇鸠众造。

小埠头桥：在富国东南，万历二十七年省祭官牟东皋、牟经邦造。

墉上桥：在富国西南，万历三十二年义民李先明造。

281. 蒲台县四桥 78/17

大义桥：万历三年楚商建。

济南府古迹考 第079册

本府（历城县附郭） 迎仙楼：在西关迎仙桥上。关头突起岩台，楼翼其上，屹然大观。崇祯己卯毁 79/8

济阳县 苏武断梁桥：在县西六十里。 79/10

陵县 铁板桥：在县治南。土人传系运道，今日已塞，桥没土中，窃视尚见其形，手摸之犹有铁屑。

济南府艺文 水香亭（诗）（宋）曾巩 游金牛山（诗）（元）张起岩 79/24

游南龙洞山（诗）（元）赵孟頫

济南府纪事 历城县志：建文二年庚辰……以铁铉为山东布政使 79/29 58.

职方典第二百十四卷兖州府关梁考 第080册

根据县志所载

1/ 滋阳县28桥 80/7

泗水桥：在城东南三里黄家铺，此岸乃泗水急流，当南北之要途，万历37年鲁宪王所造，中通十五洞，每洞五丈有亭，记入艺文。

吕仙桥：在县治西30里。万历34年有吴之英、丁时雍请乩与吕祖会，吕书云明午在此宗桥会。届期二人至桥……远见一人道装自西北来……瞬视间则不见矣。……其后桥石遂见仙痕。

御桥：在县治之北跨泗河而造。景有御河烟柳

平政桥：在西北门西，跨南北两涧河併泗河之水而中造焉，北临昌平驿。

翟村八桥：在县西二十里。

屯头八桥：在县西南二十余里。

婆娘桥

2/ 曲阜县十二桥 80/7-8

阎老人桥：在县西北十二里，跨水架木名之。

3/ 宁阳县十五桥 80/8

20×20=400（京文）

59

80/8

洗河北石桥：生员戴许昔修。康熙二十六年乡民徐之彦同男徐志宇重修。

洗河大石桥：在洗河闸南，御史吴崇礼、生员吴崇美、张四述、乡民杨德明昔造。

洗河小石桥：先许居后张居募修。

乐善桥：在北郭外，通泰安大路。康熙十一年刘文翠等募化建修。

4/鄠县三十四桥　80/8

东阳桥：在东门外。崇祯二年义民石守敬建。

望仙桥：在城东北留家殿，跨涝河。嘉靖年间道士吴明山修

平阳桥：在城西三十里，跨白马河。崇祯九年修，康熙七年地震圮坏，道人钟都玖募修。

魏屯桥：在城西三十里，跨白马坟，未详何时创造。

黄路桥：在城西四十里，跨白马河，万历十五年义民冯庭槐建。

大通桥：在城西北里许，商人李闻玲倡建。

渭河桥：在城南五十里，崇祯二年义民石守敬造。

20×20=400（京文）　60

80/8

第　　页

野店桥：在城南十五里，嘉靖二十二年修。

新桥：在城北二十里，万历年间里人张世享捐银造。今年久圮坏，伊子张凤鸣偕义继志，於康熙十一年重修。

5/泗水县十三桥 80/8

卞桥：在县东五十里，金大定二十一年建。

6/滕县十五桥

跻云桥：在城东南一里，旧名斗子桥，跨南梁河，不知创始。嘉靖十四年知县郭正重修，万历十年知县杨承父增修。

官桥：在城南四十里，建自隋时，近桥东涛中踊出一断碑，盖隋开皇八年也，上有大半三分之一，其字楷古，虽非名笔，然无剥蚀可读，其下半求之不得惜哉。明正统间知县严贵重修，造九券，高四丈，今圮。

霸陵桥：在薛城南，相传孟尝君造，非也。或名始自孟尝君乎。

公输桥：在城东南三十五里，坚致，俗传公输仙造者，妄误。

北镇桥：在东旧社城县集北，系古桥，正德间

20×20=400（京文）

61

80/8-9

重修。

合娘桥又呼为韩果桥：在城西三里，其义未详。

小白桥：在城西四十五里，跨小江口，一券而工力坚致。

鸣鹏桥：在城西四十五里奎子村西，崇祯二年生员孙之昭建，教谕韩国章有记。

7/峄县十六桥 80/8

望仙桥：在县南门外，以南有望仙山，故云。

孺子桥：在县西门外承水上。弘治间知县许承芳重建，嘉靖间知县龚汝勤增修，土人旧讹为女子桥，知县陶汝鼐有辨。崇祯七年知县鲁崘望贾艾劓，邑人褚德培有记。

崇宗桥：在县北三里，北山涂浪诸水流其下。

平赋桥：在县东南十里土桥村。峄知县辛我德因清丈地亩、均平赋役之后所建，故名。

8/金乡县二十一桥 80/8-9

泮水桥：在儒学门南。知县彭嗣化建木坊一座，又名青云桥。崇祯元年，知县李国泰易以石坊。

20×20=400（京文）

62

80/9

惠广桥、春波桥：均成化十五年商人徐全造。

来熏桥：周公桥、闫家桥：均乡宦周永春造。

胡家桥、薛家桥：均廪生周道成修。

新石桥二座：在十里铺南，崇祯九年乡民吴自兴创造

小石桥、西圮桥、广济桥、东圮桥、八里河桥：均乡民修造。

9/ 鱼台县七桥 80/9

郎桥：在达济门外，郎桥夜月县景之一也。

双龙桥：在县东南五十里，经济河上，去镇二三里，一名飞龙桥，运河故道也。相传樯艘鱼贯下渡，桥船随樯之高下以先机，有好事者于樯端更置长杆，舟行竟夜，咸咤为神云。

10/ 单县十一桥、 80/9

四门石桥：在旧城四门外池堑上，颇宏峻。

四门桥：在新城池堑上，嘉靖十二年知县杨瀹造，四十三年知县贺遇春易修石桥，永利之。崇祯年间改为木桥。

11/ 城武县十二桥 80/9

20×20=400（京文）

63

80/9

丰乐桥、文明桥、惠济桥、通济桥：均三间有碑。

朝阳桥、保安桥、丹凤桥、静安桥、民便桥、广济桥、石桥：均三间

普济桥：在九女集，凡五间。

12/曹州十七桥 80/9

东秋桥、通济桥：俱州东门。

西成桥、接汴桥：俱州西门。

阜民桥、镇宁桥：俱州南门。

拱辰桥、望京桥：俱州北门。

陈家小桥：在州东南五里，下遗元古碑。

砖石桥：在州西北堤口下，乡民武士秦苏重修。

小留桥：在州北三十里。

13/曹县十七桥 80/9

腾蛟桥、起凤桥：俱儒学，顺治十七年知县陈澄心改为源泮水，跨桥腾天，俱邑庠生郝开宗书。

△太清桥：在苹塚集南，以东有太清观，故名。

14/定陶县十五桥 80/9

15/济宁州二十一桥 80/9

大将桥：在城东五里。

20×20=400（京文）

64.

80/9-10

姜家桥：在州東三十里，跨泗水上。万历中，耆民姜詔捐造，号为水衢。康熙十一年，里民胡岳珂、刘学孔各捐金，僧照智募化重修。

16/嘉祥县六桥 80/9

濠台桥：在县南三里濠台山下，成化乙未曹謹倡众为之。

垌头桥：在县南二十五里垌头村之北，成化壬寅，首人唐育才修。

丁家桥：在县西南九里，里人丁彦造。

17/钜野县八桥 80/9-10

18/郓城县十五桥 80/10

化龙桥：在儒学门外迤東，隆庆年间造，以助文风。

潘溪渡桥：在城西北，永乐元年，居人潘旺施舟济渡，後捐赀造桥。

旱石桥：在城南四十里。居人孙亮以地窪阻行，捐赀造桥，因无水，故名。

朦胧桥：在城東南三十五里。

19/东平州十五桥 80/10

永济桥：在南门外一里许，汶水所经。洪武二

20×20=400.(京文)

65.

十八年老人邢懋奏请创造，甃石为之，凡十有九空。万历四年知州白如高于桥两边增修砖墙，加以石栏，行人便之。日久水冲，石空拼塌。顺治十五年本所人王元臣募化重修，日积月累，昼夜辛勤，历十年余桥工始竣，比旧更加坚固，往来称便。上有碑记。

陈家桥：在城北门外一里许，亦汶水所经。弘治十二年……康熙五年本所人王元臣修完南桥，复修北桥，工程浩大，昼夜勤劳，桥未方半，積病身殁。州人李锦脩接修，增添石空，制如南桥。

西桥：在城西门外，山水冲坏，往来阻隔。有铁匠郭起得，凡锻炼所[illegible]，日积砖石，数年独修石桥一道。遇秋水泛涨，冬月寒苦，不假舟楫，人人称快。

席桥：在城东五十里。大定七年造，架汶济河。旧传宋真宗东封泰山，车驾经行，以席铺藉，故取名焉。

宫桥：在席桥上流二十里，旧传真宗东封回銮所经之处。

20×20=400（京文）

第　　頁

吕母桥：在東平州西南。水经注：東海吕母起兵所造。梁山北三里有吕母宅，宅東三里，济水所絕也。

80/ 汶上县二十七桥 80/10

草桥：在城西八里，为南北渡口，每岁潦溢，则结草为之，至夏而撤，岂费用不赀焉。邑令肥乡李公，拟甃石桥数余间，经言于父老有成议矣，寻以迁去不果，有著石桥募疏。

開河闸桥：县民方亨历修三十余年。

81/ 東阿县四桥 80/10

狼溪桥：在城中央。……每秋霪雨暴涨，屡修屡废……嘉靖三十三年知县董锦创为一空桥以木为之，更名永济，状如车轮之半，跨渎而岸，车马难通。……万历四十年又坏，知县耐毅仍以一空之制，叠石为之，坦平如地，往来便之

82/ 平陰县三桥 80/10

徐家桥：在县南五十里柳沟村之東，巨石包砌，五里许，明义官宋继先造。

83/ 陽穀县五桥 80/10

20×20=400（京文）

67

80/10—11

宁津桥：在城内县署前通东西街，时值霖雨，坎水横溢侵其上，甚至秋冬不涸，居民艰于步，苦之。明万历二十六年，居民钱尧猷纠众募助造石桥一座，水不为害，因立石碣，题其上曰宁津桥。

惮滨桥：在东门外……明万历二十三年知县傅道重命义民董寇季架石桥三空……

孔家桥：在西湖陂，乃山陕朝城之大道……明万历九年知县吴之问，附近居民席朝阁，东寺僧印僧性江募众鸠材，相距半里创石桥二座，其西水势稍杀架一空，其东差大架三空，以其地近孔家，遂以名桥。

丰乐桥：在县城东北三十里……乡耆吕三畏应命自捐资财架石桥一空，称永途焉。

24/寿张县十六桥 80/10

道人桥：在县城东二十里

25/沂州二十七桥 80/11

26/郯城县九桥

迎恩桥：在县城北门外。天启七年六月十七日沭水泛涨冲塌，将城垣对岸一道冲决，两

20×20=400（京文）

68

80/11

岸丢丹十余步。至今城壁震官民受累。

新桥、白挺桥：均在长城集西，邑人锦衣赵

淮造。

颜子桥：一在长城东三里，一在鹿山集西。

△倾盖桥：在县北十里，跨白马河，通沂州孔子即

倾盖亭处。

27/费县二十二桥 80/11

澄台桥：在县西南关阳店。

弦歌桥：在县西南关阳村

温水上桥、下桥：在县西温水乡。

逍遥桥：在县南列里河北。

里仁桥：在县西北二十三里。

20×20=400（京文）

69

职方典第218卷兖州府学校考 第080册　80/25—82/27

本府儒学：旧在府治东南……至明洪武十八年升州为府，改建于府治之北……旧泮池原在棂星门内，明万历26年鲁王助金改造于神路之南，出百步外。至38年知府吴从显素精堪舆，谓泮池在学宫右，形势偏而弗聚，戟门前尤为秀气所钟，捐俸百金，移于宫左，鸠工缮造，凿池深丈余，周围十七丈，为半月形，上造三桥，俱饰雕栏，砌以灰木，费极浩繁，工殊坚固。……　80/25

古迹考　81/56

钜野县　秦梁桥：在金山西。相传始皇东游所造

东平州　吕母桥：在州西南。水经注曰：东海吕母起兵所造。集山东北三里有吕母宅，宅东三里汶水所经也。（重见）　81/57

邹县　康王桥：在县南，距城30里米庄社有小桥，今仅存石数块。世传宋朝康王幸峄山，曾过此地，筑此桥，遂名焉。　82/6

鱼台县　朗桥夜月　相传昭夜状有月影在水中。今石梁犹存，但桂魄台（当？）空，光生近律，时虹对景，足供清赏矣　82/8

艺文考　骑云桥赋　（明）滕阳王元宾　82/27

鲁西至东平一首　（唐）高适　82/29

70.

职方典第250卷东昌府关梁考 第082册　　82/45—46

东志.府县志合载　　82/45

1/ 本府(聊城县附郭)四桥：通济.浮桥.肯修石桥.姜家

2/ 堂邑县二桥：中行桥.捍石桥　　82/45

3/ 博平县五桥：邓家.魏家.潘.偏家.通济.广济　　82/46

4/ 茌平县五桥：登瀛.张良.通便.铁板.李庄　　〃 〃

5/ 清平县二桥：毕家.蔺家　　〃 〃

6/ 莘县一桥：通津桥　　〃 〃

7/ 临清州六桥：永济.通济.弘济.广济.浮桥.德洛　　82/46

永济桥：在会通临清二闸间，明成化二十年知县吴傑建，以木四丈为巨舰，绝河横亘如彩虹，俗名天桥。

通济桥：在临清闸东，当汶水北徙处，副使陈璧造舟济往来者。明嘉靖戊申工部郎中蒋中议改石桥，如旧制，以时蓄泄河水。

浮桥：在观音嘴南，州人王珍建，翰林学士程敏政有记。

8/ 馆陶县四桥：王家.杨家.南馆陶.观音堂

9/ 高唐州五桥：杨官屯.周家.夹滩.南镇.郑桥。

周家桥：在州城西35里，明嘉靖19年知州周匡督里人徐文英建，有方元焕记。

20×20=400（京文）

71

82/46—83/30

10/恩县二桥：津期桥、陈家口桥　82/46

津期桥：在县南20里，今名永安桥，邑人王臣先曾修，万历初年知县孙居相重修。

陈家口桥：在县东12里，邑人赵名延子凤翔说相继重修。

11/夏津县四桥：屯氏河、马颊、陶家、下官　82/46

屯氏河桥：在县东北30里，一名姜姑桥。

12/武城县四桥：冰桥、小桥、太平桥、永清桥　82/46

冰桥：知县姚显悯冬月涉水之苦，架木济民，冰解方撤，故名。

13/濮州十一桥：卫河、永济、张村店、旧城东桥、流河、庄浮、虹桥、延熙、五里、西温、洪河、梅家、李家　82/46

14/范县七桥：清河、宋明口、吴家、罗家、水保河、马厂河、姜家。　82/46

清河桥：在县东一里，阳谷民赵子英造。

15/观城县三桥：西津、倬衣、秩水　82/46

东昌府艺文　第083册

成贤桥记　（元）薛祐　83/28

郑桥（诗）　（元）王子嵩　83/30

20×20=400（京文）

72

职方典第262卷青州府关梁考 第083册 83/51

通志州县志合载

1/ 本府（益都县附郭）26桥 83/51

通天桥：在北门楼东，极高广壮观，昔有唐人谐此禅寺行香处，遗址尚存。

南浮桥：在北门外跨南浮水。宋曹肇撰修桥记，米芾书。明永乐十二年郎中郑綱重修。弘治七年秋水泛滥，碑桥尽毁。万历22年，知府衛一凤、知县刘養浩增修，改名万年桥。

善通桥：在善通铺大道中。岁久石颓，知府安熙王公捐俸修理，郡人吏科给事中锺羽正修造石桥碑记。

月儿桥：在城东南25里白马庙东，垒石甃结如天然，下穀有穴，可容数人，常流不竭。

王公桥：在县东50里，旧名老济桥，金大定年间造，明万历43年知府王嘉宾捐俸重修。

三元桥：在县东关，南路通临朐，旧名徐家桥，郡人参议徐公衡筑。明万历45年知府王嘉宾捐俸倡修，改名三元，郡人冀浩令进士石岩碑记。

会流桥：在县北门东跨阳水，明嘉靖五年参

20×20=400（京文） 73.

83/51-52

跋黄信修，年久圮毁，顺治年，右通政高有闻重修，禅僧三泽增修，亦名三泽桥。83/51

新店桥：在县北十里新店铺南，明知府王嘉宾捐俸修，郡人贡士卞汝随碑记。

青龙桥：在县北20里，明知府王嘉宾修，郡人尚书钟羽正碑记。

2/临淄县十桥 83/51-52

古人道口桥：在县城东五里。

石人桥：在县东三里。

操家桥：在县西八里。

3/博兴县36桥 83/52

歌薰桥：南门外，乡民王秉信重修。

利见桥：城南12里，乡民白所知等造。

柳桥：城东南20里，乡民韩希舜等重造。

辐凑桥：城南十里，乡民曹敬学等重建。

大觉桥：杨翱先等修。

金家桥：东40里，刘门殷氏募修。

4/高苑县六桥 83/52

西城桥：久废，邑人张兰馨同子生员日贵捐金增为石桥，开封知府王之卿有记。

20×20=400（京文）

74.

第　页

宏龍桥：原土城邑人王峯捐金同邑九常增

修为石桥，封通判邑人郭如松有记。

鹰子桥：县南五里，跨小清河。明万历18年道

士赵丰时募缘建，因鹰在鹰子道故以名桥。

5/ 乐安县十一桥 83/52

南路大王桥：去县20里，居民五百家，与彭家

道口相连，皆绕经由之路。

6/ 寿光县三桥：罗桥、张建桥、稻田石桥。 83/52

7/ 临朐县11桥 83/52

雪花桥：在兴隆街，湍涌泉水经其下入巨洋。

8/ 安丘县二桥：龍湾汶水。 83/52

仕良桥：在黄山社

9/ 诸城县51桥

韩信桥：在县东北35里 83/53

石佛寺河石桥：距县半里，南北大路不啻百

步，桥在其间。万历甲午乡民刘应世先建，有

县尹敖侯碑记。

10/ 蒙阴县29桥 83/53

名义桥：城东18里

烟柳桥：城东北65里，沂水县人李逢春建。

20×20=400（京文）

95.

83/53-54

11/昌乐县15桥 83/53

四石桥：在壮海桥东南，迪开山口，走琅邪。

跪门桥：在城东40里

12/莒州二桥 83/53

五横桥：在州西十里，因桥有五横，故名。成化十年造。

龍石桥：在州北一里许。山水償流，汇为沦泽，民患之。成化十七年知县潘清承建桥，弘治二年重修。

13/沂水县四桥：望仙、寓桥、曲石、河阳 83/54

14/日照县12桥 〃 〃

化龍桥：以其在德学右，故名。

奈子桥：在县西15里相家庄西。

大桥、二桥、三桥：在三桥铺。

青州府藝文

送王光辅归青州兼寄侍御 （唐）韩翃 84/23

青州府紀事

渑水燕谈録：青州城西南皆山……俗曰虹桥。84/27

20×20=400（京文）

76

《古今图书集成》第374卷 登州府关梁考 第84册 84/40

府州县志会辑

1/本府(蓬莱县附郭)十四桥 84/40

画桥：在治东，跨黑水上，明永乐十六年指挥王宏造。

密水桥：在城东二里，密水分流其下。

龟背桥：在密水桥南。

天桥：在备倭城新开海口，架木板以通往来，船行撤之。

天生桥：在马鞍山东，海畔有深涧，中起石阁，南北直通，周行如天所设。

平畅和桥：在府城东60里。

2/黄县十三桥 84/40

正东桥：在县东门外。

3/福山县七桥 84/40

保城桥：在县城西门外，后因城守拆毁，改作板桥，以便启收。

清洋桥：在县东清洋河上，今有石桥，尚存故址。

大姑桥：在县东大姑店，古制如清洋桥。

丹阳桥：在城内街巷四通之处，以马丹阳造

84/40–41

共5，故名。

4/ 栖霞县六桥：迎仙、七里、虎、赤巷口、浮桥、蛇窝泊、方山桥 84/40

5/ 招远县十二桥 〃 〃

海桥：在县西南三里，地名折腰滩。

石对头桥：在县北十五里。

偏岭桥：在县南20里。

6/ 莱阳县42桥 84/40–41

火山石桥：在县东十五里。

鹤水石桥：在县南30里。

李牧庄石桥：在县西南70里。

罷家河桥：在县东南40里。

观音桥：在县南90里，长一百二十空。

7/ 宁海州九桥 84/41

睦恩桥：在州西门外，洪武十年建，嘉靖二十六年修。

8/ 文登县十九桥 84/41

送驾桥：在县北五里。

崐嵛桥：在县西门外，旧名迎仙桥。

抱龙桥：在县南一里许。

20×20=400（京文）

78

84/41—85/13

第　页

臨公橋：在县南15里，甃石造成，長二丈，厚三尺，擊之鏗然有声，石刻永安三年石公造。

萬湯橋：在县西南十里。

登州府部杂録　第085册

三齊畧记：始皇造石橋渡海观日出处，有神人召石下，城陽一十山，發岌相随而行，不去不驶，神人鞭之見血，今召石山石色皆赤。　85/13

始皇造橋观日，海神为之驅石竖柱。始皇感其惠，求見，神曰我醜莫图我形當与帝会。始皇从橋入海40里，与神相見。左右有巧者潜画其像。神怒曰：帝負约，可速去。始皇轉馬，前脚猶立，后脚隨崩，仅得登岸。今見成山東海水中有竖石，往往相望似石橋，又有石柱二，乍出乍沒，或云始皇渡海立此石以為記。　85/13

登州府藝文(补)

和吳峻伯蓬莱阁六绝之四(诗)　明　王世貞　85/13

登州府山川考(补)

(文登县)召石山：在成山東……　84/37

20×20=400(京文)

78

职方典第282卷莱州府关梁考 第085册　　88/26

1　根据府志

1/ 本府(掖县附郭)十三桥：迎仙、南阳河、掖河、运西河、三里、小石、大石、郎村、白沙、沙河、万岁(俗呼万河)、朱河、六湾。

2/ 平度州五桥：双凤、石桥、新河、沽尤、吕桥

新河桥：在州西北八十里胶河，河因海潮汐涌长，旧联舟为桥，明嘉靖十年，副使王献始以石。

沽尤桥：在州东80里，夏秋野水泛涨不一，难于造桥，抵冬水涸，伐木为之，夏秋作筏以济。康熙年间李道人创修石桥，为平度胶州即墨三处通衢。

3/ 潍县七桥：通济、卧龙、流饭、一空、安定门外石桥、迎恩、东于河。

通济桥：在县东门外，跨白狼河，一名白狼桥，金大定间造，岁久倾圮，邑人陈钢之重造，改名青龙。

流饭桥：在县西北20里。创造无考，故老相传水面浮饭一包，造桥者食之，因名。

安定门外石桥：明正德中邑人陈阜造。

20×20=400（京文）　　80

85/21

迎恩桥：在西门外，明嘉靖41年道人孙敬云募修。

4/ 昌邑县八桥：陶埠、石湾、王樗、塔堤、金台、陆庄、于庄、新河。 85/20-21

石湾桥：在东北15里，跨潍水上，每年十月派社夫草木建造。

王樗桥：在县南15里跨漳秣河，今置石桥。

新河桥：在县东北50里，河接渤海，每遇东北风河水潮涌，草桥屡造屡坏，明嘉靖间海道副使修石桥，后为海水冲溃，今仍民间打造。

5/ 胶州七桥：云溪、乾石、石桥、沽河、新河、洋河、进士。 85/21

云溪桥：在州南门外，跨云溪上，旧名店湾桥。明天顺中甃以石，为三虹易今名。嘉隆中重修改为五虹。天启二年僧宗收复募修，名曰东新桥。清顺治九年重修，改为七虹，名曰海宁桥。

6/ 高密县十三桥：通济、铺东、龙湾、大吕、王党、任婆、永安、西赏桥、阳沟、柳沟、里仁、长济、河流亭口。 85/21

张鲁桥：在县东25里。

柳沟桥：在县西十五里，青亭界处，知县房元

20×20=400（京文）

89

中分置石桥十余处，以便往来。

7/即墨县十一桥：淮涉河、近西、天桥、长直、仙人、潑石、大桥、远西村、沽河、流河、石桥　85/21

流河桥：在县东北60里，每于九月居民会力作之，夏初则撤去。

莱州府山川考（补）

（即墨县）劳山：在东南60里滨海。山有二，其一高大曰大劳山；其一差小曰小劳山；二山相连，高25里，周围80里。齐记曰：泰山自言高，不如东海劳。又名牢盛山，瑞宇记：秦始皇登牢盛山望蓬莱，是也。其上有迎仙岘……仙人桥……诗联　85/18

（胶州）淮子口：在州南80里许，有大仙桥、小仙桥、露明石，石樯林立，行船最险，风顺潮长，顺流可进。85/19

莱州府文献（补）

观海（诗）　唐独孤及　85/46

20×20=400（京文）

职方典第294卷太原府山川考 第086册　　86/9—23

天桥峡口：在河曲县西南25里，黄河西岸，东西阔60尺，石壁峭立，微有高下，冬月积冰成桥，民呼为天桥，有宋元题咏在壁间，剥落不可读。　86/9

倒回沟：在河曲县西南25里保德州界，沟上有桥，即金和尚败元兵石台处，一名倒回峪。　86/9

职方典第297卷太原府关梁考 第086册

府志所载

1/ 阳曲县十七桥。　86/23

迎泽桥：在阳曲县城南迎泽门外，明建，清顺治九年重修。

2/ 太原县三桥：赤桥、北神桥、南神桥　86/23

赤桥：在太原县西南七里，晋水北渠上，智伯引水灌城，初名豫让桥，宋太祖擊败虎山，血流成河，故更今名。

3/ 榆次县三桥：万春桥、张庆桥、流村石桥　86/23

万春桥：在榆次县南二里，下叠石为洞，中平如砥。

张庆桥：在榆次县西南20里，巨石为梁，下为水门四，泄涨流巨浸不能衝齧。

20×20=400（京文）　　83.

流村石桥：在榆次县北40里，有今通衢，工作坚緻。

4/ 太谷县四桥：通济、永济、济民、利涉 86/23

5/ 祁县六桥：上段、东六支、贾令、涧村、团柏、韩会 86/23

6/ 徐沟县三桥：北关闸外木桥、南门外石桥、洞涡河木桥 86/23

7/ 清源县四桥：米阳、孔村、青堆、闽林，俱在清源县汾河上，秋冬架木为之，至夏撤去，渡以舟楫。86/23

8/ 交城县十桥：通济、东郭、广仁、遵安、石桥、西门、南河、汾河、新桥、文河。86/23

9/ 文水县十三桥：永济、通济、洞济、通济堤、梁武、朝阳、建城、理岫、高峡、徐村、大象、南仁、普济 86/23

10/ 寿阳县四桥：迎仙、太安、安定、化净 〃 〃

11/ 盂县五桥：西岭、大宁、东门、南门、西门 〃 〃

西岭桥：在盂县西120里，公孙子作。

12/ 静乐县七桥：东济、普济、通济、普惠、迎恩、南薰、镇道 86/23

13/ 河曲县七桥：倒回谷口桥、庙儿石桥、罗丝土桥、东门外迎阳桥、涧虹桥、大塌平桥、平道桥 86/23

涧虹桥：在县南门外百步，桥跨大涧河上，夏秋水发，其势腾涌，珊珊有声，周围绕山，城楼

20×20=400（京文）

84

86/23—24.

古壁，映带左右，殆一异境。沙久楼无，清顺治五年毁闸南门，胜槩始出。

14/平定州五桥：滹川、利涉、仙境、长乐、柏井 86/23

15/乐平县五桥：马岭、丁峪口、[illegible]、王家庄、司家街、七节村。 86/23

16/忻州二桥：巨济、西张 〃〃

17/定襄县七桥：滹沱河、牧马河桥各座均有架巷柳 86/23

18/代州四桥：滹沱碎土桥、石桥、铁柱桥、峪口桥 86/24

铁柱桥：在代州东门外，岳南张怀诚易以铁柱，故名。 86/24

19/五台县四桥：界桥、通济桥、白果桥、西巡桥。 86/24

西巡桥：在五台县台山塔院寺前，旧名巡检司桥。

20/崞县五桥：迎恩、永安、普济、来宣、宁静 86/24

迎恩桥：在南关外金太和三年始，又名南石桥，明成化间修。

来宣桥：在北门外，旧名北石桥，金太和三年修，明洪武间重修，改今名。

21/岢岚州一桥：岚漪桥，在岢岚州西城西 86/24

22/兴县一桥：通惠桥 〃〃

86/24

第　　页

23/保德州八桥：石桥、天桥、化龙桥、保德桥、惠民井桥、石梯桥、馀铁桥、桥头桥　86/24

石桥：在鹰巢岭下，宋嘉祐六年商人王继宗造，久废。

天桥：在州东北20里，下临深涧，上接石峡，横跨两山之崖，犹汉在箕斗之间，故名天桥。跨汉，金贞元三年造。

桥头桥：在桥头村，系入省大路……明万历间建桥，26年大水冲没，40年复建，43年水復冲没，路绕峡口之中，今亦废。

24/偏关三桥：广济、通济、翠西。　86/24

山川考补　（静阳县）童子河：源出营村，至县西南里许入静水。故老相传：昔有李长者过此，有群儿迎于水边，因名。旧有迎仙桥。　86/7

（乐平县）板桥山：在县东南20里连蒙山，有古石桥，上建观音阁。　86/10

（阳曲县志）九间桥河：在府学街南有花巷后为桥九楹，桥下水名小儿河。　86/14

（保德州志）天桥峡：在州东北35里，冬月积冰成桥，民呼为天桥。　86/16

古迹考补　（保德州志）鲁班石像：在州南十里杨家湾南崖石窟中，数年前人闻隐隐有欲出之声，忽一日崩出鲁班石像，腰间系桩凿，又有大小石佛数百，俱完好无损。　86/18

太原府艺文　驾幸河东（诗）　（唐）王昌龄　87/4

读书山居六首（廿二、廿五）　（金）元好问　87/5

晋溪（诗）　（元）小虞月僧　" "

20×20=400（京文）

86

职方典第310卷平阳府山川考　第087册　87/29-39

根据府志所载

鸿济渠：在襄陵县东南25里，……明嘉靖38年知县侯廷柱复加疏浚，近旁民深利之。87/29

栓水渠：在襄陵县南35里，……明弘治十四年知县李高增修　87/29

职方典第313卷平阳府关梁考　第087册

府志所载

1/ 临汾县~~诸~~桥：永利、公济、金店、云中、卢信、三民、吴村 87/29

金店桥：城西24里，元天历二年邑侯石氏修。

卢信桥：东关西北门外，明弘治间李信建，因名。

三民桥：北关外，明嘉靖间典史解廷玉生员陈道中、僧真初三人建。

~~襄陵县~~ 又西桥渡：城西门外二里，每夏秋汾水涨溢，人以舟济，时将寒冱，则造桥以便往来，官桥外有善桥、义桥。

2/ 襄陵县九桥：故关桥、晋桥、高石桥、遗爱桥、龙泉桥、峨山桥、彩虹桥、汾阳桥、通惠桥。87/39

遗爱桥：县东南十五里，元大德六年里人邓荣、邓贞等造。世传晋邓攸所造，后人思之，故

87.

20×20=400（京文）

87/39—40

名。据县志：晋郑侯尝游此，名爱桥，后知县李高重修，改名遗爱桥。

飞虹桥：县南30里义侯村，元至大中建，众木攒成，不见斧痕，俗呼鲁班桥。

3/洪洞县十一桥： 87/39-40

惠远桥：县北五里官庄西南，为南北通衢。元大德二年，邑人请僧文妙募建。明洪武、天顺间，知县杨茂、程章俱继修。正德四年，邑人李廷秀、僧达惠甃以石。嘉靖七年，邑人郑让、僧恒秀继修。清康熙33年县丞汪有标重修，康熙49年知县杜建学重建。

通润桥：县南门外一里，即涧河桥。历来济川、通润二桥，秋冬时令里民纳木盖桥，岁费岁纳。明万历间，知县乔因羽以拆木籍藏，下年复用，民甚便之。

济川善人桥：县西二里许，明万历中乡民冯天福等募建。清顺治十六年乡民师邦胜等复募建三桥：罗汉院一、公孙村一、堰头一，勒有碑记。

4/浮山县五桥：广济、南畔、赵庄、大口、刺庙。 87/40

20×20=400（京文）

88

87/40

5/ 赵城县六桥：豫让、清節、屈项、关神、永利、青石 87/40

豫让桥：县南八里。昔豫让为智伯报仇，欲杀赵襄子，伏其下。明正统中，知县何子聪甃石为之，后人改名曰国士桥。嘉靖中主簿赵田重修。一在太平。

关神桥：县东40里。桥阔八丈，上叠小堰子两旁，下以泄霍泉之水，上以灌山涧之水。

△永利桥：县北二十里铺北。桥阔三丈，长十丈余，高二丈五尺。明嘉靖间知县贾国宪建。据县志：以石为之，上有石栏杆，东通霍谷，西通汾水，旁有二石人，北有关王庙，南北俱有牌坊。

△青石桥：县北五里策安镇北门外。桥阔一丈八尺，长五丈余，高一丈余，知县贾国宪建。据县志：以青石为之，上有石栏杆，东连霍谷，西通汾水，桥北有龙王庙。

6/ 太平县十六桥 87/40

義士桥：县南四十里紫坑河沟之上，以豫让名，明知县李許曜湖武城某修。

广济桥：有三：一在西门外，一在县西南七里，

20×20=400（京文）

89.

87/40

係明弘治年建，一在县東北十八里芸王村。

惠民桥：有二；一在南关，明弘治间建；一在故城镇南。

7/ 岳阳县二桥：扶風桥，聚澤桥 87/40

8/ 曲沃县十三桥 〃 〃

通济桥：县西南30里侯马镇南浍河上。桥东西乃晋平公虒祁宫与景公相会地。汉蔡瑱语云……盖于是水之上也

献文桥：县西南40里，春秋晋献文子建，村有文子庙，今废。

9/ 翼城县十三桥： 87/40

寨公桥：县北门外，旧名安定，清甲子为水所衝，长官谢复建，谢字寨公，即以名其桥。

石桥：县東三里石桥村南，即浍水横桥，高七尺，横五尺，纵二丈许，顶仅一石承重，衔隙石漂，相传鲁班建。

偏桥：城东25里奉教村，今名砚头村。世傳汉文帝访道于河上翁，翁曰：愿陛下偏桥衰道。帝行至偏桥受教，即此地。又名偏桥庄。

马册桥：县南18里马册桥，即怪远的军何思

831 40—42

威步非剧娥吴思明处。

10/ 汾西县二桥：通济桥、济川桥 87/40

11/ 灵石县十一桥 87/41

中流砥柱桥：在南门外，昔以铁索系两岸，铺板其上，今废，其中流台址尚存。按县志，在县北门外，冬春石砌，上覆以木，夏初撤去。

天险桥：旧名惠济桥，在县南25里郭家沟上。明嘉靖间知县稍滕汉造，木梁岁久圮敝，万历初知县白夏易以砖石，仍造吊桥于桥北深堑，以遏敌冲，故曰天险。

12/ 蒲州六桥 87/41

蒲津桥：州西门外，横跨黄河，即秦以前所设浮桥，今废，详古迹。

孟盟桥：州东十里，秦穆公明伦晋济河焚舟盟师处。

13/ 临晋县十一桥

黄底桥：县东南20里奉仙宫东，旧在相东，以石造，制极工巧，因大水冲废，明万历十六年，相移旧地，复以石造，今官津通衢。

14/ 荣河县二桥：惠民、通济（今均废） 87/42

20×20=400（京文）

91

87/41-42

15/猗氏县七桥 87/41

涑水桥：县东南八里，西北行驿要路，明万历31年巡道唐思彦建。

16/万泉县三桥：永利、永安、永济 87/41

17/河津县二桥：葫芦滩浮桥，禹门渡浮桥 87/41

18/解州九桥 〃 〃

郇瑕桥：州北十五里，近郇瑕故城故名。俗呼罗义桥。

19/安邑县六桥：通惠、弘济、北路村、西石桥、大石桥、小石桥。

20/夏县八桥

卓义桥：县南五里，旧名五里桥，明嘉靖八年，邑人蔡忠义募修，改今名。后因水圮，蔡忠义复募修。隆庆四年复坏，知县陈世宝仍命忠义募修。

21/闻喜县八桥

南桥：南门外涑水上，明嘉靖元年知县张问行招僧了良募造，知县李朝纲、阎卓、刘僧、史载德皆有力焉。万历间，知县申田徐明增项石立柱栏。清顺治六年僧道方道忻募造，康

20×20=400（京文）

92.

87/42

熙四十年知县任周琪重修。

志
春桥：县西三里姚村，明崇祯十三年重建。

横水桥：县东60里闻喜绛县之界，明正德十一年两县协修。

22/平陆县一桥：八政桥 87/42

23/绛州十二桥： 〃 〃

王马桥：有二，城西八里，一在南王马，一在北王马。

隐身桥：北关涧下。俗传宋太祖微时曾隐身于此。

24/稷山县十五桥 87/42

武夫桥：县南25里修善庄，当稷王山水之冲，有祭文世兴捐资构造，未完殁，妻贺氏继武夫志，因名。

25/绛县九桥 87/42

城隅通衢：据县志在城西北隅，古有大道，隆庆间泉水浸崩断及城角，万历28年知县王任翰修筑。

26/垣曲县九桥 87/42

南关桥：南关外半里，据县志，旧制阔大，上建

20×20=400（京文）

93.

元帝庙。

27/霍州三桥：凤楼桥、汾阳桥、郑家滩桥 87/43

凤楼桥：州北郭门外，元初元帅程荣造。

28/吉州五桥：龙门、汾东、小水、洪水、旱水。 87/43

V 龙门飞桥：州西70里壶口石峡上。元末于石岸凿孔树橋，往返缠以铁索，上架板桥以渡大兵。据县志今废。

29/隰州八桥 87/43

龙泉桥：州南二里，相传昔有龙见此。

贺家桥：州南十五里南峪村，义民贺庭玉造。

过善桥：州西千佛庵下，据州志，本庵僧隆铿募造。

30/大宁县九桥 87/43

上石桥：县西关水门外，为县城右臂。明崇祯六年，知县刘五声为拒流寇毁之。清康熙十八年知县王继藩重修。据县志，康熙乙丑僧人清来募财架桥以续先残，立碑记之。

31/永和县四桥：悬桥、义桥、木桥、独木桥 87/43

職方典第324卷平陽府古蹟考 第108册 88/34-38

府志

(蒲州) 鐵牛：州城外黄河岸上。唐开元12年鑄八牛，東西岸各四牛，以鐵人策之，其牛并鐵柱入地丈余，前后鐵柱三十六，鐵山四，夾岸以维浮梁。皮日休有河橋賦，備說當橋之壯。宋祥符四年，真宗次河中，渡河橋，观鐵牛作诗。嘉祐八年秋，水涨梁绝，两牛沉没，真定僧怀丙以二大舟实土，夹牛维之，用木钩牛，除去土，舟浮牛出，止得其三。浮牛而梁復成，詔賜怀丙紫衣。 88/34

(稷山县) 義橋：绛州人李子，三十丧父母，五十犹衰麻，常成橋于稷山县南汾水上，乡党义之，因名。崔祐甫有记。 88/38

山川考补 (襄陵县) 饮虹涧：县南20里，上有饮虹桥，下通之卽溪。邑人郝雷有记。 87/16

(赵城县) 南大涧：县南20里，上纪藩镇，南出霍山青條谷中，上有大石桥。 87/17

(绛州) 王泽：州南五里横桥村。水经：浍水出王桥入于汾。注云：晋智伯瑶攻赵襄子，襄子奔保晋阳；原过后出，遇三人于此泽，自带以下不见，持竹二節与原过曰，为我遗无卹；原过受之。按此横桥即王桥，其泽即王泽也。 87/24

(襄陵县志) 南涧：在县南39里京安镇南。按太平县故城里亦旧有石桥，于嘉靖21年值大水冲圮，隆庆二年知县宋之韩砌以石。 87/27

櫓月泉：在府霍门外、晋桥东石岸下。 〃〃

祠庙考补 (安邑县) 太平兴国寺：在县治東北，宋嘉祐八年建。明洪武间置僧会司。寺后塔13级，高360尺，上有黄白宝瓶，俗传出鲁班手。嘉靖乙卯地震塔崩，裂尺余，后又震复合，亦神物也。 58/25

古蹟考补 (襄陵县) 伯益古居：县东南邓庄。有遗象桥，伯益所成。 88/33

(灵石县) 鲁班缝：县西南40里，地极陡峻。上有寺，相传鲁班所修。寺后石穴深邃，不敢入，有大风自中出，四时不息，或以为风洞云。 58/34

平阳府藝文 蒲津河亭(诗) (唐)温庭筠 88/51

20×20=400 (京文)

95

职方典第339卷潞安府关梁考 第089册 89/17

桥梁附志所载

1/ 本府(长治县附郭)七桥 89/17

金桥：在郡西南关。旁有龙叶量渠云，圣人执节度金桥。后明皇由此朝京师。

老胡桥：旧名通晋桥，在郡城西三里。旧桥圯，有老胡僧募修者，一夕而成，因以名桥。

石子河桥：在北关外，明万历45年僧妙光募化造。

2/ 长子县七桥 89/17

春阳桥：在县西南二十里窑陉镇中河西村后，石砌雄壮，明万历39年建。

3/ 屯留县六桥：仙济、鸡水、良马、让功、青苗、积石 89/17

4/ 襄垣县十桥： " "

市桥：在县故城先天观后，相传以为豫让刺襄子之桥。

圯桥：在县西一十五里，下谷村之西，其下二水会流，世传即张良进履处。

5/ 潞城县八桥 89/17

石梁：在县北40里，临漳，前林父伐曲梁即此。

微子桥：在县东北十五里

20×20=400（京文）

96.

89/17

潞河桥：在县北潞河上。明嘉靖中奉旨创造，费数万资，竭合郡力，二年始成。无何，为雨冲没，盖山涧会流，顷刻数丈，漂木走石，桥故不能支也

6/ 壶关县十一桥 89/17

黄山桥：在县南30里，其桥甚古，莫详所始。

7/ 平顺县八桥 89/17

柏桥：在迁善里，以柏木结构而成。

游丝桥：在迁善里，因水细故名，通西上党。

藏龙桥：大觉寺西，汉光武闻王莽追赶至急，避于此桥，故名。

8/ 黎城县十一桥 89/17.

疏岚桥：在南关厢。

老僧桥：在县东北50里，通游赵间，为两僧创建，故名。

汉殇桥：在县西十里断崖百尺，危险莫比。

20×20=400（京文）

97.

永乐大典第335卷潞安府古迹考 第089册　　89/29-34

（長子县志）先师像：古传昔有执政者过烟驿梁，其馬嘶伏，策而不进，命吏于桥下掘之，得一石，上镌夫子像，乃唐吴道子笔也。元至正辛巳廣東宣慰都元帅僧家奴摹刻于廣州学庠。明嘉靖丙申，知县徐国祥访其拓本，乃命工刻石于本县。　89/29

永乐大典第335卷潞安府藉之

豫让桥（诗）　　（宋）胡　曾　　89/34

20×20=400（京文）　　98.

职方典第337卷汾州府山川考

汾州府志

（介休县）石泉谷：在县西南20里。唐元宗开元中北巡并州尝经于此，拦水作渠，叠石为路，上戴山阜，下临绝涧，俗谓之鲁班桥。 89/40

又 抱腹岩：在县南40里绵山之腰，……俗传隋唐间有異僧自并来入山修行，至绝险处，忽有二兔二鹿前导，僧随之而登，遂化身于岩中，唐太宗封为空王古佛。后人建寺，名曰云峰，于登处作两桥，一曰鹿桥，一曰兔桥。…… 89/40

（永宁州）扁斗山：在州治西北15里，高插云表，傍有叶斗岩，岩下有泉曰影通月窟，泉之侧有桥曰石磴凌霄，相传安国王寨。 89/41

20×20=400（京文）

99.

职方典第338卷汾州府关梁考 第089册 89/44

据据府志所载

1/ 本府(汾阳县附郭)七桥 89/44

古凤桥：在南郭，中涧東西与城垣埒，俗呼为古凤涧是也。

2/ 孝义县二桥：胜水桥、太平桥 89/44

太平桥：在县東十五里，宋建。明洪武中13徙其桥遂废，今以船济往来。世传有铁桥无致。

3/ 平遥县三桥：文体、净运、中都 89/44

4/ 介休县九桥 〃 〃

永利桥：在县西20里，亦名师屯桥，跨汾13，为邑与郡之通衢。明正德五年建，万历十一年重修，更名虹霁，崇祯二年复修。清康熙九年、32年相继修葺。

西门桥：在县西门外，旧桥卑隘，——明万历25年，知县史记事遂修桥高九尺阔一丈六尺，棚以厚木，柱以砖石，而水得直下。

5/ 綏德州二桥：東吾桥、故桥 89/44

→ 在县東25里，以吾[illegible]封居而名。

6/ 暗县一桥：淮泉坪桥 〃 〃

7/ 永宁州8桥 〃 〃

8/ 永宁县四桥 〃 〃

汾州疏文 送汾城王之任(诗) (考)书在物 89/59 100.

职方典第345卷大同府关梁考 第090册 90/11-12

根据府志

四桥：

1) 本府（大同县附郭）兴云、安西、古定、小龙门 90/11

小龙门桥：旧府城东南百余里大新庄村，即桑乾河，水势汹涌，春夏开冻，涉者称焉，因当河上流凿石为梁，高数丈，题曰小龙门。

2) 怀仁县一桥：西安桥：在县东南30里跨桑乾河。90/11

3) 浑源州六桥 90/11

横阁虹桥：在磁峡口内，两崖凿孔，驾巨梁，構楼于上，彩云楼西，缘有胜景，据以守口，号称天险，今废。

4) 应州六桥：雪娘子村桥、半宗庄桥、坎城村桥、魏宗寨桥、青虹桥、广济桥 90/11

5) 山阴县三桥：沙堆河、河阳堡、安银子。90/11

6) 朔州一桥：利涉桥 90/11

7) 马邑县八桥：石桥、木桥、桑乾河桥、恢河桥、黄水河桥、滋润河桥、贾家营桥。90/11

8) 蔚州四桥：官庄桥、桑乾桥、萧宗庄桥、九宫口桥 90/11

萧家庄桥：在州西三里，俗传河有萧太后桥，今常隐见。

9) 广灵县四桥：新桥、平水桥、北关桥、八角桥 90/12

20×20=400（京文）

101.

90/12-26

八角桥：在县東十里。相傳有民八家环居于此共造，后人误称为八角桥。

10/ 靈丘县五桥：三里河桥、濟河桥、黑龍河桥、孤樹河桥、故城河桥。 90/12

11/ 廣昌县九桥 90/12

涞源桥：在县東一里左右，水碾水磨，周围樹木丛茂，盛夏乘凉，最为胜景。明嘉靖三年长，38年指挥孙献策于水碾磨上造砖楼一座，以备北寇

大同府古迹考 第090册

陽和县 桓密寨：在西山迤南，峰峦突兀，上青龍观，春夏间岩半山花红碧欲滴。观前有悬石，绝顶西有石洞，攀铁索乃上。咏者曰：不知通處天台否，铁索悬崖傍石桥。西望更出高峰名桓密寨，以言其险，或云出宇文雄之遗类乎。 90/26

山川考补 （本府）七峰山：在城西南45里，又名玉龍山，有石洞天桥。90/3

20×20=400（京文）

102

图书集成第351卷沁州部关梁考 第090册

通志·州县志合

1/ 本州十五桥 90/37

鸾膝桥：在州北五里

翠翠桥：在州北郭外，元宣怀桥旧址中建，明正统十一年知州吕囦修，万历七年知州刘沐千户杨金石同修。

西关三桥：在州西五里，军人阎表修。

2/ 沁源县二桥：仙桥、铁桥 90/37

仙桥：在灵山内，桥身高两涧，深十余丈，阔一丈五尺，有石条横其上，始通往来，人又称桥为云间霞于石上。

3/ 武乡县五桥：永利、济川关、川通济、南关 90/37

图书集成第356卷沁州部艺文 第090册

游灵空寺仙桥（诗） （明）刘泽浒 90/55

20×20=400（京文）

1.03.

职方典第356卷山西省泽州山川考 第091册 91/5-7

通志·州志

(高平县) 横涧河：在县南三里，涧有石桥。 91/5

天王池：在县仙集贤桥西，水从石出，即投入赤溪。俗传有天王神在，故名。据县 91/5

(阳城县) 燕馀洞：在麻楼山南，石壁百余丈，梯縆而上，中長二百余步，昔人作板桥三十间，今皆圯废。后有一泉，可供数百人。

清凉龛：在县东二里许鹫峰之北，礌道崖岭石室约丈余，旧有凤凰。国朝士人李官卓锡于此，构亭三楹，环植花木，一泉甚甘洌，泉下迤北构阁，阁下小桥导水，潺湲可听，洵近郭胜境。 91/5

虎谷：在县东35里屯城村国外东山，……深尽处叠小桥，桥北悬崖建阁，颜曰菡阁，状若飞桥，盖藏山太宰幽居也。 91/3

职方典第356卷泽州关梁考 第091册 (州志)

1/ 本州九桥 91/7

景德桥：在郡西关沁涧，一名沁阳桥，金大定间知州黄仲宝造。

景忠桥：在郡东关清涧上，元至正间造，又名永济桥。

3/ 高平县四桥：浚水、永济、常山、横涧 91/7

横涧桥：在县南三里，傍有桥道人迹望如云

20×20=400（京文）

91/7—27

虹。桥北路欹陡险，两淮盐院张翀筑石成路，进士庞大朴有记。

3/ 阳城县七桥：通济、西关、香莊、通驿、观音、土桥(二)。91/7

4/ 陵川县四桥：通文、狮決、崙水、水利。 91/7

5/ 高平县六桥：集贤、范公、老金、通济、浮云、许河。91/7

范公桥：(清)顺治十五年，知县范绳祖创建，桥北又修石路直抵南关，民甚利赖之。

老金桥：在县南十五里秀村驿，驿丞金姓建。

浮云桥：据一统志，今改名迎恩桥，在东关，每夏月河水暴涨，行旅不通，万历38年，知县许安遇申请创建，知县洪声远、任大奎、韦炳相继修建，三毁而三圮，水患不息。

职方典第362卷泽州古迹考 第091册 (州志)

(高平县) 周世宗战场：在县西三里横河桥北。昔周世宗战败北汉主刘崇于此，俗谓桥场。 91/27

105

职方典第365卷 山西省辽州关梁考 第091册 (州·县志) 91/39-41

1/ 本州十四桥： 91/39

高欢桥：在高欢涧旁。

2/ 和顺县三桥：东门桥、西清桥、南门桥(均係木桥) 91/39

3/ 榆社县十三桥：云簇桥、浴浪桥、[illegible]桥(余略) 91/39

职方典第367卷 辽州古迹考 第091册 (州县志)

(榆社县) 龙泉八景：去城八里许，有层峦叠嶂环拱于峭拔处，凌空而构者曰寿圣寺，未详创于何代；其景有八……西则有浴浪桥之缀景也，朝晖夕映，气象万千……诗歌题咏，俱载艺文。 91/47

禅山八景：去县六十里名禅隐山。……从东南一径蜿蜒而入，始见殿宇，亦游观之胜地也。其寺创于唐，重修于宋，登高眺望，令人目眩。其八景则……幽涧峥嵘，长虹跨渡者，利生桥也。……此外则苍松古石，幽清彻骨，游客骚人，率多题咏。 91/47

(和顺县)合山亭泉：合山敕封慈济圣母显泽侯坊石桥下泉流涌出，…… 91/47

辽州艺文 漳水环带(诗) (明)周 钺 91/49

20×20=400(京文)

106

职方典第371卷河南开封府山川考　第092册　（府志）　92/2-11

紫金山：在汜水东南40里，五云山南15里，上有伏羲庙。其西四面玉溪，有女娲祠。宋程颢诗：仙掌远相招，紫纡度石桥…… 92/2

五梁渡：在陈州西南25里，济有五桥，故名 92/4

职方典第373卷开封府关梁考　第092卷　（府志）

1/ 本府十四桥 92/11

天汉桥：在府治署南一里许，旧名州桥，宋改为天汉桥，今废。宋王安石诗：州桥踏月想山椒，回首哀湍未觉遥。今夜重闻旧呜咽，却看山月话州桥。

白鹤桥：在金水河上，宋太祖尝幸其地，今废。按明一统志，又名白虎桥。

2/ 太康县四桥：东济、谷阳、花桥、迎恩 92/11

3/ 洧川县一桥：双洎桥：在洧川县南门外 ,, ,,

4/ 鄢陵县一桥：惠民桥：在县北20里 ,, ,,

5/ 扶沟县四桥：平政、画亭、通仁、吕家湾 ,, ,,

6/ 中牟县三桥：韩庄、白沙、牟山。 ,, ,,

7/ 荥阳县一桥：神木桥：在县北20里 ,, ,,

8/ 商水县一桥：彰仁桥：在县西北 ,, ,,

20×20=400（京文）

107

92/11

9/项城县二桥：项水桥·南顿桥 92/11

10/许州三桥：漯水桥、椹涧桥、石固桥 92/11

11/临颍县四桥：小商桥、大石桥、王冈桥、沈济桥 92/11

小商桥：在县南25里，在颍水之上。宋岳飞与金人战于小商桥，即此。

12/襄城县三桥：東坡桥、高桥、颍桥 92/11

13/禹州一桥 92/11

清颍桥：在禹州北门外。雲间盛朝组诗：清流東湾绕钧城，怒浪三翻激石鸣，何必匡庐看瀑布，且来桥上听涛声。

14/新郑县二桥：南关桥、曾园桥 92/11

南关桥：在新郑县南门外溱洧河上。子產以乘舆济人，即此处。

15/密县一桥：溱洧桥：在县南20里 92/11

16/郑州四桥：迎春、和义、西政、廣济 〃 〃

17/滎阳县三桥：须水桥、京水桥、济桥 〃 〃

济桥：在滎阳县東门外，唐尉迟恭造

18 汜水县一桥：虹桥

虹桥：在汜水县西北一里。石琦有：雨后練光横丘壑，月明龍影浸寒波，之句，即此。

20×20=400（京文）

108

永乐大典第3580卷 开封府古迹志 第092册（新志）

陈桥：在府城北四十里，即宋太祖为众推立处。有系马古槐，大十余围，枝干虬曲，奇异可观。 92/44

永乐大典第3585卷开封府艺文 第093册

石界河桥碑 （明）赵应式 93/8

石界河距城东三渡之一也……丙寅春二月，遂奠地于渊，布基于陆，驾石于空，镕金以为之铃键，磨糯以为之斗楯，石之结构既坚，水之流泻又分。迄癸巳之秋九月，则虹拖云横，龙舒虎踞，而大壮之势屹然。梁之南北长十二丈有奇，东西阔三丈有奇，费缗钱六百千。……

重修官渡桥碑 （明）张民表 93/17

过梁王故苑（诗） （明）刘潜行 93/18

汴路即事（共二）（诗） （唐）王建 93/19

梁园春（诗.共二） （元）元好问 93/20

观桥行（诗） （明）李梦阳 " "

汴中元夕（诗.共二） " " " " 93/21

过雀桥闻说岳忠武屯兵处（诗） （明）顾禄 " "

汴上晚泊 （唐）吴融 92/19

水调歌头（岳忠武祠） （明）李濂 93/22

20×20=400（京文）

109

职方典第390卷开封府部杂录 第093~~册~~

水经注：河水又东北通，谓之延津……赵建武中，造浮桥于津上，採石为中济，石无大小，下辄流去，用功百万，经年不就……　93/27

东轩笔录：旧传东京相国寺乃魏公子无忌之宅，……丁谓开保康门，对寺架桥……　93/28

玉照新志：陈桥驿在京师陈桥、封丘二门之间……艺祖启运立极之地也。……　93/28

宋孟元老东京梦华录：穿城河道有四，南壁曰蔡河……河上有桥十一；……中曰汴河……河上有桥十三；……东北曰五丈河……河上有桥五；……西北曰金水河……河上有桥三；……　93/28

宋郊杞县人，与弟祁同肄业于太湖，有番僧相之曰：公风神道异，似活数百万命者。……郊俛思良久，曰：向堂下有蚁穴为暴雨所侵，群蚁绕穴旁，吾乃戏编竹桥以渡之，由是获全，得非此乎？僧曰是也……　93/31

20×20=400（京文）　110

職方典第392卷归德府关梁考 第093册 國志府州县志会 93/37

1/ 本府(商丘县附郭)十五桥 93/37

先春桥：在府城東门外。

通济桥：在府旧城南门外，跨沙河，明知府夏亨孝子揚所建，今圮。

海鷹桥：在府城南五里，宋夏竦自青社携二鷹置南湖中因名。

毛仲桥：在府城東南25里，俗讹为芒种。

張洪桥：在府城北马牧乡，跨白河，張洪建。

2/ 寧陵县一桥：石桥 93/37

3/ 鹿邑县十桥：会仙、柔佃、轮桥、元武(余略) 〃 〃

4/ 夏邑县二十三桥：元武、飞腾、狐父(余略) 〃 〃

狐父桥：在县東五十余里，即古狐父地。

5/ 永城县九桥： 93/37

酇城桥：在县南酇县乡25里浍河，或云圮桥，即張良进履处。

胡父桥：在县北碭山乡80里巴河，或云狐父。

鬼家桥：在县北碭山乡60里濉泽。

女家桥：在鬼家桥西北三里。

螗蜩桥：在县南酇县乡50里包河，明弘治初居民裴文深因圮重修，今名裴家桥。

20×20=400(京文) 111

93/38—94/3

6/ 虞城县二桥：南渠西渠　93/38

7/ 考城县一桥：石桥：在县东南45里。　〃

8/ 柘城县十桥　〃

栎桥：在旧城北门外，原名北桥后改今名。

圯桥：在县东北七里。

职方典第396卷归德府古迹考　第094卷（附志）

（宁陵县）石桥：在县北12里。（见关梁考）　94/2

（柘城县）圯桥：在县东北七里，相传为张子房进履处。（见关梁考）　94/3

归德府艺文　职方典第399卷　第94册

梁园春（其二）（诗）　（元）元好问　94/19

20×20=400（京文）

112.

职方典第408卷卫辉府关梁考 第094册（府县志合辑） 94/51

1/ 本府八桥 94/51

德胜桥：在府西关卫河上，正统四年知府华宜易木以石成五间……嘉靖34年知府范充阔撤旧大新之，成九间，尚书王英有记。

2/ 新乡县六桥：邵公、衍庆、瞻怀、迎恩、济人、合河。94/51

邵公桥：在新乡县北关，卫水经流其下，北通共城，宋政和元年知县邵博创建，因名。明正统二年，知县许贤重修。弘治八年，知县王统易以石，加七间，民乐成之，更名曰民乐桥。嘉靖癸卯知县侯东加九间，增石栏，岁久倾圮。

合河桥：在县西北20里永康社。西山诸泉汇于丹河等二渠入清河至此与卫水合，故名。明初建桥三窦，隆庆六年知县于应昌修，易石，外七窦，舆徒利之。

3/ 获嘉县二桥：永济桥、三桥 94/51

三桥：在县西北十五里地名吴泽。嘉靖间，僧常月于桥左创佛殿、讲堂、僧舍二十余楹。

4/ 淇县六桥：高村、靳胶河、西岩、崇德、高登、段墟 94/51

高登桥：在淇县南三里官道上，嘉靖24年邑民高登建。

20×20=400（京文）

113.

94/51

段墟桥：在县北五里，知县李尚实建，有记。

5/ 辉县十桥 94/51

善明桥：在县西二里，俗呼大桥，卫水经流其下，金明昌三年建，明弘治七年，知县李璐修，训导萧英记。

双溪桥：在辉县西北五里，俗呼马家桥，二桥相连，百泉分水流经其下，元皇庆二年建。

便民桥：在辉县西南二里，俗呼张家桥，嘉靖间邑民张偏建。

蔺氏桥：在朱家桥下流，邑人蔺公九女所造，桥上有九女祠。

胡村桥：在县西20里，洪武三年建。丁公泉经此。两涯荷花，一望无际。

6/ 汲县十四桥（县志） 94/51

双河桥：在河西双河口，河水泛滥，病涉者众，郡人史何廷捐己资百金筑桥二座，行者便之。

7/ 胙城县六桥（县志） 96/51

徒杠：在县西十余里四柳村西黄河故道，每岁夏秋之际，雨积汪洋，人病徒涉，明万历五

20×20=400（京文） 114.

94/51—52

年永县徐峨搭木为桥，名曰德杜，往来称便。后废。

8/ 新乡县二桥（县志）：普济、西渡 94/51

9/ 获嘉县三桥（县志）：苏济、济西庄、双马营 94/51

10/ 淇县十三桥（县志） 〃 〃

11/ 辉县十二桥（县志）：姬家桥、云桥、青龙、卧云、广济、永赖、金汤、步涉。（余略） 94/52

云桥：详见古迹

广济桥：在县南二里，顺治十四年道人曷成建。

金汤桥：在县城外东北隅，顺治十四年道人李清运建。

步涉桥：在县东南十里，顺治十六年生员郭宇一建。

（以上6至11均府志未载桥梁）

20×20=400（京文）

115.

衛辉府风俗考　职方典第411卷

府志　元宵画衢张灯……士女登高上谯楼上塔，登窑陟桥，谓之遗百病。……　95/1

衛辉府祠庙考　职方典第411卷

辉县九圣庙　在县西南十里。昔邑人蔺氏生九女，并不适人，斋素焚修，孝养父母。亲没，出其家赀，造石桥于村旁卓水河上，以利涉。桥成，皆投于水，或尸解也。邑人立庙肖像祀之。（见蔺桥）（县志）　95/5

衛辉府古迹考　职方典第413卷

（府志）钜桥　在淇县东北十五里吴里社，即商纣积粟处。周书发钜桥之粟是也。索隐：钜大，桥其名也，纣厚赋税，故因其名而大其名。服虔曰：钜桥仓名。浚县西五十里亦有钜桥。　95/11

草市斜阳　在辉县西北五里马家桥南，方里许，芳草畅茂，日不正午，盖山势使然。　95/12

云桥：在辉县稷峯亭西，垒石为之，百泉分流经其下，石形似云，因名。　95/12

20×20=400（京文）

116.

大典第419卷怀庆府关梁考　第095册　95/34-35

府志

1/ 本府（河内县附郭）六桥：丹河、沁河、升仙、利保、拦胜、指方。 95/34

沁河桥：在城北二里。每岁皇冬修筑，其费征派民间。万历十年知府朱公，期之请以存留易米银修桥，节省甚多，民大德之。今存留悉皆裁解，每岁详请发河库银50两，益丹河桥银40两，而费数倍，仍累民间。

升仙桥：在府城内县署西。旧传桥成时，适邑人谢景修升仙于此。

2/ 济源县三桥：通济桥、踏济桥、西桥 95/35

3/ 修武县二桥：龍渠桥、西七里桥 〃 〃

4/ 武陟县一桥：跂济桥 〃 〃

5/ 孟县四桥：戴旦桥、东岳桥、禹寺桥、侯村桥 〃 〃

6/ 温县二桥：博济桥、汲引桥 〃 〃

各县志

1/ 济源县四桥：斗门、锺公、济石、乾隆 95/35

2/ 修武县七桥：广德、孔村、平政、马道河、平陵、曹村、北三里 95/35

3/ 孟县二桥：乾鐐桥、陈村桥 〃 〃

怀庆府艺文　济源县创修石桥记　（金）王　撰　95/65 117

职方典第425卷怀庆府纪事 第496册 96/9-4

(晋武帝泰始)十年，杜预以孟津渡险，请建河桥于富平津。议者以谓殷周所都，历圣贤而不作者，必不可立故也。预固请为之。及桥成，帝从百僚临会，举觞属预曰：非君此桥不立。对曰：非陛下之明，臣亦无所施其巧。 96/2

(晋惠帝太安)二年，成都王颖以陆机为前将军，向洛阳，列军自朝歌至河桥，鼓声闻数百里，帝屯于河桥。 96/

(北朝北魏明元帝泰常中)命栗磾为镇远将军……后明元帝南幸孟津，谓栗磾曰：河可桥乎？栗磾曰：杜预造桥，遗事可想。乃编次大船构桥于冶坂，六军既济，太宗深叹美之。四月幸成皋城…… 96/3

高仲密之叛，侯景与斛律金守河阳，周文帝于上流放大船欲烧河桥。亮乃备小艇百余，皆载长锁，锁头施钉，大船将至，即驰小艇以钉钉之，引火向岸，火船不得及桥，桥全，亮之计也。 96/4

西魏大统二年，怡峰与李弼守金墉。时东魏围洛阳，宇文泰至，围解，峰即与东魏战于河桥。 96/4

大统三年，司马裔大军東征，率所部从战河桥。 " "

大统四年，寇洛从周高祖，与東魏战于河桥。 " "

大统四年，李穆从周高祖与东魏战于河桥，身被七

20×20=400（京文） 118

剑，遂为所获……　96/4

大统四年，达奚武率骑一千……世至河桥，武又力战，斩其司徒高敖曹。　96/4

大统四年，周太祖率轻骑追侯景于河上，景乃北据河桥，陈崇从周太祖战于河桥。　96/4

惠文帝四年，若干惠从驾东巡，与齐神武力战河桥，败之，大收降卒。　96/4

（唐高祖武德元年）甲申，行军总管刘洪基遣其将种如愿袭王世充河阳城，毁其河桥而还。　96/5

（唐）高宗永隆二年七月，河溢，坏河桥。　96/5

（唐）玄宗天宝十四年十一月甲子，安禄山反，先令何千年率领壮士数千人，诈称献俘，以车千乘，包旌旗长甲兵械，先候于河阳桥。　96/6

（唐）安禄山反，封常清诣东京募兵，旬日得六万人，乃断河阳桥，为守御之备。　96/6

（唐）乾元二年二月，九节度使之兵溃于邺，郭子仪以朔方军断河阳桥，保东京。

史思明有良马千余匹……思明怒，列战船数百艘，泛火船于前而随之，欲乘流烧浮桥。光弼先贮百尺长竿数百枚……贼不胜而去。　96/6

119.

96/7-8.

（唐僖宗乾符五年）黄巢之乱，遣孙儒，秦宗权据河桥，遂取河阳，焚井邑，杀人流尸于河。 96/7

唐庄宗同光末，李嗣源引兵而南，诏白从晖将骑兵扼河阳桥。 96/7

唐明宗天成二年庚子，幸白司马坡，祭突厥神，后帝亲征至河阳……己丑帝至，命河阳节度使苌从简先守河阳南城，遂断浮梁，归洛阳。 96/8

20×20=400（京文）

120.

职方典第428卷河南府山川考 第096册　96/14—25

本府（洛阳县附郭）　平泉：在府城南，泉上有楼，乃唐李德裕旧庄。中多怪石，醒酒石尤奇。唐白居易诗：狂歌箕踞酒樽前，眼不看人面向天；洛客最闲惟有我，一年四度到平泉。　96/14

陕州　茅津：在州治东北十里，一名沙涧。秦伯伐晋，自茅津济，封崤尸而还，即此。唐太宗造浮桥以济渡，俗称晋豫两省通衢。　96/16

职方典第430卷河南府关梁考 第096册

1/本府（洛阳县附郭）十三桥　96/25

·瀍桥：旧名和平桥，在府城东门外，成化十五年改今名。大学士刘健记略：河南府城东门外，瀍水所经……今新昌何鉴继之，乃会僚佐与谋曰：桥成而易坏，第作之者未得其道耳。其试以坚完作之。遂令匠氏石其两岸，而虚其中以木大作一空，属之以铁，锢以石，完木坚，质视其旧而深过之。其上铺[illegible]三重，然后平之以土石。自成化乙巳冬至明年夏，仅三时而成，费不及什之一，而深广坚朴足垂永久。民始[illegible]而终服其巧，先不[illegible]其[illegible]

121

20×20=400（京文）

95/25-28

皋门桥：在府城西，晋惠帝造。潘岳西征赋：驻马皋门。即此。

天津桥：跨洛水上，隋炀帝造。用大船连以铁锁，长一百三十步，南北夹起四楼，其楼高百余丈。贞观中累石为脚。即邵康节先生闻杜宇声处。

七里桥：在洛阳七里涧上，实晋之旅人桥也，制造尤为殊。

2/偃师县一桥 96/25

孝先桥：在县治，旧有永安陵，为享陵寝而设，因以名桥。

3/巩县一桥：柳桥，在县治东 96/25

4/孟津县一桥： 96/25

河桥：在县治东北。晋杜预请造桥于富平津，即此。今废。唐柳中庸诗：黄河依然有浮桥，晋国归人此路遥，若倚阑干千里望，北风驱马雨潇潇。

5/宜阳县三桥：永济、画桥、洛桥 96/26

永济桥：在县治东北跨洛水。宋邵雍诗：山背锦屏开，河隈永济回……

20×20=400（京文）

122.

96/26—58

○洛桥：在县治北。唐李益诗：金谷园中柳，春来似舞腰。何堪好风景，独上洛阳桥。

6/ 永宁县二桥：金门桥、长渊桥 96/26

7/ 新安县三桥：東涧桥、西涧桥、鉄门桥 〃〃

8/ 渑池县一桥：双津桥，在县治西一里 〃〃

9/ 嵩县二桥：顺阳桥、錦陵桥 〃〃

10/ 卢氏县四桥：阜安、迎恩、通津、高桥 〃〃

11/ 陕州三桥：砥石、橐水、谯水 〃〃

12/ 灵宝县一桥：鸿芦桥 〃〃

13/ 阌乡县三桥：湖阳桥、盘豆桥、玉溪桥 〃〃

隋天门街：隋于天津桥南开大道对端门，名曰天门街，阔100步，道傍植樱桃、石榴两行，自端门至建国门，南北九里，四望成行，中为御道，通泉流渠，映带其间，直南20里，正当龍门。（大业杂记）

河南府古迹考　职方典第436卷

（本府）吕蒙正园：在伊水上，有亭三，一在亭池上，二在池外，架桥相属。 96/53

（洛阳县志）、书旅人桥：在县七里涧有石梁，即张旧南府尹旅人桥。昔好吹知杨氏不莫纳，思欲避端妄一死，杨骏葬之于此桥之东。骏后早亡。水经注曰：洛阳宫六七里悉用大石，下以通人，可受大舫过也。作制奇壮。 96/58

長分桥：在县。伽蓝记曰：阊阖门外七里有

20×20=400（京文）

123.

96/58—60

长分桥。中朝时，以谷水流急注于城下，多坏民居，立石桥以限之，长则分流入洛，故名曰长分桥。朝士送迎多在此处。 96/58

車马桥：在县。洛阳记曰：城西車马桥去城三十里，未悉何代造。 96/58

望仙桥：在县通济坊 〃 〃

永济桥：在县。文献通考：神龙元年六月，东都水坏永济、天津二桥 96/58

重津桥、黄道桥、谷水桥：俱在县。据玉海：宋政和四年八月十日，宋昇奏修天津桥，寻又请修重津桥、黄道桥，置分洛堰。 96/58

临闸桥：在县。东洛朝市闻曰：在唐洛阳时雍坊。据宋昇奏：西京端门前。考唐洛阳图籍有四桥：曰谷水桥，曰黄道桥，在天津桥之北；曰重津桥，在南，又桥之西十里有石堰，曰分洛，自唐以来引水为渠入伊。 96/58

镇国桥：在县。文献通考：端拱二年七月，洛水溢坏七里、镇国二桥。 96/60

（偃师县）（[illegible]）
奉先桥：在治东十五里，跨河南北，宋景德四年造，赐名奉先，今呼为偃泉桥。 96/60

20×20=400（京龙）

124

96/60—62

孝义桥：在洛东，天宝七年，河南少尹韦镇奏于偃师东山下开驿路通桥，见玉海。 96/60

（巩县）富平津：在县北山底，为河津，亦曰富平。杜预造平阴桥，桥成，上从百官临会，举觞劝预曰：非君此桥不立也。预曰：非陛下之明，臣安不能奉成圣制也。众咸称善。后封平津侯。 96/60

（灵宝县）虎桥：在县西南90里，弘农涧中，今废。临岸石上犹有遗迹焉。 96/62

河南府部艺文　职方典第441卷　第97册

修香山寺记	（唐）白居易	97/10
河南府创造洛河桥记	（明）李　贤	97/16
河南府重修浮桥记	（明）刘　健	97/17
洛阳道（诗二首之二）	（隋）[illegible]　士	
洛阳道（诗二首之一）	（陈）徐　陵	97/20
〃 〃 〃 〃 〃 〃 〃 〃	（陈）江　总	〃 〃
洛阳即事（诗）	（唐）窦　巩	97/21
金桥感事（诗）	（唐）吴　融	〃 〃

河南府纪事　（魏书）于栗磾传：栗磾迁豫州刺史……乃编次大船构桥于冶坂。六军既济，太宗深叹美之。 97/23

（河南府志）邵康节行洛阳天津桥，忽闻杜宇声，叹曰：……五年后青苗法果乱天下。 97/24

125.

职方典第468卷南阳府山川考 第097册 97/36—46

得子河：在邓州西40里，自内乡流入刁河。相传明唐王于此修桥，桥成得子，因以名。 97/36

小金河：在淅川县东关外，孟珙败金兵处，上有盖达桥。 97/38

薛家寨山：在舞阳县南，相传昔有薛氏避兵于此。山旁有水牛衍……仙人桥……皆称胜地。 97/28

职方典第45?卷南阳府关梁考 第097卷（府志）

1/ 南阳县四桥 97/45

邓禹桥：在城南

三顾桥：西郭南五里

马良桥：西郭三里

2/ 镇平县八桥 97/46

3/ 唐县十六桥 97/46

青塚桥：城东

4/ 泌阳县八桥 97/46

诸冯桥：县西20里

琢成桥：县东北90里

5/ 桐柏县十桥：正义、亳山（全略） 97/46

6/ 邓州十一桥：得子河石桥，故事桥（全略） 〃

20×20=400（京文） 126

97/46—47.

7/新野县十八桥：石龍.双龍（余略） 97/46

8/内乡县四桥：木寨.王村.惊蛳河.兆佳 97/46

木寨桥：在西门关西街近裹数里，世传宋太宗驻兵于此。

9/淅川县五桥：善济.云溪.洪济.李官.官桥 97/46

善济桥：县东关外小金河，即元善达桥。

10/裕州十三桥：阜有.中券.西券.東券（余略） 97/46

11/舞阳县十五桥：化津.当龍.問津.罵子河（余略） 97/46

12/葉县十二桥：汝墳.邵奉.桃奉.犨河（余略） 97/46

府志未载关署

1/南阳县志：白龍.八里.李興.大石等四桥 97/47

2/唐县志：白秋.太官二桥 〃 〃

3/泌阳县志：羊册.石埠口二桥 〃 〃

4/桐柏县志：平市.金家二桥 〃 〃

5/邓州志：白牛.九龍.锁峰.孚桥等十二桥 〃 〃

6/新野县志：岳家.迎仙二桥 〃 〃

7/内乡县志：李官.梁彦铁.双石等三桥 〃 〃

8/裕州志：赵母桥.陌陂桥 〃 〃

9/舞阳县志升仙.题龍.八里三桥 〃 〃

10/叶县志：三里.怀宗.小石.庞村.高傳五桥 〃 〃

20×20=400（宗文）

127.

98/29—56

南阳府古迹考

(舞阳县)　三丰祠：世传邋遢张仙也。旧在西关，有升仙桥、採药台，今移建城隍庙西道院　98/90

(邓州)　蔡桥城：昭烈先驻于州西南50里。旧志云：因古蔡桥，故名。　98/27

南阳府艺文

湍河石桥记	(明)萧传元	98/42
重修迎仙桥记	(明)李　登	98/69
重修云虹桥记	(明)吴阿衡	98/50
暮春游淯水(诗)	(明)陈民志	98/54
百花洲(诗)	(明)何海晏	98/55
澧水长桥(诗)	(明)牛　凤	98/56

20×20=400（京文）

128.

职方典第467卷汝宁府　　99/3—13

第　　页

疆域考(形胜附)

板桥霜华：在真阳县。唐温庭筠诗有"鸡声茅店月，人迹板桥霜"之句。　99/3

关梁考　职方典第469卷　(府志)

1/ 本府(汝阳县附郭)三十二桥　99/12

△金渠桥：在汝阳县治西，傍有王粲井……

射　桥：在府城东60里

函头桥：在府城东80里

半截桥：在府城南15里

三　桥：在府城南30里，同跨一河，为桥三座。

白马桥：在府城西南15里，唐李愬擒吴元济，乘白马过此，故名。

双石羊桥：在府城西南十里，明正德十五年张选建

石羊桥：在府城北门外，跨汝河上，有古石羊。

2/ 上蔡县十二桥　99/12-13

忠烈桥：在县南门外，知县霍恩死节于此，故名。

百尺桥：在县西北百尺堡。

黄力桥：在县东北跨黄力沟

20×20=400(京文)

129

蔡家埠口桥：在县西南12里即子路问津处

3/确山县十三桥：驻跸、善应、豹溪（余略） 99/13

4/新蔡县十桥：湖滨、永化、戚桥（余略） " "

5/西平县十一桥 " "

重渠桥：在县东南20里，跨留墟河，元大德间知县李丕作，明正德间，乡民张翰易以石而高大之。

6/遂平县九桥 99/13

升仙桥：在县东北，为丹阳飞升处

7/真阳县九桥 板桥：在县南30里今易以石。 99/13

8/光州六桥：镇淮、跨潢、镇潢、谢家、西、潢高桥 " "

镇潢桥：在南北两城之中……另州判陈伯韶换石拱为长桥九空……

谢家桥：在州城西二里，元至顺间知州王彦和建，明景泰三年，知州余潜重修。即宋知州王霆与金人战处。

9/光山县十一桥 99/13

√大石桥：在县南关，即遇仙桥，刘谙谒明高皇处。

杨潘桥：在县西南40里邑衿胡向化重修

10/固始县十一桥 99/13

20×20=400（京文）

梨桥：在县东20里

张果老桥：在县东40里

11/息县九桥：金银、王万、蔡名（余略） 99/13

金银桥：在县东门外，即张画桥。

12/商城县十桥 99/13

卫母桥：在县北60里，顺治四年知县卫贞元捐资建之以祝母寿，人因呼为卫母桥。

杨公桥：在县西30里。明邑人杨继钺捐资三百余金，垒石成梁；子都御史杨所修，勒碑纪事。

13/信阳州九桥：花石、红罗、（余略） 99/13-14

14/罗山县十桥

大通桥：在县南门外，旧名学桥……嘉靖40年知县陈恩武重修，视旧高大宽阔。明太祖微时元夕过此赋诗。

梅花桥：在县南一百里。桥石方广数丈，有白石理数十条，形如梅干，故名。

汝宁府艺文

重修凤凰桥记 （明）田可徽 99/47

浮桥成（诗） （宋）赵抃 99/53

题霸王城（诗） （明）储声宏 99/55

黄河秋月 （明）刘佳 99/54 131

游袁云卿宅雷出岳 （明）王偭言 〃

职方典第481卷汝州桥梁考　第100册　100/2-6

汝州形胜　（通志、州县志合载）

升仙桥：（汝州八景之一）桥横洞口。费长房见壶公于市肆悬壶卖药，因师事之，洎其归，归隐山林一日，掷竹杖化龙于桥上，乘而仙去。　100/2

蓝桥春涨（郏县八景之一）：即长桥也。跨水断桥，平堤夹岸，每春水泛涨，一碧无际。　100/2

汝州山川考　职方典第481卷　（州志）

汝水：在（郏）县南十里，水经所谓又东南经颍川郏县南者也。郦道元注：汝水所经……今惟蓝水汨洄会流入于汝，其桥以水名，土人呼为长桥。……100/4

扈涧水：在（郏）县。水经注：出大刘山，南经郏城西南，流入于汝。今城西五里有扈涧桥，故道依然，而车马络绎皆自桥下行。　100/4

汝州关梁考　职方典第482卷　（通志、州县志合载）

1) 本州七桥　100/6

汝平桥：在州治西门外，州守林中宣重修。

郑陵桥：巡道郑国仕、州守陆镇默创修，在赵落西。　100/6

20×20=400（京文）　132

100/6

2/唐山县五桥：大石、碾子、毂辘、姜家、孙家 100/6

毂辘桥：汉光武为王莽所追，至此足过，及兵至则桥已沉矣。

3/郏县九桥 100/6

虎涧桥：在县西五里。

文济桥：在县西十里，今水涸而桥存

孝济桥：在县西北30里，孝子苑马李少卿刘济造。

壕头西门桥：在县东35里，顺治15年知县徐凤鸣修。

长桥：在县东30里，即旋桥，知县张震继补修。

4/宝丰县十五桥 100/6

通都桥：在县东郭外净肠河上，以路通京师故名。正德十一年邑人曹兴创造，天启六年知县黄佐明重修。

永济桥：在县西门外，嘉靖元年乡民张云创造，后缘年大水冲圯，至嘉靖41年知县袁宪重修，坚固平广。万历13年知县钱大奥重修，邑民秦檀、李思忠捐资倡修，改名倡善桥。

惠众桥：在县南门外，明河南参政杨子器既

20×20=400（京文）

100/6—7

渠岸不桥，则甚窄狭，集市贸易者纠侥其上，不便行李往来。知县李象贤因扩修之，中于官东，傍于列肆，行旅市井两之，相碍，民甚德之。

仁政桥：在城北门外洋腸河上，嘉靖36年县丞江爆造未就，陞去，教谕潘之翰捐俸助之，至嘉靖40年，知县袁亮始竣功。万历间知县任彀、邵造村、沈懋俱补修，故又名三公桥。崇祯五年，知县石于碏重造。

达鲁桥：在县南十里渠河上，以路达鲁山故名。

济患桥：在县城南十里有亭，凡襄叶两县运煤皆由此桥而达。明嘉靖36年，乡人袁林造。

5/伊阳县八桥 100/7

圣王桥：在城东北二里，旧有禹王庙，云禹治水时所憩，庙废已久。

揽羊桥：在城北羊店镇，路接荆陕，平地漫深二三仞，下多淤泥，土民李万良造，至今便之。

继志桥：在城北三屯镇，万历37年邑人儒士张吉士造，先是其父张大典议修，绝始而殁，吉士竟其工，遂名。

20×20=400（京文）

134

100/17—30

汝州古迹考　州志　职方典第485卷

仙人桥：在州治，黄长寿升仙遗迹。 100/17

洗耳桥：在州治，尧让天下于许由，许由曰，无以污吾耳，于河水洗之。 100/17

汝州艺文　职方典第488卷

寒食陆浑别业(诗)　(唐)宋之问　100/28

离彭婴值雨投临汝(诗)　(唐)李白　〃〃

苏坟(诗)　(明)高相　100/29

仙人桥(诗)(风穴八景之一)　(明)方应选　100/30

游风穴寺记　(明)王沫　100/25

20×20=400(京文)

135.

职方典第493卷西安府山川考　第100册　100/51—101/3

通志州县志合辑　100/51

(临潼县)　清河：在县北六十余里，陵荆山东下，至黑市桥转而南，至栎阳复折而东，至相桥，与漆沮合流，西南入于渭，是名交口。

漆沮河：一名石川，中多圆石故名。味异他水。自耀州合流，历断原康桥南下，至相桥与清水合，至交口入渭。水经注以为自朝邑入渭者误。

(鄠县)　乌桑峪山：内有仙人桥……　100/52

(商州)　荆水：在州北，大荆川。西荆川即荆水也，至上板桥合泉水，由孔道河出，会丹水。州西二十里旧有永济桥跨荆水，今废。　100/58

(同州)　九龙泉：在州南八里，九穴同流，州所由名。州有九龙池……梁贞明中节度使程全晖拓而宏之，有三池八亭，桥梁林圃，胜绝一时……　100/60

(永寿县)　醴泉：在彭村城里，遇旱，闻泉中吼声即雨。按县志：泉南有土桥，水过桥南泄涧下。如人秽污，则不过桥而渗入土中，待暑雨涤尽秽气，水复出，俗呼为神泉。　101/3

职方典，第498卷西安府关梁考　　101/12

通志、州县志会辑

1/本府（长安、咸宁二县附郭）六桥　　101/12

灞桥：在府城东25里，隋开皇二年造。唐景隆二年仍旧，所谓南、北两桥。元至元三年修以石。汉时送行者多至此折柳赠别，故江淹别赋句，又呼为销魂桥。

中渭桥：在府城西北25里。秦始皇跨渭作宫，渭水中贯，以象天汉，横桥南渡以法牵牛。

金锁桥、广济桥：以上二桥在府城东20里，明万历年造。

2/咸阳县五桥：沣桥、七里、新店、西渭、王对村　　101/12

沣桥：在县东南三里，一名三里桥。明永乐十二年建，弘治五年知县随继重修。

西渭桥：在县东南万步，汉名便桥，唐名咸阳桥。盖其地夏秋时以舟渡，秋深则作桥，桥成则舟废，冬春二时水涨则舟行而桥废，故斯地以渡名多以桥名。明嘉靖间以舟为浮桥，则步可长行。

王对村桥：在县南十五里泥渠上，明万历32年义民共建。

20×20=400（京文）

137.

101/12-1

3/ 兴平县三桥：胡家桥、𫟼桥、望斗桥 101/12

4/ 临潼县三桥：冷口、東阳、暗桥 " "

暗桥：在县東北十五里，汉高帝入关伏兵处

5/ 高陵县五桥：東渭、高桥、郭桥、阿石、张桥 101/12

東渭桥：在县南十里，汉高祖造，以通栎阳之道。唐李晟屯兵处

6/ 鄠县四桥：太史、涝岔、广济、兆丰 101/12-13

太史桥：在县西关外，王渼陂侧。

7/ 蓝田县一桥：蓝桥，在县东南50里 101/13

8/ 泾阳县五桥：斅下、清河、鲁桥、王桥、符家桥 101/13

斅下桥：在县东北30里，汉武帝幸甘泉宫尝宿于此，其时有斅字，故名。

鲁桥：在县东北40里，俗传鲁班修，因名。

符家桥：自有白渠即有此桥，但旧以木为之，弘治初，居人符瑞捐资易甃以石，因名。

9/ 三原县十一桥 101/13

龍桥：在县城北门外，跨清河，砌以石，高长俱数十丈，宋建隆二年清河泛涨有龍斗于桥下，桥遂圮，再造新桥，故名龍桥——

义渠桥：在龍阳宫前，跨清河，义民来子春作。

20×20=400（京文）

138

第　　页

101/13

通远桥：出城西门外，跨西河，跨白渠，通巴蜀云贵，所通甚远，故名。桥故以木，明正德乙亥，桥南逐士管詔乃捐资贸石而易之，桥于是乎为石易朽矣。正德十年駱田居士記。

不詐桥：少保程茶叙造。邑两城对峙，一水中分……有礼部尚书郢人李维祯碑记

10/盩厔县十六桥：遇仙、陈姑坊、太古、通仙、乐桥（全略）101/13

遇仙桥：相传为王重阳遇仙得道之处，故名。

11/渭南县十二桥 101/13

关门桥：在东郭门外，以跨西渠水绕流大路而架，后填修大路，泄水于此洞，桥废。

板桥、秦桥、杜桥：俱在渭河边。父老相传皆以木石构架。其后河泄而西，依桥名庙为村名。

12/富平县：李公桥：在县北门外，用石砌筑水流桥上，邑人鸿胪卿李宗源造，故名。101/13

13/醴泉县二桥：古仲、望乾 〃 〃

14/商州六桥：板桥、西门、香椿树、白杨店、草庙、清油河 101/13

板桥：在州北40里唐诗人"绾板桥霜"即此

15/镇安县无考

20×20=400（京文）

139.

101/13-14.

16/渭南县四桥：東门、西门、祖饯、華子岭　101/13

17/山阳县无考

18/商南县无考

19/同州关梁无考

20/朝邑县桥梁无考

21/郃阳县关梁无考

22/澄城县二桥：峪洞桥、天险桥　101/13

天险桥：在县西北80里，俗名堡子桥，明嘉靖丙午，知县徐效贤奉檄创筑，扁曰天险。

23/白水县三桥：漆水、圣女、平政　101/14

圣女桥：在县东南30里，传云神女一夜成之，今存石存，颇诞。

24/韩城县一桥：澽水桥　101/14

25/華州三桥：石桥、太平渠桥、罗纹桥　101/14

石桥：在州西十里，赤隄峪、石隄峪二水流其下。

26/華阴县七桥：駐马、東平、长城、罗敷、敷镇、沙渠、吊桥　101/14

駐马桥：在县西门外，華山之隽，過者皆駐于此揽胜駐望，因名。旧五孔，前令冯嘉会增为七孔。

罗敷桥：在县西30里敷水，今颓。

吊桥：在县东30里，以吊伯起得名，今废。

20×20=400（京文）

140

101/14

27/蒲城县关学无资

28/耀州无资

29/同官县八桥：铸桥、虎溪、龙溪、皓溪、义济、镇南、蛤蟆通济 101/14

30/乾州十桥：云桥、石桥、望仙、龙柏、道桥 …… ……

云桥：在州城南门外，唐开元八年置。德宗夜渡此桥，脱朱泚之乱，浑瑊大战云桥即此。

石桥：在州北街，地名桥子口。桑某云，城以龟象形，此桥即龟之腋眼以通其气也。道光犹存，其石条落殆尽。

31/武功县无资

32/永寿县：安家空土桥

33/邠州四桥：东、西门吊桥、千金桥、广济桥 101/14

34/三水县五桥：聚珍、便桥、汃水、土桥、细腰 101/14

细腰桥：在县西40里，接邠州界，长六十余丈，平接两岸，细如蜂腰，故名。

35/淳化县四桥：圣人、石桥、寨翁、永安桥 101/14

圣人桥：在县东南35里，相传汉武帝游甘泉故道，久圮。明嘉靖45年都御史罗廷绅、知府罗沃绅、郎中王尚贵纠众创造，有记。

20×20=400（京文）

161.

101/14—102/5

36/ 長武县：停口石桥，今毁，桥眼尚存 101/14

37/ 潼关衛四桥：通津、潼津、樓家、清河 101/14

通志·州县志·合辑 第102册

职方典，第510卷 西安府古迹考

1/ 本府（長安县咸寧县附郭）

下杜城：在府城東南15里……城西有第五桥丈八沟。 102/4

中渭桥：在府城西北25里，本名横桥，又名三桥。秦始皇作离宫于渭南北，渭水贯都，以象天汉，横桥南渡，以法牵牛；广六丈，南北280步，750柱，222梁。 102/4

長安故城：因長安乡而名，本秦興樂宮基，在府西北20里，形似斗，名北斗城。……八街九陌九市，十六桥十二门，……池周广三丈，深二丈。 102/4

灞桥：汉灞桥在故長安城東20里，灞水南北两桥，以通新丰道。西京送行者多至此折柳赠别，亦名销魂桥。唐灞陵桥在京兆通化门東25里，隋開皇三年造，元时山東寿邑人刘斌修筑坚固。凡一十五空，長八十余步，阔二十四尺。中分三軌，旁翼两栏，青華表，綜以龍首，筑堤五里，栽柳万株，遊人肩摩轂擊，为長安之壮观。明成化六年布政使余子俊增修。 102/5

20×20=400（京文） 142

韩庄：韩退之城南别墅也，在韦曲东……第五桥在其西南，即郑虔故居…… 102/8

何将军山林：今谓之塔坡，少陵原，即樊川之北原，至此而尽，在杜城东，韦曲西，久废。或云在第五桥。据杜甫诗应在第五桥。 102/8

2/咸阳县　渭城：即古咸阳……唐武德六年始移便桥 102/9

3/高陵县

东渭桥：在县东南20里灞水合渭之地，汉高帝造以通栎阳道。奉天之乱，刘德信入援，以东渭桥有转输积粟，进屯此桥…… 102/11

4/蓝田县

蓝桥：在县东南50里，唐裴航遇云翘夫人及云英处。其桥久废，有羽士王天枝募铁为索，飞控如虹。

华胥池：在县北35里，太昊氏母居也。今有陵及华胥渚，毓圣桥俱存。 102/12

锡水洞：在县南30里，世传文学和尚以锡杖自蓝桥山下画之，其水遂由山北经洞口流入辋峪河。

韩湘子洞：又名聚仙洞，在蓝桥，乃湘子修真之所。102/12

5/泾阳县　殿下桥：在嶻山前冶谷河北岸上。汉时有殿。武帝幸甘泉宫宿于此。

102/13-18

睢城渡：在长平坂下，汉唐要津也。……津口有桥曰泾桥。述异记云…… 102/13

6/ 三原县　崇仁桥：县南北城对跨深谿，清水贯其中，往来直下数十丈，夏水暴涨，艰于跋涉。明少保温纯捐造。采北山青石作白虹饮天之势，自是南北相通，平如砥矢。丙辰，洪水泛滥，北面坊楼折去，温孝子自知鸠众重修之。 102/13

7/ 盩厔县　遇仙桥：在县东65里甘河镇。重阳王祖师为是镇酒监，有披裘二人来索饮，日以为常。一日，二人邀祖师饮甘河，以瓢取水，则良醖也，饮辞诗道，为此遇仙宫 102/14

8/ 富平县　怀德故城：在县西南五里，周三里……明隆庆中，渔子见河桥下桩似柏者数十，水北二门，石自崩岸中出，盖怀德桥门故地…… 102/15

9/ 醴泉县　唐醴泉城：在县东北十里，即古仲桥城，贞观十一年置，今为汧北镇。 102/16

10/ 朝邑县　作河桥：秦后子奔晋，造舟于河，通秦晋，而施铁牛对峙河隅，以维浮桥。亚相传说有焉，今崩于河。 102/18

11/ 華州　水莊：小敷峪水下流为东溪支分溉田，居

102/19—49

民称曰水庄，有党氏村，北为罗文桥。 102/19

12/ 永寿县　神泉：在新村里，泉南有土桥，水过桥南泄涧下。久旱闻泉中吼声即雨。如人移汗则不过桥而渗入土中，待暴雨后衔其渗水，复出，俗呼为神泉。（山川致书为醴泉） 102/23

13/ 邠州　水淹：即淹泽谷，在州东七里，溪经幽折水泉数道，小桥野竖烟景如画……。 102/24

14/ 三水县 古公乡：在邑南30里上建土桥，逸南即公刘墓 102/24

15/ 潼关卫　潼津故县：唐天授初置潼津县，长安三年废，今为驿，有石桥尚名潼津桥。 102/26

职方典卷518卷西安府艺文　第102册

灞桥赋	（唐）王昌龄		102/40
晚秋陪游石桥序	（唐）陈鸿		〃 〃
三原县重建龙桥楼记	（元）赵公谅		102/47
长安道（诗）	（陈）徐去		102/49
西游咸阳中	阴铿		〃 〃
长安道	徐陵		〃 〃
〃 〃 〃	顾野王		〃 〃
〃 〃 〃	萧贲		〃 〃
陪驾幸终南诗	（北周）庾信		〃 〃

20×20=400（京文）

145

102/50—58

長安古意(诗)	(唐)卢照邻	102/50
灞陵行送别	(唐)李白	102/51
奉和圣制早渡蒲关	(唐)徐安贞	" "
長安道	(明)于慎行	.
奉和圣制渡蒲关应制	(唐)张说	102/51

西安府纪事　职方典第521卷　第102册

通志：(宋太宗太平兴国)七年，京兆咸阳县渭水涨，坏浮梁，溺死者五十四人。 102/57

通志：(万历)44年夏六月……二十二日大雨如注，至六日，泾阳县口子镇人见有羊相斗，忽化为龙，横截峪水，须臾而下，推激大石如万雷声，两岸山为之动，直抵云阳，至三原，越龙桥而过，淹没百里，漂七十余村，白渠以北鲜有存者，数月平地方水尽。 102/58

20×20=400（京文）　146

职方典第523卷凤翔府山川考　第103册　103/3—8

（府县志合载）

石桥山：在岐山县南50里宝鸡县界　103/3

鹿渠河：经（郿县）黄家桥与苍龙谷水合，今亦称苍谷　103/4

晖川：（汧阳县）自县坊里来，南流入汧。按县志，为北山水所

聚，势极狂迅。旧有晖川桥跨河上，今废。　103/5

职方典第524卷凤翔府关梁考　第103册（府县志合）

1/ 本府（凤翔县附郭）七桥　103/8

凤鸣桥：在府城东二里明洪武初建。按县志，

跨塔寺河，原係土桥，清顺治年，知府王缵圣

又士周永亮，贾文修石桥。

博济桥：按县志，东南十里郿县大路，横北衡

渠或係康熙元年这阳副将陈姓创立木桥，

十一年地，居民廖默创为石桥，27年横水复

衡，默第默重修。

2/ 岐山县十三桥：鲁班、王姓、周郎、隆福（全县）　103/8

鲁班桥：在县东十里，今废。

3/ 宝鸡县四桥：渭河、金陵河、汧阳河、漆河，　103/8

4/ 扶风县五桥：漆水、天桥、浪店、洪济、青川。　103/8

5/ 郿县四桥：渭河、（二）斜头、西碓　"　"

6/ 麟游县二桥：通济桥、偏桥

20×20=400（京文）

147.

103/8—22

7/ 汧阳县之桥：呼川桥、太平桥 103/8

8/ 陇州三桥：流渠桥、关山桥、八渡峡石桥 〃 〃

关山桥：旧四桥，今惟头桥、二桥、三桥，林壑幽邃，清流湍激，行人忘倦

八渡峡石桥：凿石作浮桥，中有石碑书尝有黎首、臣伏戎羌八字，年号漫漶未详。

四易典第526卷凤翔府古迹考 第103册

通志、府县志合载

桥头寨：在府城东北十五里，宋吴璘造桥断脊铁金兵于此。 103/22

148.

职方典第529卷汉中府山川考　第103册

103/36—43

马道河：在(褒)县北90里，发源自驿西山流至樊桥与褒水合。 103/36

龙洞：在(宁羌)州西一百三十里，中崖一洞有天生石桥如龙形状，内有石像，旁有仙桃色味异常 103/40

职方典第530卷汉中府关梁考　第103册（府县志合）

1/ 本府(南郑县附郭)八桥：明珠、涟漪、桃花(余略) 103/42

2/ 褒城县十二桥

天生桥：在县七盘山下，大石横亘江中，然足了险，盖天造非人力也

独架桥：在连云栈内，一百四十二间，上阻石崖，下临龙江，最为险峻。

3/ 城固县十三桥：折桂、丰乐、薛公、十石(余略) 103/42

折桂桥：旧在儒学门前五十步，上有折桂亭，已圮。明嘉靖45年，知县杨守正改造移此五步，桥洞更阔。

薛公桥：在县西北25里，宋绍兴初县尹薛可先开渠溉田，民蒙其惠，故名。

4/ 洋县十五桥：双凤、解元、火烧、天宝、龙亭、真符(余略) 103/43

解元桥：在县西二里，桥成，适萧靖登科，故名。

20×20=400（京文）

103/43—56

5/西乡县四桥：平路、东隆、南隆二里 103/43

6/凤县二十二桥：龄桥、草凉、凤桥、石狮子、废丘、判官、小桥子、留坝（余略） 103/43

7/宁羌州七桥：天生、大安、丁二（余略） 〃 〃

天生桥：在水田坪，有山高十仞，河水流山下入川，生成如桥。

8/沔县三桥：仙留桥、黄沙河桥、旧州河桥 103/43

9/略阳县二桥：五间桥、天生桥 〃 〃

汉中府古迹

鲁班石：在（沔）县东南90里，俗传鲁班尝坐于此，遗迹见存。 103/55

栈阁：在（褒城县）褒斜谷中，即汉张良说高祖烧绝之处，有栈阁2999间，板阁2892间。明洪武25年，遣普定侯监督军夫，增损历代旧路。……鸡头关北桥楼三间……又川祁七盘下桥楼15间，独架桥142间，……青桥铺楼三间，曲湾桥楼60间，……三岔铺桥三间……滴水桥122间……盘崖铺桥四间…… 103/56

郡圃：在洋县旧郡治之北，圃中有湖，湖中有桥，宋文与可有湖桥诗。 103/57

150

20×20=400（京文）

联：永乐大典第534卷汉中府艺文 第104册　　104/2—9

栈道铭	(唐)欧阳詹	104/2

……王臣衔命来追氏，继邀缠以下梓人。缘云绝谷，属传危步。凿积石以全力，梁半空于未闻，斜根立垒，旁缀青崖。截绝岸以虹桥，绕翠屏而龙路，坚劲胶固，云梯砥平……

龙门阁(诗)	(唐)杜甫	104/5
湖桥(诗)	(宋)鲜于侁	104/6
西溪亭	〃 〃 〃 〃	〃 〃
湖桥	(宋)苏轼	〃 〃
〃 〃	(宋)苏辙	104/7
西溪亭	〃 〃 〃	〃 〃
湖上	(宋)文同	〃 〃
湖桥	〃 〃 〃	〃 〃
林莲	〃 〃 〃	104/8
初入栈道	(明)许缵	104/8
子午谷	(明)杨一清	〃 〃
崇法院	(宋)韩绛	104/6
东山寺	〃 〃 〃	〃 〃

汉中府纪事　联：永乐大典第536卷

史记高祖本纪：汉王之国，项王使卒三万人从，楚与诸侯之慕从者数万人，从杜南入蚀中，去辄烧绝栈道，以备诸侯盗兵袭之，亦示项羽无东意。104/4

20×20=400（京文）

167

職方典卷538 兴安州 关梁考 第104册 104/17—27

通志、州、县志合载 （字里）

1/ 本州十一桥：仁寿、向明、康阜、元白、義桥、木竹 104/17

2/ 平利县：木瓜溝桥：在县西境 〃〃

3/ 洵阳县：关梁无考

4/ 白河县二桥：咸化桥、腸江桥 104/17

5/ 紫阳县四桥：界桥、聳翠、通济、新桥 〃〃

通济桥：在县南180里月連洞之下，水声如雷，桥畔水口吞峙，峭壁對伏，巨石突出，溪间称奇观

6/ 石泉县三桥：迟水桥、珍珠水桥、大堤桥 104/17

兴安州古迹 職方典第539卷

遇仙桥：在州城南，相传知州郭福遇仙处 104/24

兴安州艺文 職方典第540卷

安康桥记 （明）鲁澤之 104/26

引汉水晓泊神滩阻风 （宋）俞無子 104/27

再游香溪 （明）杨起莘 〃〃

石春洞 （宋）李宗道 104/27

152

职方典第542卷延安府山川考　第104册　104/35—40

此桥净雪：（在中部县）此桥有石，大雪霁后石上如常扫帚迹。（府志）104/35

清桥霜天：普济桥在清涧县南城，为南北达衢，鸡声残月，人迹寒霜，亦秋深旅况凄然。104/34

桥山：中部县志在城东北二里，旧传沮水从山底经过如桥，即轩辕黄帝葬衣冠之处。104/36

职方典第543卷延安府关梁考　（存县志会辑）

1/本府（肤施县附郭）一桥　104/39

延水桥：在城东门外，知府王彦奇建石桥东关门，刊永济桥三字，有记，后大水冲没，迄民艰涉。崇祯间，推官颜咸亨始以砌石建大桥，将成，后兵燹未竣，复为水没。每岁冬则架木建小桥，夏初则撤，民苦于涉，知府牛天宿为之以舟，民不习舟，今仍桥。

2/安定县八桥：济民、利物、通顺、永安（余略）　104/39

3/宜川县一桥：广济桥：在城南五里龟背寺之东　104/39

4/清涧县六桥：永兴、南天、龙门、画仙、小桥、大桥　104/39

5/延川县三桥：通济、惠民、弘济　" "

6/鄜州九桥：宋公、故州、觉海、寺谷（余略）　104/39—40

7/雒川县四桥　104/40

石家桥：在城西50里，路通西安，两面悬崖百级，仅可徒行，乡民王文义出资召石修筑，今可通车。

20×20=400（京文）

153.

(104/40—10)

西三里桥(在县西)北三里桥(在县北)两桥俱细如蜂腰,有声则断。

高祖庙西桥:在县西南40里,傍深涧行,嘉靖初有道士方钱,今为坦途。

8/中部县:北桥,在城北,今圮 104/40

9/绥德州二桥:无定河桥、大理河桥 〃 〃

10/米脂县三桥:五里铺北石桥、无定河 〃 〃

11/葭州三桥:葭芦上、葭芦下、青子川 〃 〃

12/吴堡县:清河镇桥,在城西30里

延安府古迹考 職方典第548卷

飲马桥:在米脂县城北 105/6

琵琶桥:在府城楚王宫右。石桥悬洞,人蹑其上,以足击之则铮铮有声,如琵琶节奏,传仙人遗迹 105/4

延安府艺文

语桥霜天(诗) (明)陈汝元 105/10

20×20=400(京文)

154

联合典第552卷平凉府桥梁 第105册 105/22-23

（通志）

1/ 本府（平凉县附郭）三桥：太平、乘风、泾阳 105/22

乘风桥：在府城东三里，又名湫峪桥，宋太守蔡挺建。

2/ 崇信县：汭水桥：在县北一里。 105/23

3/ 华亭县二桥：南河桥、北河桥 〃 〃

4/ 固原州：永安桥：在州南门外二百步。 〃 〃

5/ 泾州：汭水桥：在州北二里。 〃 〃

6/ 灵台县三桥：来薰、楼风、仰沂 〃 〃

7/ 静宁州三桥：甜水桥、苦水桥、荒有河桥 〃 〃

8/ 隆德县三桥：清水桥、贺贵桥、底堡河桥 〃 〃

20×20=400（京文）

153

职方典第558卷巩昌府山川考 第105册 105/47-53

秦 府县志二合载

秦仙山：在(通渭)县东50里，石岸秀峻，下有川洞，旁有独木桥，人不能过。有秦仙曾修炼其中，故名。105/47

鲁班山：在(宁远)县北40里，俗传鲁班凿洞在此。105/47

五仙洞：在(阶州)州东20里，白水江南，山半有洞穴，深百余里，中有黄芦木桥、铁桥，桥下皆有流水，如珮环声。渡铁桥数里…… 105/49

栗山：在(徽)州衙东二里，栗水经其下，流出南山番境，北流入于渊，有百丈虹桥。105/60

职方典第559卷巩昌府关梁考 （通志、府志合载）

1/ 本府(陇西县附郭)二桥：便民桥、东渭桥 105/53

便民桥：在城北十里渭河津，僧泰理始募建。

2/ 安定县八桥：东土桥、西土桥、北土桥(余略) 105/53

3/ 会宁县四桥：西寨、石川、界首、流泉 〃 〃

4/ 通渭县三桥：斜桥、驿桥、朝阳桥 〃 〃

5/ 漳县五桥：凤凰、抵柱、盐峪、望井、马龍 〃 〃

6/ 伏羌县三桥：岭底上、岭底下、朱圉上 〃 〃

7/ 西和县五桥：大水、白水、卧龍、红岩、三岔 〃 〃

8/ 成县：永宁桥，在县西十里草平滩，明景泰六年知县丁继建 105/53

20×20=400（京文）

156

105/53—54

9/阶州 五桥：鲁班.南桥.北峪.上板.下板. 105/53

鲁班桥：在文县界,木杉难渡,知州徐轲民造。

10/文县 八桥：阴平.石门.哈南.红丹.玉垒(余略) 105/53

阴平桥：在县南门外,邓艾入蜀所过处。

哈南桥：在县西南60里,汉番通路。

玉垒桥：在县东150里,秦蜀咽喉。

(另)玉垒关：在县东200里,下有急流,邓艾置一桥以入蜀,后人置关。

11/秦州：鸣玉桥,在大城西南郭镇王门之。 105/53

12/徽州 六桥：孝康.忠义.西川.琏琮.上板.下板. 〃 〃

13/两当县 五桥：故道.河池.青杠硖.大渠.猪市. 〃 〃

14/岷州卫 四桥：叠藏长桥,东.西二桥.野狐桥 〃 〃

叠藏长桥：在卫东门外,明成化辛守备韩春造,巡道程鹏重修,巡道洪以谦改造石桥,后圮,清守备杨大植因旧址重修。

野狐桥：在卫西40里,乃由洮入岷必经之路。

15/洮州卫 三桥：凤山.旧桥.新桥 105/53

16/靖远卫：索桥：在卫西黄河上 105/54

17/西固所 六桥：沙川.羌城.邓邓.峡峪.新桥.西河口桥 105/54.

古迹考 阴平道(文县)阴平道为秦蜀出入门户——如后钟会伐蜀,姜维请留阴平桥—— 106/14.

20×20=400（京文）

157.

职方典第546卷临洮府关梁考 第106册 106/29—30

（府县志合载）

1/ 本府（狄道县附郭）二桥：永宁桥、洮济桥 106/29

（今临洮县）

永宁桥：旧在城西北，宋熙宁中造，赐名永通。明洪武时移造于城西三里，更名永宁，造船十二，两岸置木桩十二，维以铁缆、草缆各二。清康熙十三年，清逆侯从贤围困，焚绝运桥，仍移造郡城西北五里。兹因船料截无兵饷，船只损坏，先后修补，每逢河涨，俾渠阻塞，民甚苦之。知府高锡爵捐俸续造船八艘，架桥阻固，桥始通利。

2/ 渭源县之渭桥：在城西一里 106/29

3/ 兰州之桥：镇远、惠远、天堑、南关、石桥儿、西津、月台。106/3

镇远桥：明洪武五年宋国公冯胜造于城西七里，越四年卫国公邓愈移造于州西十一里，名古浮桥。洪武18年指挥杨廉移置城西北二里金城关，用巨舟24艘，横亘黄河上，架以木梁，栅以木板，围以栏楯。两岸西北为铁柱四，各长二丈，一沉河底，铁柱尚存，木柱45，维铁缆二，各长120丈，麻缆四，长亦如之。遇冬河将冻，则拆而修艌之，来春冰泮复然，仍至今。

106/30—40

先登桥：在五泉千佛阁悬崖间。

石桥儿：在城东郭外，今废。

通济桥：在城西二里明永乐间造，以木架空，俗名握桥。

4/金县五桥：浩亹、清水、镇阁门河、连搭水、神济 106/30

浩亹桥：在南城外，弘治五年知县杨兑春建，上有罩廊栏杆，今圮，仅存其桥。

5/河州九桥 106/30

石巡桥：在城东20里

银川桥：在城西30里

握桥：在城东10里，两岸有禹凿石迹尚存。

通湖桥：在城东30里，禹未疏凿时河州即湖也，既凿，导水入黄河，故名。

临洮府古迹考　职方典第569卷

大夏故城：在河州南，夏水旁……又东城十里有檑桥（关中改作握）两岸开凿，禹迹犹存。 106/40

临洮府艺文　职方典第570卷

春日五泉（诗）　（明）丁晋 106/42

春晓皋兰山（诗）　〃 〃 〃 〃

20×20＝400（京文）

159.

职方典第571卷庆阳府关梁考 第106册 106/49—107/1

（桥志）

（全书）

1/ 本府（安化县附郭）九桥：通宁、北河、常棣、桐川 106/49

北河桥：在府城北五里，义民杨怀指资创修。

桐川桥：在府城西80里，其石生成，不假人为，

下通乾沟水。

2/ 合水县六桥：合水、清水、华严、圈洞、升宗、板桥 106/49

3/ 环县三桥：环江、陡滦、曲子 " "

4/ 真宁县：龙门川桥，在县城西10里。 " "

5/ 宁州六桥：宁江、马莲河、九龙、城北、政平、亚岔 " "

庆阳府古迹考 职方典第573卷 （通志府志合载）

环江春浦：在环县北十里，即环河也。方舆胜览云：

江流环抱，不梁而渡，小港分流，芦苇可掬，篱以修

竹，窝以长枫，波鸣石碛，沫拥沙洲，值春则澄寒清

冽，蘋藻浮香，其境最幽。 106/58

职方典第575卷榆林卫关梁考 第107册

本卫：石桥，在卫西门外。 107/1

职方典第546卷宁夏卫关梁考 第107册　107/5—

（卫志）

1/ 本卫五十一桥：　107/5

官桥、板桥、通济、赵信、张政、五道渠、王保、杨兴、金贵、潘祖、王隆等十一桥均跨汉渠。

玉泉、宁化、社稷、贺兰、保来、新立、诘马、天生、满达、刘闫贵、张准等十一桥均跨唐渠。

吴华、郭阳、郑家、闵家、杨秀、黄泥阁、朱家、新墩等八桥均跨良田渠。

许家、上红花、下红花、戚宾园、王源、王木匠、魏家、侯仪宾、杜家、李福荣、陈帅府等十一桥均跨大新渠。

永通桥：跨城南里许

华藏、红庙、叶卜花、倒济、校尉、骆驼等六桥均跨红花渠

高岸、李祥、横城三桥西汉渠通东大河之渡。

2/ 宁夏中卫三桥：大通、镇远、缘杨　107/5

3/ 灵州千户所二桥：通济、宁朔　〃

20×20=400（京文）

161

职方典第577卷陕西行都司关梁考 第107册

（各卫志公载）

1/ 本司（甘州卫附郭）六桥：南津、大满、北津、黑河、西河、新设。 107/13
（张掖）

2/ 永昌卫六桥：五里、红庙、重阁、塞马河、十里、四坝、六坝、水磨川。 107/13

3/ 庄浪卫八桥：演武、大通、武胜、镇羌、玉泉、南薰、仙诸、西渠。 107/13

4/ 凉州卫二桥：石桥、双桥 〃 〃

5/ 西宁卫四桥：碾伯水、那孩川水、伯颜川水、西宁水。 10

6/ 山丹卫四桥：观音、甘桥、石嘴、大桥 107/13

7/ 肃州卫十一桥：城南、红桥、清水、天生、楚坝、公馆、镇朔、南门、北清水河、南清水河、大桥。 107/13
（酒泉）

天生桥：在卫东北30里，水从地下流，人从地上行，宛然如桥，不假人力，故为之名。

8/ 镇番卫四桥：四坝、小二坝、大二坝、头坝 107/13

9/ 古浪千户所二桥：暖泉桥、西津桥 〃 〃

10/ 高台千户所三桥：纳凌、丰稔、站家渠 〃 〃

20×20=400（京文） 162.

四川总部　　第107册　　107/26—52

四川物产考　职方典第580卷

锦江龟墨：成都大江有龟……其行有定处，上止青阳桥，下止濯锦桥，并不他及。……　107/26

四川总部艺文　职方典第582卷

蜀道难（诗）	（陈）阴　铿	107/37
〃〃〃〃	（隋）卢思道	〃〃
竹枝词（之二）	（唐）刘禹锡	107/38
〃〃〃（之六）	〃〃〃〃	〃〃
悼蜀诗四十韵	（宋）张　咏	〃〃
蜀国弦七首（之四）	（明）刘　[illegible]	〃〃

四川总部纪事　总志：张献忠据僭号，委官置宰……尽戮于万里桥。　107/45

职方典第586卷成都府部山川考　第107册（续表）

墨池　在成都县学汉扬雄草太玄经处，有宋人米芾洗墨池之字……康熙二年，知府冀应熊建草亭一，木桥一，书洗墨池之字勒石纪其迹。　107/52

龙居山：去什邡县治西52里，有珍珠漯、逢亭、石桥……　107/55

20×20=400（京文）

163

职方典第587卷成都府关梁考　第108册　108/3

国志·府州县志会载

1/ 本府（成都县附郭）32桥　108/3

驷马桥：在府城北门外，取相如题柱之意。

浣花桥：在府治西门外，旧名大市桥。

笮桥：在府城西四里，桓温伐蜀，陈兵于此。

升仙桥：在府城北七里，司马相如尝题柱云：大丈夫不乘驷马车，不复过此桥。

金花桥：在府城中街大街，旧有坊，今废，即市桥也。

濯锦桥：在府治东门外，共，下江水，濯锦鲜明。

万里桥：在府治南门外，旧名七星。寰宇记：昔孔明于此饯费文祎聘吴曰，万里之行，始于此矣。又唐史载明皇狩蜀过此，问桥名，左右对以万里。明皇叹曰：开元末僧一行谓更二十年，国有难，朕当远游至万里之外此是也。因驻跸于成都焉。后代因之以名。实以石砌，高三丈，宽丈之，长十余丈，势如饮虹，无大颓圮。清康熙五年巡抚张德地等率府县官捐俸重修，仍复以名；题大额：武侯饯费祎处。知府冀应熊大书万里桥三字勒石。

洗诗桥：在府治东门外，明万历中布政史余

2.　164

108/3

一部坚造以锁水口，为旧志九。其南岸即四瀾塔，为形胜壮观，即今俗呼新桥是也。

迎化桥：在府治南金水河之东，俗呼青石桥。

此外有：宝莲、青羊、遇仙、锦江、南虹、洗面、度人、流杯、观音等桥。

2/ 温江县35桥 108/3

长安桥：在县东一里，万历年间造桥楼，两岸砌石为堤，兵火倾颓，康熙五年修造土桥，后复圮，五十四年重修。

螺河桥：在县东12里，桥楼匾曰朝阳桥。

苏坡桥：古造石桥五洞，久倾，今造木桥楼。

高桥：在县西一里，桥有楼，两岸砌石，兵火倾颓，康熙五年修，24年重修。

捞洞桥：在县南十里，上下桥洞二座，古石砌。

此外有：景阳、新饭店、石灰、双凤、儒工、锁江、五洞、踏水、马嘶等桥。

3/ 新繁县四桥：九井、通济、太平、斗城 108/3

4/ 金堂县15桥：集贤、绵川、玉虹、薛伏、古城、踩船（金马） 108/3

5/ 仁寿县六桥：文林、遇仙、隆德、白衣、小学、官渡 108/3

6/ 新都县三桥：清源、学士、德阳王 108/3

3. 20×20=400（京文） 165

绵阳王桥：在县治南十里，旧名大小昆桥，扎势极险，往来病涉，绵阳王创造，因名。

7/ 井研县四桥：马儿、龙门、云梯、通川 108/3

8/ 荣县五桥：宗公、八里、双王、龙化、竹瓦 " "

9/ 资县二桥：果溪、武陵 " "

10/ 泸县六桥：凌虚、龙溪、永利、观光、紫云、利涉 " "

11/ 安县四桥：绿溪、天生、小举、龙崎 108/3-4

12/ 内江县四桥：浮桥、通济、三元、太平 108/4

13/ 资阳县十三桥：文明、凤凰、卧龙、迎仙、老君（余略） 108/4

14/ 简州七桥：双仙、镇宅、济川、折柳、五马（余略） 107/4

济川桥：在州治北数千武，明成化二年创造以石，相继修作，高九十尺有奇，横32尺，直跨四百余尺，上为瓦屋三十余楹，嘉靖间水冲陷，万历间重修。

折柳桥：在州治北二里许大道中，为祖饯之所，刺史送，初名情尽桥，唐刺史雍陶更名折柳桥，赋诗于其柱。

五马桥：在州治西南50里，五山横萃，形如五马饮溪之状，故名。

15/ 崇庆州三桥：通达、迎恩、未升 108/4

20×20=400（京文）

4. 166

108/4-5

（全略）

16/新津县十五桥：石羊、惠陵、铁锦、金花、竹桥、鸭嘴 108/4

17/汉州六桥：金雁、杨柳、高宗、姚景、锁江、沉犀 108/4

高宗桥：在州治西15里，宋时建，今存。

姚景桥：在州治西15里，州人姚景建，今存。

锁江桥：在州治北二里，一桥锁二江，明刘按陕过此，改为金川桥。

沉犀桥：在州治北，姚孟毅题云：茅舍竹篱，广汉淳风存古度；画桥流水，曲江佳气附沉犀。

18/什邡县二桥：永丰桥、船桥 108/4

19/绵竹县二桥：迎恩、聚仙 〃 〃

20/绵州五桥：拖龙、丹崖、兴福、永镇、土溪板桥 〃 〃

21/德阳县六桥：迥涧、仙人、望峰、七里、狮子、鸡鸣 〃 〃

22/茂州20桥 108/4-5

镇西桥：在州治外城西，旧分军桥、民桥二道。先是明正统间都御史寇琛谋易桃桥，材具而江广莫可达，会北境岐山崩，江流塞者终日，琛急命下石倚之，中砌鱼嘴，以水面高寻丈，上覆以亭，由是江以安而桥成，岁易竹木，皆本州七里民并卫军修葺。明末，军桥久废，止存民桥。康熙25年更，江涨鱼嘴衔裂待修。

20×20=400（京文）

5.

167.

通天石桥：在州治南门外，州人引三溪口水经其下，名曰五福泉。明成化间参将邹偏建，旧为镇远桥，幽择许彦光更曰通天桥。嘉靖间立坊于桥之前，曰神禹乡邦。嘉靖丙午倾圯，隆庆丙寅，兵备副使莫如善、参将戚金、谦重建。

节巴桥：在州治南明门外200步，龙洞水经其下。明嘉靖间僧海江建，旧呼为和尚桥。盖方语以和尚为节巴也。

石鼓偏桥：在州南18里，即古秦汉栈道制也。缘崖凿石，架木于上，作栈形，铺以木板，覆以土石，傍以栏杆，以便经行。

溜索桥：沿大江而下，自长宁至青坡约共七八处，以通河西山寨村里。其制两岸立柱，股竹为索，或长百丈，短亦六七十丈，横截岷江，斲木为筒，状如覆瓦，系绳于上。凡村民与羌民往来者以麻绳连筒缚身于索，仰面以手攀索而渡，然后登岸解绳，虽牛马亦然。每处溜索二条，东西各置低昂，以筒溜之甚速且便。

108/5

23/汶川县二桥：铃绳桥、梓桥、溜索　　108/5

铃绳桥：在县治西一里。名铃桥者，古人挂铃其上，以防夜盗私行。其法中用细竹为心，外裹以篾丝，长48丈，索用三股合为一股，一尺五寸为围，桥宽八尺，左右各四绳，木柱为栏以翼之。柱底横木以扶之，底绳用一十四绳，上铺密板可度牛马。东西两头约50步，平立两大木柱为架，长可六丈，名将军柱，桥绳俱由架上铺过，使不下坠。东西起屋楼，楼之下各有立柱、转柱，立柱以系绳，转柱以绞绳，为八景之一。

24/威州三桥：索桥(二)、镇西桥　　108/5

永镇索桥：二桥俱在州西北城外，铃绳跨湔水，永镇跨沱水，中间一山为保子关，乃羌出入之路。其桥篾管四条，以葛藤缠绕，布板其上，虽从风摇动而牢固有余。番人驱牛马往来无惧。旧唐书，西番君长越绳桥而款玉门。

镇西桥：在州治康阜门外，乃羌人出入之要路。

7.　20×20=400（京文）

169

108/14-23

成都府风俗考　职方典第590卷　第108册　（府志）

（岁华记丽谱）（正月）23日：圣寿寺前蚕市，张公咏始即寺为会，使民鬻农器，太守先诣寺之都安王祠奠献，然后就宴。旧出万里桥，登乐俗园亭……108/14

二月二日：踏青节。初郡人游赏，散在四郊，张公咏以为不若聚之为乐，乃以是日出万里桥，为彩舫数十艘，与宾僚分乘之，歌吹前导，号小游江。盖指浣花为大游江也……108/14

四月十九日：浣花佑圣夫人诞日也。太守出笮桥门，至梵安寺，谒夫人祠……108/15

冬至节：清献公记云：至前一日，太守领客出北门石鱼桥，具樽至观楼上，乃即大慈观晚宴。108/15

成都府古迹考　职方典第592卷　（总志）

锦官城：在（本）府万里桥南，周有锦官故名，杜公诗之珠宫也。108/23

五丁担：华阳国志：成都县内有一方折石，围可六尺，长丈许；新都南十里曰毘桥，亦有折石如之，相传为五丁成武担山石担。108/23

石犀：在府城南35里。秦太守李冰作五石犀沉江，

8　20×20=400（京文）　170

108/23—28

以压水怪。……按华阳国志云：李冰石犀一头在市桥，即今金花桥也。…… 108/23

△回澜塔：在府城东锦江南岸。洪济桥之旧址也，方伯余一龙以江流迅驶，修高楼以镇之，故因时创造，工费不赀，阅数载始成…… 108/23

△相如宅：在府城西南二里。蜀记云：在市桥西，即文君当垆涤器处，旧有琴台。 108/23

草堂：在府治西南五里花溪上，即杜甫宅。甫诗"万里桥西宅，百花潭北庄"谓此。又有草堂别馆，明巡抚刘东星(新繁)巡按王金川建，贼毁。 108/23

蚕石：在县龙桥南岸。 108/24

△君平滩：在(灌)县内大龙桥侧，深一十三丈，阔30丈。 108/25

严仙观：在(绵竹)县北20里。邑人严君平以道术举宗飞升，后人据宅为道观，据宅前池造桥。 108/27

△关羽墓：在府城外万里桥南，相传败于吴，昭烈招魂葬此。 108/28

△张飞墓：按明一统志，在万里桥南。飞为帐下张达范强所杀，持其首奔吴，此特葬其躯耳。 108/28

△赵兴墓：在县西笮桥侧，有石羊二，俗号石笋。 108/28

△敦达墓：在(金堂县)治东玉虹桥。造万历间广东都

20×20=400（京文）

171

御史，有御製判詩碑一通。 108/28

成都府藝文 大典第594卷 第108册

万里桥赋 （唐）陸肱 108/33

导水记 （宋）吴師孟 108/35

駟馬橋记 （宋）京鏜 108/37

當墟碑 （元）揭奚斯 108/38

浣花溪 （明）鍾惺 108/40

懷錦水居止（詩二首之一） （唐）杜甫 108/42

昇仙橋 （唐）岑參 〃 〃

成都曲 （唐）張籍 〃 〃

万里橋 （宋）呂大防 〃 〃

照烈墓 （宋）劉道开 108/43

成都府紀事 大典第596卷 第108册

唐國史補：蜀郡有万里橋，玄宗至而喜曰：吾常自知，行地万里則归。 108/43

摭異記：玄宗幸東都……及西行，初至成都，前望大橋……節度使崔圓跋馬前進曰万里橋。上因追叹曰：一行之言，今果符之，吾无憂矣。 108/43

20×20=400（京文）

108/43—45

绵州志：州鲤鱼桥仙迹，在治北八里，即涪江汇入芙蓉溪上游。沿岸多良田，夏秋涨水逆流，鱼随水上，多食禾稼，民甚病之。后遇一异人，于桥凿一枚一纲，其鱼遂集桥下不敢上。后人每于此时捕之，得利数倍。今桥圮，鱼复为害。 108/43

成都府部杂录） 职方典第596卷 第108册

任豫益州记：驷桥东君平卖卜土台高数丈 108/44

司马相如宅在州西笮桥北百许步。李膺云：市桥西200步得相如旧宅。今梅安寺南有琴台故墟。 108/44

水经注：李冰与弟图书云：……西南两江有七桥：直西门郫江冲里桥…… 108/44

张文昌成都曲云……万里桥边多酒家，游人爱向谁家宿，此未尝至成都者也…… 108/45

蜀中诗话：杜少陵在成都有两草堂，一在万里桥之西，一在浣花溪，皆见于诗中…… 108/45

明陆深蜀都杂抄：五块石在今万里桥之西，其一入地，上叠四石成方…… 108/45

天涯石在城东门内宝光寺东之侧有亭覆之。108/45 ……意亦万里桥之类，行旅之人志远也。……

11.　　20×20=400（京文）　　1.73

永乐大典第597卷保宁府关梁考 第108册. 108/52—53

总志.府.州.县志会辑

1/本府(阆中县附郭)五桥：锦屏浮桥.阆苑.西水.大安.望月桥 108/52

2/苍溪县六桥：状元.金鱼.青云.金钗.牢荡.乐善 108/53

状元桥：宋状元王越造

青云桥：万历时耆老杨文魁五旬无子，创修桥成，次年双生二子，立碑记之。

3/南部县十二桥： 108/53

状元桥：在县治西，因马涓中状元故名。

探花桥：一名福津，因冯翼中探花故名。

三元桥：因陈尧咨.尧叟.尧佐故名。

金鱼桥：宋陈康肃公贱仕日，母冯氏以杖击金鱼，故名。

李公桥：明邑人李希侗造，子进士允升重造。

流杯桥：去县北85里，上有陈尧流觞遗迹，邑人李允修重造。

石鱼桥：据明一统志，在县西30里，迤西40里有西溪桥，又西20里有弘济桥。

此外尚有来龙.典#.龙保.回津.广济等桥。

4/广元县五桥：回龙.万马.南津三桥俱崩圮。 108/53

将军桥：据明一统志，在县北40里。

20×20=400（京文）

12. 174.

石栏桥：在千佛崖南首。方舆记：自城北至大安军界皆有桥阁云一万五千三百六十一间皆石栏。栈阁著名，其他之道艰险处在山腰亦微有径可以增置阁道，皆以阁望补之，虚凿石窍而架以木，比他处稍险。

51/ 昭化县四桥：宁济.北雁.离桥.石栈 108/53

石栈桥：最危险，土人张其勃充润出百金修之，又克第一子。

6/ 巴州四桥：柳溪.深潭水.普济.鹿溪 108/53

7/ 通江县四桥：万丝.大峡溪.小峡溪.宁济 〃 〃

8/ 剑州十桥：武侯.天成.武连.汉源（今县） 108/53

武侯桥：在治城东门外，横跨闻溪，诸葛武侯建。

9/ 梓潼县二桥：天仙.火烧 108/53

保宁府古迹考　职方典第599卷　第109册

鲁班峡：在昭化县，与飞仙峡同险，舟车最难行者。 109/3

富水洞：在昭化县，离县20里，以烛火深入洞中，过乌鸦桥，前路有石笋石龙床…… 109/3

桔柏津：在（昭化县）治东，唐明皇幸蜀，文昌帝君接谒于此……又令土人立宫于龙潭坳宁济桥侧

20×20=400（京文）

13.　　175

故栈柏古渡为一景。 109/5

倒挂石僧：在（通江县）治西百里，鲁班寺右。 109/4

治平园：在县治北，宋太守朱寿昌筑，内有郡官廨……花坞，柳桥，曲池凡十所…… 109/4

钓台△在（通江县）王马桥下大江中，盘石如围，浑然奇观。 109/5

剑阁：在州北30里，两崖峭拔，凿石架阁以为栈道，连山绝险，故谓之剑阁…… 109/5

自累基△在（苍溪县）乐善桥侧，相传一人丧此，土长成坟，有祷而焚香者。 109/5

保宁府艺文　职方典第600卷　第109册

栈道铭　（唐）欧阳詹 109/6

14.　20×20=400（京文）　176.

永乐大典第601卷顺庆府关梁考 109/13-14
总志、府志合载

1/ 本府(南充县附郭)五桥：西桥、马宗、观音、浮桥、永安 109/13

马宗桥：在治东40里，宋邑民马普宗造。

2/ 西充县二桥：桂花、文明 109/14

桂花桥：在治南，桥旁多桂树。

3/ 蓬州三桥：毓贤、聚财、石佛 109/14

石佛桥：据明一统志，在治东，旧有石佛寺。

4/ 营山县三桥：望仙、济川、望使 109/14

望仙桥：在治东60里，相传昔有群仙会此故名。

望使桥：据明一统志在治东30里，旧为望使

宾之处，有碑字画剥落。

5/ 仪陇县二桥：天生、天仙 109/14

天仙桥：在治南三里。广三尺，厚一尺，长一丈，

浮空横跨，泉从岩底石穴中出。

6/ 广安州二桥：至喜、寨溪 109/14

至喜桥：在治东，昔欧阳修自吴入蜀，喜路险

至此始平，因名至喜。

7/ 大竹县：永安桥在治东南30里。 109/14

8/ 邻水县：观音桥，在治东南25里。 109/14

艺文 题钓泉(诗) (唐)程太虚 109/19

15.

20×20=400（京文）

177.

职方典第603卷叙州府部山川考　第109册　　109/23-25

龍騰山：在(南溪县)治東二里，下瞰大江，其北有石横空，长四丈许，世呼为龍橋，旧有黄庭坚大書涼暑亭三字。 109/23

万松嶺：在(长宁县)治西。宋赵使君诗：清溪狭径小桥东，春日桃花处处同。我为日长无一事，偶然来此听松风。 109/23

职方典第604卷叙州府关梁考　第109册

1/ 本府(宜宾县附郭)四桥：東坡、谪仙、龚宗、苏黄 109/25

谪仙桥：在仙侣山下，有谪仙洞，故名。

龚宗桥：在治西四里，龚居士暮年囊橐成之。

苏黄桥：在治北三里，崖石有山谷手书涪溪二大字，稍前为桥，以东坡山谷同游此，故名。

此外有石梁在治西三里，有石刻"叙郡枢纽"四大字

2/ 庆符县二桥：迎祥、四世 109/25

四世桥：在祥溪上，邑人严友直、严秋甫造。

3/ 富顺县八桥：太平、鳌溪、双石、東津、通远、水廉、锦溪、富来井。

4/ 南溪县五桥：梅溪、集庆、迎祥、大溪、桂溪 109/25

16.　20×20=400（京文）　178

109/25—36

5/ 长宁县四桥：通秀、仙津、永济、善济 109/25

6/ 兴文县二桥：惠政、思政 109/25

7/ 附建武：铁锁桥，在治前，两涧溪流相合，乱石森立，春夏之交，洪涛汹涌，昔以铁锁造桥，间板为梁，覆以瓦椽，甲申变后，铁为悍将取去，今不复重造。109/25

叙州府艺文 职方典第606卷 第109册

桂溪桥碑文 （明）牟志夔 109/36

17. 20×20=400（京文） 179.

职方典第608卷重庆府山川考　第109册　109/45—47

梅溪：（在彭水县）溪流曲折，两岸梅花香闻数里。溪畔有穴，泉水清冽，每春月时雨，小鱼自穴中涌出，味尤肥美。溪口有石梁跨其上曰梅桥。109/45

职方典第608卷重庆府关梁考　第109册

府志

1/ 本府（巴县附郭）六桥：儒林、善公、白节、遇仙、汇家、响水。109/46

2/ 江津县六桥：大通、马骏、德明、续昌、太平、文明　109/46

3/ 长寿县七桥：兴贤、新桥、遇仙、悦来、海棠、万安、汶阳。109/46

4/ 永川县十三桥：迎恩（二）、惠民、朝宗、双石、永济、跃龙、通济、相公、扶秀、演武、来凤、马坊

5/ 荣昌县八桥：恩济、清平、靖安、永利、东郭、长桥、流虹、化龙、济民。109/46

6/ 綦江县四桥：孝感、鱼梁、广济、万寿　109/46—47

孝感桥：在治南60里。绍兴间，有里妇随姑过溪，其姑堕水，妇即赴救，溺于洑下，忽若有人扶出，姑妇俱得全活，故以名桥。

万寿桥：在治南40里鱼梁旁，路当通道，山溪多派，合流迅疾，屡修屡圮。崇祯十二年，一僧

18.　20×20=400（京文）　186.

第　　页

断手并进，凿穿石脐，控为六洞，功历三年乃成，因名。

7/南川县三桥：镇江、樊水、水东 109/47

8/綦江县二桥：院公桥、龙桥 〃 〃

9/合州八桥：长春、石鼓、凤西、腾清、浴溪、武胜、永济、乌木

10/忠州三桥：巖頴、折桂、天生 109/47

天生桥：在治东，城外有石渠，长三丈，似桥因名。

11/酆都县二桥：誉真桥、天仙桥 109/47

12/垫江县二桥：仁公桥、惠民桥 〃 〃

13/涪州七桥：瑞麟、永安、会同、通仙、洗墨、通济、清溪 109/47

通仙桥：在治西，相传白崖仙人曾过此。

洗墨桥：去治西五里，又名黄龙洗。昔山谷题咏遊此。有郡守夏子州碑记。

14/彭水县四桥：福庆、恒远、天生、顾公 109/47

天生桥：在龟池众水会处，有石桥跨其上，形势天生，因名。

府志未载关县

1/江津县志27桥：大中、宝殿、石东、路来、滩溪、姚回、万师、笋溪、高湖、永济、停庶、九龙、通远、渡溪、广济、梅溪、

19.　20×20=400（京文）

181.

109/47—

嘉惠、毗礚、通道、飞龙、杜市、双石、凌远、惠远、攀桥、宋公、会通。 109/47

傍碓桥：在县西13里，川省通衢，旧有桥为水所毁，嘉靖乙未邑耆杜茂同僧隆宝、隆泰等募金重建，叠巨石，覆以瓦屋，甚宏且久，旅人德之。邑庠生李廷春记。

凌远桥：在县南15里，由黔播官道，旧係土桥，一雨辄渗，嘉靖癸巳，僧人正松同乡耆刘彦彬等修造石桥三间，邑庠生曾志信记。

宋公桥：在油溪场，旧土桥水涨则行人病涉，土僧宋秀清率民造石桥一所，计三间，邑人杨燮记。

2/ 长寿县志七桥：清风、丰乐、杜舟、积溪、伝姚、冉师、纳溪 109/4

杜舟桥：在治北15里，一名方古桥，邑人古以坚建，康熙36年知县刘嘉召重修。

冉师桥：在治东北10里，邑人冉姓建，故名。康熙34年知县刘嘉召重修，桥上为屋12间，以瓦覆之，行人咸德焉。

3/ 彭水县志四桥：遇仙、广济、龙桥、双龙桥 109/47

龙桥：郁水之源高百仞，两山对峙，中有石阔跨其上，故名。

20. 20×20=400（京文） 182

重庆府古迹考 职方典第611卷 第110册 110/3—18

通晓桥 （合州）周元公判州事，常与客宴，一老人来观，口流涎而香。公异问曰：汝龙也，何以至此？老人曰：安知之？公曰：以涎知耳。忽大雷电起，老人化龙，泝溪而上。公乃令琢方石24片以镇之，即通晓桥。其处在城内之明月街。 110/3

职方典第614卷夔州府关梁考 （府志）

1) 本府（奉节县附郭）四桥：龙溪、秋丰、相公、通锦 110/17

2) 巫山县六桥：会仙、张公、竹溪、永安、仙女、长春 110/17

仙女桥：去县治东，两山中断，一线相通，俗传为仙女所造，故名。

3) 万县：天生桥，在治西。按明一统志，在县西芋溪之上，乃一巨石自然成桥，其长即与溪等，而平阔则如履平地然，溪流滚滚出其下。

4) 开县二桥：马嘶、天池 110/17

5) 梁山县七桥：碧潭、文昌、福德、观音、惠民、登瀛、张生 110/18

6) 达州十二桥：中寺、高花、双衢、江阳、双虹、左峡、回龙、麻柳、赵公、闽溪、铁柱、碗柱 110/18

20×20=400（京文） 183

110/31—37.

夔州府古迹考　职方典第617卷　第110册　（府志）

兵书匣：在瞿唐峡中赤甲山下岩穴间有一匣，其
　高峻不可升，相传上古之兵书，或云鲁班之风箱。110/31
鲁班岩：在（巫山县）治东15里，上有斧凿风箱形迹。110/31
铁锁桥：在（达州）大峡，大崇山石为梁，小崇四为关，架
　木以便行者。110/32
鲁班洞：（巫山县东）在旧大昌县东10里河边，洞门
　如屋形，内深丈余，俗传为鲁班所凿。110/32

夔州府艺文　职方典第618卷

度索寻橦说　（明）杨慎　110/37

西域传有度索寻橦之国。后汉书跋涉悬度注：溪谷不通，以绳索相引而度。唐独孤及招北客文"笮，复引一索，其名为笮；人悬半空，度彼绝壑。"予按今蜀松茂之地，皆有此桥。其得水险恶，陡不可舟梯，乃施植两柱于两岸，以绳絚其中；绳上有一木筒，所谓橦也。欲度者则以绳缚人于橦上，人自以手援索而进，行达彼岸，复有人解之，所谓寻橦也。非目见其制，不知其解。独孤及之文以十七字形容之，西域传只四字尽之，可谓工妙矣。

20×20=400（京文）　184

110/41-47

马湖府关梁考　职方典第619卷　第110册　（附志）

马湖府共七桥：进贤、登仪、卑云、桂香、承恩、永宁、迎恩　110/41

马湖府艺文　职方典第619卷　第110册

咏学宫双桂　（明）李东阳　110/44

龙安府关梁考　职方典第620卷　第110册（总志、府志合辑）

1/本府（平武县附郭）十二桥：清平、泽桥、永清、伏龙、通汇、通济、高镇、白石、濂、天生、龙桥、通泗、高桥、永安　110/47

永清桥：在治西北25里，铁龙堡下。洪武中，薛文胜以篾缆架桥，永乐初薛忠义造铁索二条，长15丈，名曰素虹。弘治15年，都御史钱钺建桥亭二座于上。

天生桥：在治西北90里，通羊洞塞，河水奔湍，中有三巨石如柱，居民架木为桥。

2/江油县三桥：仙女、永丰、石佛　110/47

仙女桥：在治东南十里，窦子明遇仙地。

3/石泉县二桥：登云、迎恩　110/47

20×20=400（京文）

110/48—54

龍安府古績　职方典620卷　第110册

棧阁：在府治東，魏邓艾伐蜀，由李隘开阁栈几22处，洪武13年开设松潘衛，又置龙仙阁开阁道25处。　110/48

南崖阁道：去府治東65里，正德初兵备盧公修整，平坦可行。　110/48

潼川州关梁考　职方典第621卷　第110册

1/ 本州九桥：孝弟、錦江、迎恩、馬瑞、永固、敦义、永安、太·生、通济。　110/54

2/ 射洪县三桥：凹馬、飞虹、里贤　" "

里贤桥：在武東山下子昂故宅前，后人取思子昂之意。

3/ 盐亭县八桥：德星、云溪、春谷、龍门、广汉、龍江、虎㵎。　110/54

德星桥：在治南近嚴氏故宅，杜甫诗有"嚴家聚德星"之句，因以名桥。

春谷桥：去治西50步，杜诗春谷水泠泠

龍江桥：去治北一里，明尚書甘为霖有龍江秋涨之句

虎㵎桥：去治南一里，明尚書甘为霖有虎㵎

雲深之句。

4/ 中江县24桥：东溪、朝京、通济、迴水、安济、弘济、雲渠、
龍泉、李公、雲板、铜兴、挂金、通[illegible]、普济、琉璃、携间、河西、
盘鳅、匀溪、高桥、彭家、通溪、永兴、四通、东桥　110/54

朝京桥：万历间，知县安正孝重建，改名安济。
崇祯乙亥知县任之达创修石桥，改名揽桥。

铜兴桥：去治南60里，万历辛亥建，康熙癸巳，
楼偕贾仙重建。

河西桥：去小西门，弘治元年知县王果建，宽
七尺长50丈，嘉靖间重建，改名象古桥，今废。

四通桥：去治北50里，旧名黄家桥，清康熙乙
未重建，为潼川、中江、德阳、罗江四路会合之处。

5/ 遂宁县二桥：安济、嘉福　110/54

6/ 蓬溪县五桥：利国、连珠、文星、跨虹、飞马　〃 〃

飞马桥：相传有神马见，故名。

7/ 乐至县九桥：通济、文光、龍尾、彭戏、报国、八里、龍桥、
普金、文星、

潼川州藝文——职方典 第624卷　第111册

章梓州水亭　（唐）杜甫　110/7.

111/10—11

眉州山川考　职方典第625卷　第111册

天社山：在旧彭山县汉安桥上流，建安间李严凿天社山通车道　111/10

玉湖：在治西……又东北为云桥，……　〃〃

醴泉：在（州治）李相桥西，泉自山根涌出，味甘如醴，相传食之能愈疾。　111/10

鳖龙潭：在旧彭山县治西……上有桥亦名鳖龙，宋扈籍送石扬休还眉诗……　111/10

眉州关梁考　职方典第625卷　第111册　州县志合载

1/ 本州十六桥：永兴、迎恩、离别、通惠、通津、三苏、李相、石桥、种德、登云、老友、忠孝、埋轮、麒麟、观音、青牛。　111/11

永兴桥：在治南，旧名柏木桥，康熙初，知州赵惠芽重建，锡今名。

迎恩桥：在治东，旧名放生桥，一名永济桥，明宣德间修，改今名。

三苏桥：即三桥铺，在治南十里。知州金一凤重建，以近三苏故里，改今名。

李相桥：在治西八里，跨醴泉江，宋敷文阁学士李焘建，久废，康熙46年，知州金一凤重建。

6.　20×20=400（京文）　188

111/11—17.

△忠孝桥：在旧彭山县治北，旁有汉张纲、晋李密祠，故名。

埋轮桥：在旧彭山县治北二里，埋轮汉张纲事也，时豪犬患，故以名桥。一云：汉朱遵与公孙述战于赤水门，先埋其车轮于桥侧，后因以名。知州金一凤重修。

麒麟桥：在旧彭山县治南，后汉朱褒擒麒麟于马牧岭，因以名桥，一名任公桥。

青牛桥：在旧青神县治东，周时老子骑青牛出关过此，因名。

丹棱县六桥：普济、德化、迎恩、大石、小石、放生 111/11

眉州古迹考 职方典第626卷 第111册

小桃源：在州治南门外，村家多竹篱桃树，小桥流水，夹以桤柳，绿荫翳然，游人泛舟其间，谓之小桃源。苏轼诗：鬓华城南路，梨花扑不休。辙诗：清江入城郭，小浦生微澜。 111/15

李密墓 △ 在旧彭山县忠孝桥北。 111/16

眉州艺文

瑞莲亭（诗之二·之四） （明）周洪谟 111/17.

7. 20×20=400（京文） 189

职方典第627卷嘉定州山川考　第111册　111/20—27

总志、州县志合载　页

竹溪水：在州西北三里，两溪多竹，俗名视公溪，……
溪上有桥，今圮。此又省之大道，往来如织，水溪涸
溢激民甚患之。少参张公按其上，春月又圮。公乃
少迁旧址，伐石具材，大为结构，众心漂跃，越月告
成，壮丽坚致，可垂永久，名曰张公桥。……　111/20

铁桥门：在（犍为）县北门外。　111/21

八音池：在黑水寺，西有跳桥，游人拍一掌，则一蛙
鸣，余蛙次第皆鸣，数皆合八。后一蛙复大鸣一声，
众蛙即止。　111/21

雅水：源自雅关，至雅州宛仙关合和川水，自荥经
荥乡罗岩州东西发源，合邛崃水自邛崃之荥徼
发源，三水合流经雅州，下西十里至草坝，与名山
之青衣水会。其渡有桥，去桥十余里为青水渡之
发源……　111/21

天水溪：在县西五里，一曰天生桥，在依凤阁东，依
凤阁即化成山也。其桥天成，下有涧水出焉。　111/22

嘉定州关梁考　职方典第628卷　第111册

（总志、州县志合载）

1）本州十三桥：大石桥、永宣、张公、洞山、善济、魁星

8.　20×20=400（京文）　190

111/27—28

第　　页

洞、阁通、大佛、珏舟、高石桥、永济、掌阴　111/27

张公桥：在永宁（桥）北。按旧志，古竹溪桥也。高三丈，长六尺，宽以身，因桥北有张侯祠，因名。

2/ 峨眉县十二桥：铁桥、虹溪、小铜梁、观澜、问源、儒桥、十里、双飞、高桥、虎渡、文武、黑龙　111/28

铁桥：在县城北，即古通泰桥，又名永济桥。明成化初，知县李祯以铁铸桥础，构木竖屋，以通舆。后因山水暴涨，时变水道，遂毁。今每岁冬初作板桥。

儒桥：在县城南门外，即化龙桥，古名胜峰桥。

虎渡桥：在县西入山40里。传云：昔僧欲越黑水，因溪涨，见虎而渡，后因名。后张凤翔、李磐诗人游此，更其名曰七笑桥。

3/ 洪雅县六桥：袁家、铁锁、大石、桂花、正阳、花溪　111/28

铁锁桥：在瓦屋麓，悬崖飞渡，联铁索数十丈，覆板仅容足。

4/ 峡江县十四桥：四至、迎恩、万里、望峨、通远、太平、白马、通济、龙泉、虹桥、观音、板桥、狮子、天生。　111/28

迎恩桥：在县南一里，凡迎送诏旨俱于此，故名。

天生桥：在县化成山之右，即累为龛车，非径也。

9.　　20×20=400（京文）　　191

111/28—41

5/ 犍为县十三桥：翔凤、三江、贡举、沙溪、双峰、二民、女思、跨虹、槐风、迎恩、大石、新琛、天生。 111/28

翔凤桥：即古乌羊桥，在县北一里。

二民桥：在韩邓二宗之间

女思桥：在县南一里，淑先雄思柔注此，故名。

6/ 荣县47桥：霁澄、银瓶、龙脑、印仙、普通、偏桥、道士、金石、问喜、虎头、玉溪、清流、来苏、华延（余略） 111/28

嘉定州古迹考　职方典第630卷（见古今州县志合辑）

孙真人药臼药铛△在（峨眉县）双飞桥侧观音阁，铛铜质，大容数升，臼铁质，有三足，重二十余斤，质甚古朴。 111/40

牛心石：△在双飞桥下，状如牛心，激水有声，牛心寺即以此名。 111/40

仙掌洞：在（夹江）县西北五里，相传李阿真人飞升于此，——其山云常五色，黄居其中，色中有大嘉庆刘见，跨江而至于千佛岩之巅，土人谓之金桥 111/4

古字刻：在（荣县）荣王府右，唐贞元二年造，今碑移东桥。 111/41

111/43—58

嘉定州艺文　职方典第630卷　第111册

竹王祠（诗）　（宋）陈甚方　111/43

嘉定州杂录　职方典第630卷　第111册

后山谈丛：犍为西南，古名龙鼻头山……后其县令谓其庙之出由门限，率县民以铁门限镇之，人始得进庙。即以铁铸四牛为山溪桥墩，至今犹以铁桥得名，即其遗事也。111/44

邛州关梁考　职方典第631卷　第111册（州县志合辑）

1/本州十七桥：犍江、尽忠、天官、蹲松、驷马、渔桥（余略）111/46.

蹲松桥：在州西，胡商人重修，一名青松桥

驷马桥：又名司马桥，在州北，今毁。

渔桥：在州南，即今玉带桥。

2/大邑县三桥：九渠、金刚、安乐　111/46

3/蒲江县五桥：铁溪、迎恩、黄帽溪、观音、蹲仙　〃

邛州艺文　职方典第633卷

题桥赋　（唐）李远　111/53-54

邛州杂录　相如宅在城南五里，又云在市桥西，今琴台去城西五里，岂非其处乎。其相如差当垆肆其风流尚能可想见。111/58

11.　20×20=400（京文）　193

四川泸州部　　　　　　　　　　　　112/2—3

泸州山川考　职方典第635卷　第112册（总志州志会）

黙山：在(江安县)治南40里。梵林禅宇，金碧辉寺有二龙潭，又有眠云石、磐门桥、玎璫崖，磨镰石为一邑之胜云。按明一统志：俗名镜子山。　112/2

泸州关梁考　职方典第635卷　第112册（总志州志会辑）

1/ 本州八桥：特棱、镇远、太平、银锭、云桥、洪济、余公三世、颜公　112/3

特棱桥：在治东北30里，治平中有女子因母病归者，骤雨水阻，号泣不能渡，俄有一木横亘水上，渡讫不见，人以为孝，遂造桥。

银锭桥：在治内，昔人造桥得金，因名。

云桥：在南门外，澄溪口之桥也。明崇祯初，学使何闳中题学南向，题南门曰云门，南楼曰云楼，南桥曰云桥，欲多士步步青云也。

余公三世桥：在江北。明正德、嘉靖间，知州余玎、余让、余蛟父子祖孙相继牧泸，多德政，泸人为之造桥，杨升庵题其额曰余公三世，至今状记其碑文，有贤哉余大夫，世泽宏泸之句。　112/3

12.　20×20=400（京文）　194

112/3—9

2/ 纳溪县三桥：会川、通津、普济 112/3

3/ 合江县：通仙桥，按明一统志，在治北。隋刘善庆尝息于此，後因画龙升，因名。 112/3

4/ 江安县四桥：宁桂、广济、普济、单公 〃 〃

单公桥：邑为滇黔通衢，万历年间知县单汝充修，今存。 112/3

泸州古迹考 职方典第636卷 第112册 （见泸州志合部）

石海螺：在（州治）龙贯山，往过吹之，山谷响震，人以为公输子真迹。 112/6

金鸡湾：在（州）治南三里脑溪口。旧传仙欲架梁于大江，听鸡鸣乃止，江北水中桥础尚存，水落春晴，观之犹见。 112/6

天生桥：在（州）治北60里江边，山石生成，不假斧凿人工，因名之。 112/6

泸州部艺文 职方典636卷 第112册

老学庵笔记：泸州自州治东出芙蓉桥，至大楼曰南定，气象轩豁…… 112/9

四川雅州部

雅州山川考　职方典第637卷　第112册（州县志合载）

邛崃山：在（荥经）县东40里，即九折坂，俗云獐猴坡，盖谓獐经此亦蹒行。下临溪，有忠孝桥。自桥而上约有十里，即王阳畏道王尊叱驭处……　112/11

板桥河：在（荥经）县西北十里，邑人曾为板桥，今变北道，即荥水也。　112/12

雅州关梁考　职方典第637卷　第112册（州志）

1/ 本州：绳桥，以绳架桥，下瞰大江。按明一统志在严道县多功路，旧名高桥，亦险要之处也。112/13

2/ 名山县二桥：百丈桥、青衣桥　〃

3/ 荥经县八桥：忠孝、七纵、三思、大通、索桥、清净、土地、边雄。　112/13

忠孝桥：在县东35里天险关下，旧名叱驭，宋乾道中毁，绍熙甲寅重建，改今名，正德丙子重修石桥，俗呼高桥，前县令徐阁笙始，扁曰忠孝，指王尊王阳也。

七纵桥：在金山下宣侯侧，诸葛亮征南时七擒七纵孟获于此，後更七擒。

索桥：跨经水，洪武15年废七纵桥，改道经此，知县杨矩为之，如浮桥然。后复改置县东南二里，今废。

4/芦山县：宗桥，未详所在，前荥经县志亦载此桥，未知二桥同名否，抑一桥两志俱载否。

雅州古迹考　职方典第638卷　第112册

平羌绳江桥碑　在（名山县治）旧严道县平羌桥，有唐咸通十年上官所撰碑，字係隶体，今在江渎庙。

112/16

四川遵义府部

遵义府关梁考　职方典第639卷　第112册（贵志）　112/2

1/ 本府（遵义县附郭）五桥：通远、太平、善济、吴公、绿塘

通远桥：在治东门外，旁峭壁高数仞，旧名狮子桥，通贵州。按明一统志，洪武初建。

绿塘桥：在治东，为滇黔孔道，千溪竞汇万壑争流，旧桥湮没，行旅病涉，清康熙八年，署府事成都通判马御世相势改造，捐俸鸠工，砌桥十二洞。

2/ 绥阳县二桥：小溪桥、永济桥　112/20

3/ 真安州二桥：蔡家桥、白鹏桥　〃　〃

四川建昌五衛关梁考 职方典第641卷 第112册

1/ 建昌衛九桥：怀远桥、泸川、龍津、龍津索桥、祥乐、南门、宁远、海门、宝山。 112/30

2/ 会川衛：镇安桥，在治北30里 〃 〃

3/ 宁番衛三桥：南门城河木桥、泸沽石桥、太平木桥 112/30

4/ 越巂衛五桥：顶山、梅子岭、深溪、太平、白馬 112/30

建昌五衛祠庙考 职方典第641卷

崇明寺：在(越巂衛)治河南岸。 112/32

松潘衛

四川松潘衛关梁考 职方典第643卷

松潘衛十三桥：古松、通远、归化、会江、松风、迎恩、積雪、靖安、浦江、小松虹桥，柏木、馬营 112/37

松潘衛部艺文 职方典第643卷

松潘事宜(文) (明)章潢 112/40

大渡河

四川大渡河部关梁考 职方典第644卷

大渡河三桥：天汉、比叙、跨虹 112/42

比叙桥：在治西，宋太守李石有记。

17. 20×20=400（京文） 199

第　　页

大渡河古迹　　职方典第644卷

七擒桥：孔明擒孟获于此，后人作桥，故名。今桥已
废，古迹尚存　119/43

大渡河诸纪事

总志：（唐懿宗咸通）十四年，坦绰酋龙复寇蜀，径舟
大渡河以济，为刺史黄景复击却之。……会窦璟
来，还攻大渡河，佯兵息鼓，请曰：坦绰欲上书天子
白冤事。戍兵信之，不战，桥成而济，黎州陷。　112/43

東川

東川军民府关梁考　　职方典第645卷

（東川）索桥：在治北120里牛栏江下流。江阔水急，彝
人用木筒贯以藤索，人过则缚以筒，将索往来，相
牵以渡。　112/45

烏蒙

乌蒙军民府关梁考　　职方典第645卷

乌蒙索桥：在治南130里　112/46

罗佐桥：在罗佐关下。　〃〃

疊溪

疊溪守禦千户所关梁考　　职方典第645卷

疊溪桥关、南桥关、中桥关、永镇桥关　112/47

18.　　20×20=400（京文）　　200

四川天全六番部　　第112册　　112/50—51

天全六番宣慰使司山川考　职方典第646卷

（总志、天全六番志会载）

風水：在碉门东25里曰風水村，村北70里有紫山峥嵘，水出其下，名化林堡，堡极隘，逕板桥峡，峭極峭。板桥者，栈道也，凿壁架木，覆之以板，高下无际，必由桥。……… 112/50

天全六番宣慰使司关梁考　职方典第646卷（天全六番志）

独绳桥：俗称索桥，称溜殼桥，古绳桥也。和川、乾关六甲地险，涉水往时皆有之。两岸叠石植柱，一巨索缅之；以木为半筒，度者以索系筒，并自缚其腰及臂于绳，以腕扶筒，令滑，两手力挽而渡。先引置一索系前索上，后者后引筒来岸，或偏高，去疾而来必力也。桥此即西域传所谓度索寻橦……… 112/51

交桥：该村水险急，水高亦不可舟筏，夏则设索，冬则交行。两岸垒石，对压二木，杀其末而交缚于上，下平缚二木为底，以竹绳隐相连络。度者上木引手，下木承趾，少易于索。或谓扐桥，谓扐起也。112/51

铁索桥：思延河水涞经也，桥二；鱼喜溪六甲水所出也，桥一；靖远堡罗州水桥一；进西严州水桥一；

19.　20×20=400（京文）　201

又进而嘉庆水桥一，曰铜江桥，曰惠嘉桥，曰邂逅桥，曰仙人桥，曰後洞桥，桥虽长短殊，皆铁索也。水岸极险，无论舟筏，即绳绳架木亦易崩毁，故皆凿铁索，则桥更坚以固，不似绳木敲危，但费工力耳。桥制：两岸石墩石柱以大环锁锚，以四五条平铺为底，上铺横板，两旁有引手，其锁修短、钜细、疏密视岸广狭，功殊简也。然其创也，实难及，无不叹其巧妙。初经者行跨蹑于空阔中，不禁目眩足跛矣　112/51

承宣桥：从龙山宜溪北分而南入和川，其居市衢也为深堑，以石结高阁而桥之，两岸皆石级，东高于西一倍，叔自元至正中，名之曰承宣，盖取司治上承宪令下接郡民当承流而宣化也。按天全志，司治西半里，元至正十年招讨使高国英所建。又一本云，司治东半里。　112/51

泸定桥：在泸水上，地属沈村姜村，康熙45年所制铁索桥也。西炉後木鸦附置戍守税茶市而桥固以通，桥之费甚钜。以水势汹涌，其水达西炉，旧有皮船三渡：一通堪，一咱威，一子牛，今皆废而集于桥。荒徼要路，一虹宽锁断云烟障水，宣川威来。沈

冷本天全部府桥既成，檄天全土司修葺。今司与郑封分力接应，檄会遣百夫诸工往供事。 112/51

多功桥：在治东20里，明洪武四年招讨使高国英编竹为桥，每岁一换，利济攸赖。又一本云，在司治东50里。 112/51

隆安桥：在治西五里，洪武12年本司差目把杨铭督众造竹为桥，逐年修换…… 112/51

迎恩桥：按天全本土司治东一里，明宣德九年始，水名洗崴溪。又一本云：司治东二里，溪名洗脚，流会岷江。 112/51

沙坪桥：在治西半里，编竹为桥，逐年修换。又一本云，司治西二里，通西天长13，西乌司藏各王进方物之路。 112/51

铁锁桥：在治北80里，地名思延，以铁为索系桥，通由本司下五乡火井三班并芦山县军民往来经行，利济攸广。 112/51

天全六番藁文

蜀道难（诗） （陈）阴铿 112/54

江南总部艺文　职方典　652卷　第113册

金陵北水关改(文)	(明)章　潢	113/27
送客归江东(诗)	(唐)韩　翃	" "
江南曲(诗)	(唐)韩　翃	" "
梦江南(词)	(唐)皇甫松	113/28
菩萨蛮(词)	(唐)韦　庄	" "

22.　　20×20=400（京文）　　204

江南江宁府部　　第113册　　113/33

江宁府山川考　职方典第653卷　（府县志合载）

本府（上元江宁二县附郭）

秦淮：始皇用望气者言，凿方山，断长陇以泄王气，
其源二：一出句容华山，一出溧水东庐山，会流入
方山埭，自通济水门入于郡城，北经大中桥与城
壕合，西接淮青桥与青溪合，南经武定桥，西出，又
历镇淮、饮虹、上、下浮桥，自三山水门沿石城西北
流以达于江。或云：本龙藏浦也。支流屈曲，不类人
功。惟方山西渎属土山30里许，是秦开，六朝迄都
城倚之为固。　113/33

青溪：发源钟山，吴赤乌中，凿东渠名青溪，通城北
堑，以泄后湖水，其流九曲，达于秦淮，后杨吴筑城，
断其流。今自太平门城内潮沟南流入旧内，西出竹
桥入壕而绝。又自旧内旁周遭出淮青桥，乃所谓
青溪一曲也。怀古者每多题咏。　113/33

御河：明初开，在旧内，东出青龙桥，西出白虎桥，至
百川桥入城壕。　113/33

运渎：吴凿，引秦淮抵仓城以通运道。今自斗门桥
南引秦淮北流至北乾道桥，东经太平、景定至内
桥与青溪合。北经鼎新、崇道桥，又西过武卫桥，入

23.　20×20=400（京文）　205

113/33

第　　页

铁窗棂出城。113/33

桃叶渡：秦淮上，今文德桥北，渡移设石桥以通往来。按此渡自东晋以来，历代久远未有设桥者，良以通济水关来水，天门欲歙故也。明万历壬子筑堤名天脱斜。清顺治间知府李某作设木桥，以宜木不宜石耳。康熙癸卯易木为石，以垂永远。然术谓天门水因桥闭塞，不若向来设渡之为妙也。113/33

杨吴城濠：杨溥城金陵时所开。自北门桥东流历珍珠桥折而南，截于通济城，支流与秦淮会，又自通济门外纳重驿涧子湾桥水，遂从西北至三山门，复与秦淮会，以达于江。113/33

珍珠河：宋行宫后，今成贤街南。按金陵志：陈后主泛舟遇雨，水生浮沤，宫人指为珍珠，故名。通运渎河，至太平桥分两派：一出栅寨门，一出秦淮。戚氏云：前志及史传不见所起，惟即运渎也。今自元武湖绕国子监号房后达珍珠桥者为是。大抵湖濠珍珠河二水皆引元武湖会于秦淮，后南唐筑城，遂绝其流，今惟存西北一带云。113/33

護龍河：宋凿，即旧子城外三面濠也。今自升平桥达于上元县后至虹桥，南直出大市桥而西。113/33

94.　　20×20=400（京文）　　206

113/33-43

新开河：宋元凿。自三山桥历石城桥穿淮诸门由草鞋夹以达于江。又自三汊河西南过江东桥与元运道会。韩世忠碑记云：绍兴四年开。 113/33

大城港：今名大胜关，纳大江东流。又东有瓦屑坝其东南会聚宝门城濠，纳赤石矶诸水，经马涧诸水，西南北与秦淮会，又北为三汊河至龙江关外入江 113/34

高淳县志

洪漕坝：去县西三里，水自襟湖门外西新桥及白文桥迤永丰会桥至坝北，随花犇閘出薛城大荡桥注石臼湖。坝以花犇来脉久塞不可通舟，明万历25年知县丁日近议开，复寝，坝南水仍下官溪河 113/33

江宁府关梁考　职方典第656卷

1/ 本府（江宁上元二县附郭）113桥 113/43-46

鸡鸣桥：即齐武帝游钟山至此鸡鸣处。

募士桥：吴大帝募勇士处。

蘇前桥：一名走马桥，在湘宫寺前，东出青溪，有桃花园，南曰大桥。

25.　　207.

20×20=400（京文）

113/43

中桥：据宋志在上闸；据陈书，隋军临台城，晋王广命斩张孔二妃于青溪中桥，即此。

杨烈桥：宋王僧绰观斗鸭处。

檀桥：在青溪上。据齐书，刘瓛住檀桥，瓦屋数椽，学冠当时。

南渡桥：李白与酒客数人棹歌秦淮往石头访崔四侍御诗云："舍舟共连袂，行上南渡桥"，乃秦淮上桥。今不详其处。

回龙桥：在定淮门内。或曰与清凉四望山势回顾，故名。

武定桥：在镇淮桥东，旧名嘉瑞浮桥，与长乐桥並峙，宋淳熙中，马光祖自青桥迁。

斗门桥：即古禅灵寺桥，秦淮入运渎之始。

鼎新桥：在崇道桥东，旧名小新桥，因马光祖新之，故名。

笪桥：在鼎新桥东，即古钦化桥，宋名太平桥。

棠家桥：在笪桥东，旧名闪驾桥，宋景定二年马光祖改造更名

淮青桥：在大中桥西秦淮与青溪相接处，故名。相传明黄观妻女死节处。

20×20=400（京文）

208

○内桥：御街之北宫前街也。宋政和中蔡嶷重修，又名蔡公桥。南渡后建行宫于此，改名天津桥，不忘西京，故以名之。

大中桥：旧名白下桥，一名长春桥。此处旧有大桥、中桥，故撮名曰大中桥。乃南唐东门之桥，当江浙诸郡之衢，饮万马于秦淮，给诸屯之馈饷，京都之要衢也。

北门桥：南唐北门之桥，宋名武胜桥。

张侯桥：在淮水南对瓦官寺，以近张昭宅，因名。传为吴张昭所造。晋义熙六年，卢循焚查浦进至张侯桥，即此。

白板桥：在城南。梁武帝次江宁，吕僧珍王茂进军于此。

○利涉桥：即古桃叶渡，自东晋以来未有桥，以通淮水关来水，天门宜敞故也。清康熙初，知府李正茂设木桥，名利涉，后易木为石，以期久远。议者谓形家言：天门闭塞，不利人文，非自古设渡之意。复废石桥，仍易以木。

○镇淮桥：在县南朱雀门内，晋置，旧名朱雀航，一名朱雀桥。按晋起居注，泊舟为航。都水使

20×20=400（京文）

113/43

者王过之。谢安于桥上起重楼，置两铜雀，又以朱雀观名之。按建康实录，咸康二年新立朱雀航，对朱雀门，南渡淮水，一名朱雀桥。

饮虹桥：一名新桥，旧名万岁桥，在古凤台坊。按建康实录：南临淮有新桥，本名万岁桥，后改名饮虹新桥，今俗呼为新桥，袭其旧也。宋乾道五年，留守史正志重建，覆大屋数十楹，甚壮丽，丘崇记之。开禧元年丘崇重建，刘叔向记之。宝祐四年，马光祖重建，梁椅记之。明正德中重修。

聚宝桥：在聚宝门外，古长干桥，一名长安桥。杨溥城金陵引秦淮遶城西入大江，宋马光祖新创桥跨其上，明因之，而制益壮丽。

通江桥：在金川门外，水由江入稳船湖，相传即古江桥所在。

重译桥：在长安桥东，金陵故老相传，即古乌衣巷口，谓即朱雀桥，非是。

△来宾桥：即古望国门桥，在剔象街，近桥有来宾楼，因名。

善世桥：在来宾桥西南，跨跃马涧。明弘治间

20×20=400（京文）

210

重修，筑田兴作，坎地三丈余，得一小石碑，首刻曰：延造跃马涧桥一所，中曰：(宋)庆元二年丙辰三月造桥知宣事杨紫吕志悰，副知宣程应律，并劝缘同率石工姓名。

板桥：在县西南40里。按金陵故事：晋代吴丞相张悌死之。悌冢在板桥西。

新林桥：在县西南18里，扬州记：金陵新亭西沿江有新林桥，即梁武帝败齐师处。世纪云：即今之西善桥也，在安德门外。

刘驾桥：在县东南夹岗门外，俗呼为宋家桥。明洪武初，高帝尝驻跸新亭乡，后建桥，因名。

真武桥：在县东南37里，有堰长三里，阔二丈，堰浦水通秦淮河。

杜桥：在县东南30里。盛氏志云，有堰长五里，阔丈五尺，堰横浦水。

葛桥：在崇礼乡方山东南，齐书：宋建安王景素及李安民破之于此。

墅城桥：在县东30里，即谢安赌墅之所。

亭子桥：在清风乡。按徐铉新亭记："建高亭于路周，跨飞桥于川上"，即此。

20×20=400（京文）

113/43—44

○周郎桥：在丹阳乡。吴周瑜渡秣陵、破笮融、下湖熟尝经此，故名。

除上述外尚有：尹桥、赤岸、孝义、高曙、日华、月华、乌衣、柏川、崇道、后戎、文德、狮子、珍珠、莲花涧子、秋浦、秣陵、马狳、木龙、窦顺、韩桥、秦淮、牧马、乌刹、令桥、三山、瓜埠、彭城、石步、廿桥（余略）

91 句容县63桥：白崔、沈公、麻培、赭诸、浛乡、降霭、悬蠡、降真、刘师、红崔、周郎、先桥、西濂、华桥、小干、苦竹、三思、句曲、八字、北文（余略） 113/44

悬蠡桥：一名临陵，在县西十五里，通德乡，周瑜尝驻军于此。

周郎桥：在县西20里，周瑜尝经历于此。

西濂桥：在县南40里上容乡刘巷村，宋乾道四年隐士周肯造，石刻尚存。

北文桥：在县治西南二里许。按造桥记曰：去县治西二里许有山田髓壤，远山有河，以河有桥。桥之造也，有水势冲撼，随造随圮，不知几阅岁。乡刺史张君锦首捐金以为倡，共之邑侯周公继之，桥增而高以泄水势，命名状元，不知起于何时。至嘉靖丁未，元辅李公果

20×20=400（京文）

212

113/44-45

大魁名之。今易之北文者，望魁地也。至清顺治辛卯，邑令姜辅周重建，乡绅捐助有差。

3/ 溧阳县153桥 113/44-45

春雨桥：在县治东，旧曰春市桥，俗呼中桥，宋嘉定间陆子遹重建，时久旱得雨，因以为名。陈子高诗：夜声春市雨，人读夜桥灯；卢乾之诗：水关人进艇，桥市晚提灯；皆此桥佳景也。清康熙甲寅年圮，知县王锡琯倡邑人重建。

上水关桥：在县治北，旧有清晖堂在桥上，明弘治十年符观建，清康熙八年改建太白酒楼，县尉陈以述督成之。

下水关桥：在县治东南，挹秀堂在其上。明嘉靖间教谕林楚潘浚池，改建于儒学之左，曰跃龙桥，覆以亭。万历间知县徐缙芳复建于学右。崇祯间知县金和仍开跃龙关。

砚渎桥：在县治东北隅。按建康志：谢元晖洗砚处也。

秦女桥：在东南一里，俗呼下桥，以秦铎第相近而名。桥侧即报恩寺，一曰秦桥寺。

二贤桥：在县东南二里，宋崇宁中知县李直

20×20=400（京文）

213

113/45

建。二贤不知何指。亘字通徽，今亦呼通徽桥。

△渡济桥：在县东南12里，明万历中知县徐僣芳建，伍相祠、文昌阁夹峙左右。岁久阁圮，知县王锡琯重建。

△观山桥：一名盤白，桥西有地百亩，传是盤白观遗址，在县西南45里。

△望贞桥：在贞女祠之南，故名。

凤凰桥：双虹如翼，在县北一里，俗呼大桥，谛观之石于中，如凤之有冠也。

嘉定桥：在县西北40里，凌跨中江，一名中江桥。唐开元间县令李翔尝敕修梁，宋元祐三年建桥曰聚乐，庆元间草木残，嘉定中运使俞偲行部，命县尉赵时頔重建，改今名。

安乐桥：在县北35里，隋大业初，县令达奚明建于溧南，以便驾两岸，亦名驾桥也。

(4)溧阳县外有：背桥、望婆、古文、藏舟、丝绸、马六公、黄蓬、步道人渡、师姑、乌金、寺桥、金背、仙桥、乌望、指仙、仙人、部全、神头、芒桥（余略）

4/溧水县80桥 113/65-66

△万寿桥：在南门外西街，一名万岁桥，通升福

20×20=400（京文） 214

113/45—46

寺，宋皇祐间邑人刘和之建石桥，僧从雅有碑记，今无考。

通津桥：在南门外，一名南门桥。桥旧志称即南濮桥，宋高宗时建。

破军桥：在县北三里，一名劈军桥，明嘉靖间李佛保与倭战死于桥上，因名。

尚书桥：在县东十里，以蔡尚书有庄于此得名。

天生桥：在县西十里，高十二丈，阔七丈五尺。旧有南北二桥，今所存者北桥也。明洪武25年太祖命崇山侯李新凿河通苏浙运道，桥因势而成，故名天生。父老相传云：李新尝私于民家，舍平陆，焚石凿之，役而死者万人。太祖微行至，立诛之以报役死者。知县王衡有诗。嘉靖间，文士武濬、武濬重修，员外黄志达有记。

尚义桥：在赞贤乡，去县25里，旧名蒲塘，邑人赵琪兄弟独建，邑令陈寀义之，易更是名，而为之记，桥凡九空，为一邑冠。

九涧桥：在县东35里，以有九涧之水汇此，故名。旧志作芮涧误。

20×20=400（京文）

215.

○神龍桥：在县东45里，旧名神靖，宋知县李朝改易今名。相传昔有女子浣菜与龍交，有孕，后產一小蛇，弃之溪中，遂成小龍。后女临水，龍飛来附女，大骇，因投之以刃，伤其尾，乃跃去。龍去时顾恋其母，每一折则成一湾，凡四十九湾，俗称为望娘湾。母死溪畔，迄今清明前数日内溪辄暴有鱼，居人争操罾罾取之。皆云：龍自湖来祭母，故鱼从之而上云，桥以此得名。

△秦宗桥：在县东二里，为秦司马庄居，故名。明万历41年圮，邑民王涵捐赀重建，隆以水地，涵峻楼梯名俗近。

此外有：明東、陈浜、马浜、徐初、长安、青龍、五安、柯间、大浜、韩胡葑桥（金县）

5/江浦县十一桥：淳化、腾蛟、起凤、育英、阜安、石矶、第坊、横桥、沙河、通江、太平。 113/46

6/六合县56桥

○龍津桥：在县治南数十步。旧名化成桥，十八空，叠石为之。桥下常有鲭鱼長数丈，或隐或見，唐时敕七下五甲不得捕。后黄巢叛，桥

20×20=400（京文） 216

废，渔舟不复见。明万历元年，知县李侃復浮桥造船十二只，木桩五十余根，栅栏二十四扇，大铁索二根，篾缆二根。43年，知县张照宗于两岸建楼三间，额曰上游庆泽。西为耳楼，八窗玲珑，远眺河北，山峦水树，烟树错出。崇祯初，桥废。今知县刘庆运更造新船六艘，桩缆栅栏，素皆坚备。按龙休水陆要会也，每到霜凝，影横烟树，官舫商舫，群集于此，渔唱樵歌，趁回来也，审之一华，万影含鲜，映以长林浮青引翠，午月俗修竞渡，各以信宅争驰，箫鼓中流，盛时之胜地也。

冶浦桥：在县东五里冶浦河，五代时避杨溥讳，人呼为冶清桥。唐天宝中建，宋嘉定中改造。明宣德中，知县史思古大兴斲，用木椿万余，叠石为五墩，铺以板木，覆以瓦屋17间，长三十余丈，伟然为邑巨观。后倾颓，嘉靖16年知县周黻重建。按冶浦桥于丁丑之变，寇自西来，桥东居民思焚桥据水可守，寇果不能涉，犹保；而仅损一节得保全。后邑贡生严振岳就石为基，横木作址，亭榭二阁，中屋二楹，

113/46-47

比初制更加舒豁。

程家桥：在县西20里，明洪武23年民人孙侠完建。按程家桥水通滁河，县西诸山集镇悉由此出，街市东西长里许，亦会聚区也。

白塔河桥：在县西十里，明洪武年僧继祥建。

追人桥：在县治东旧朱春门外。按北化志：周世宗命宋太祖领兵十万攻扬州，太祖下令曰，扬州官兵敢有过六合者，必断其足。桥正当驿路以兵御之，至此必追以斩，后因名曰追人桥。岁久废，明洪武三年民立我重建。

竹镇桥：在县西北33里。按竹镇河道萦纡曲有情，故为士大夫荟萃之区，从陆路入竹镇可四十里许，而从水路入逾至200里有奇，其关锁之密可知也。与滁水出江之惜水湾形势正同。

此外有：会桥、普庵、菩提、念佛、北献巡、青陵、知方、姜家、篦、觉铃、当、垛石、等桥（余略）。

71 高淳县 71桥 113/67

马步桥：在县东南60里，一名二百桥，顺治八年里人夏希浩、希洙捐资重建。

20×20=400（京文）

218

永济桥：在襟湖门外新桥左。初为甘棠徵，有济桥，明嘉靖20年知县甘忠造木桥，名甘棠桥。隆庆六年，义民陈显四捐资倡募更造石，知县张佑治更名永济，凡七空，邑人邢世荣、陈时卿、陈希文共助造。崇祯16年桥圮，邑绅徐一范募资倡造修之，居民陈化民、袁先应、陈俊忠、吴廷锡悉捐资重造，襄厥成功。

△刘家桥：在县西20里，原係木桥，明嘉靖间刘阁等倡造，今名长春桥，有黄公庙茶亭在上。

水碧桥：在县西南30里，东即宣城界，桥为两县修造。徽宣之水至此澄碧，因名焉。

△凤凰桥：在县东25里，明嘉靖初邑人韩烈造，万历13年韩邦本置胥乐亭于上。

漆桥：在县东北30里，东汉末平氏造，后废，明嘉靖23年建有记。

江夏桥：在县东北30里，明万历初邑人黄子文造，32年，子秉石重造，为之记。

□王婺桥：在县东60里，当江宁、广德、浙省大路，行人艰于涉，刘继东妻王氏年20，守节无子，遂捐资建，乡闻义之，故名。

113/47—114/34

永清桥：在县东60里。贡士张正邦造。桥为吴越要津，先有木梁，行者戒心。顺治八年，正邦亲手30余龄造为石桥，翰林费默为之记。

吴相桥：在县西南20里相国圩。宋相国吴渊造，故名。

此外有：兴仁、育英、卧龙、黄连、张浦、东新、西新、正义、平塘、仙人、里仁、斗元、丹阳、飞云等桥（今废）

江宁府风俗考　职方典第659卷　第114册　（府志）

顾文庄公客座赘语：南都一城内，民生风尚殊异。自大中桥而东，历正阳、朝阳二门迤北至太平门，复折而南至元津、百川二桥，大内百司庶府之所蟠亘也。其人文客丰而主啬，达官健吏日夜驰骛于其间，广奢其气，故其小人多尴尬而傲僻。自大中桥而西……故其人多悻执而寒陋。　114/11

江宁府古迹考　职方典第664卷　第114册（府县志合载）

1/本府（上元江宁二县附郭）

越城：一名范蠡城，周元王四年范蠡筑，在古长干里，今聚宝门外报恩寺西遗址犹存，俗呼为

20×20=400（京文）

220

越台。……按越绝书，其城越范蠡所著，城東南角近故城望国门桥，西北即吴牙门将军陆机宅，故机入晋作怀旧赋"望東城之纡余"即此。114/34

丹阳郡城△汉元封二年置丹阳郡，孙吴移治建业淮水南。晋太康中始筑城，在长乐桥東一里，南临大路，城周一顷，开東、南、北三门。长乐桥即今饮虹桥，東南有长乐巷，盖旧城東角之内外皆是。114/34

王含三城△在丹阳郡城之東。晋王含钱凤战败，乃率余党自栅塘西置三城。唐景云中，县令陆彦恭于城侧造桥渡淮水，今三城渡是。114/34

秣陵城：在宫城南八里小长干巷内，宋、梁、北齐皆于秣陵故城缘淮立桥栅，至其隋併入江宁。114/34

東府城△晋安帝义熙十年始城東府，在清溪桥，南临淮水，周30里90步。简文为王时旧第，后为会稽王道子宅……陈亡遂废。114/34

檀城△本谢玄别墅，谓之城子墅，亦曰墅城。至宋封檀道济，故名檀城。在今县東清风乡黄城桥之西。

南唐都城：周25里44步，杨吴顺义中筑。初六朝旧城在此，去秦淮五里，故淮上皆立浮航，缓急则撤航为备。孙吴沿淮立栅。吴王溥时徐温改筑，稍迁

20×20=400（京文）

221

114/34—38

近南，夹淮带江，以尽地利，西据石头，南接长干，东以白下桥为限，北以元武桥为限，所跨水皆所凿城壕也，有上下水门以通淮水出入，宋元皆因之。114/34

建康府治：初在天津桥北，后徙东锦绣坊。114/34

升州治：即今内桥北。〃〃

古国门：梁天监七年作国门于越城南，在今高座寺东南涧桥北，越城东。114/35

南唐宫：今内桥北，以升州治所为之。114/37

清如堂△在清溪渌波桥北，宋马光祖建，取御翰中一清如水之谚，梁椅为记。114/38

宋明帝旧宅△在青溪中桥北，即位后改为湘宫寺。114/38

梁武帝宅：在城东15里同夏浦，后为光宅寺。宋大明八年，帝生于秣陵县同夏里三桥宅，后即位置同夏县。114/38

张悌宅：△在城南板桥。〃〃

王导宅：△在乌衣巷，南临朱雀航，今当在武定桥东。晋记：江左初立，琅琊诸王居乌衣巷，导尝使郭璞筮之，卦成，璞云：吉，无不利，淮水竭，王氏灭。刘禹锡诗：朱雀桥边野草花，乌衣巷口夕阳斜，旧时王谢堂前燕，飞入寻常百姓家。114/38

20×20=400（京文）

222

114/38—40

刘巘宅：在青龙山阳。按南史：巘居檀桥，瓦屋数间，上皆穿漏，学徒敬慕，不敢指斥，呼为青溪。竟陵王子良表武帝为立馆，以檀桥地给之。（见关刻） 114/38

徐铉宅：在亭子桥，园池甚盛。 114/39

汪膠宅：在笪桥。 〃 〃

2/句容县古迹

集仙桥：在集仙桥，去县治二里许，景泰三年县丞刘以道，成化十二年令谋寿修题匾，因茅山仙侣往来会集于此，故名。旧呼为白羊门。 114/39

3/溧阳县古迹

赵附三石：在学院厅事后者曰苍雪石，上有金字篆刻，耸峙若大人相，古柏参列，首先回映；在凤凰桥洲上者曰高静石，俱传是宋高宗书，则亦内院之物以赐丞相者，今置洲渚间。在金渊书院之忠义石，苍秀奇特，凛凛有生气，海枯山移，忠义终不磨灭也。或云高静已为人载去，遇风沈于揚子江。明万历26年知县李光祖移忠义石于桥畔，今尚存 114/40

223

114/47—51

江宁府艺文　职方典第666卷　第114册

秋夜板桥浦泛月独酌怀谢朓(诗)(唐)李　白　114/47

乌衣巷(诗)　(唐)刘禹锡　〃　〃

板桥晓别(诗)　(唐)李商隐　〃　〃

送客之江宁(诗)　唐韩　翃　〃　〃

江宁府纪事　职方典第667卷　第114册

府志：县东南60里有一桥，旧构以木。靖难兵起，至金陵，本兵齐泰奔赴润广，倡义勤王，至桥，桥折，弃马步行，追及遇难。乡人高其义，因名马步桥以志之，今架以石。　114/50

漱石闲谈：万历15年，一船过天生桥下，约有十数人，忽见河中一大鱼如30斤者跃而上山，舟中人竞上索之，而山上大石忽坠，击船遂沉，至今此水道竟塞。　114/50

府志：溧水道上天生桥两山壁立，中一河如带，其桥乃开河时所留石梁，故名天生。乃明太祖时崇山侯李新所开也。土人传侯虐人甚，受剥肤之刑，考之实录，侯以开河受赏，殊无其说。(见关梁考)　114/51

府志：先是秣陵科第稀，相地者谓水泄于天生桥

224.

114/51—52

儒学前，宜设桥以关水，因设文德桥。草创以木，后以石易之，暨址，桥下得一罂，罂中有锦鲤三，又金锁甲一，人以为科甲之兆，嗣是焦、朱、顾相接及第。114/51

府志：南门外小市南去有善世桥，与天界寺不远。桥边有石碑一通，上刻一绝云：小涧行年跃马蹄，白沙翠竹净无泥，石桥流水行人过，野鸽斜阳傍马啼。王介甫题。乃知桥之所跨者跃马涧，或以为蘼芜涧非也。114/51

江宁府部汇录　联合典第668卷　第104册

丹阳记：△大长安道西张侯桥者，本张子布宅处也 114/52

张敦颐六朝事迹：朱雀门晋咸康二年作。朱雀门前之朱雀浮航，南渡淮水，亦名朱雀桥，对吴都城，相去六里，为御道，夹御沟，植柳其上。114/52

△邀笛步在城东南青溪桥之右，今上水闸是也。晋书云：桓伊善乐尽一时之妙，为江左第一，有蔡邕柯亭笛，常自吹之。114/52

△新林浦一名新林港，在今西善桥。谢朓之宣城，出新林向板桥赋诗纪事。故李白有"明发新林浦，空吟谢朓诗"之句也。114/52

20×20=400（京文）

225

114/53

客座赘语：刘禹锡诗：朱雀桥边野草花，乌衣巷口夕阳斜。桥朱雀桥即朱雀航也。地志，今聚宝门内镇淮桥稍东，乌衣巷当剪子巷至武定桥一带是。盖桃叶渡在武定桥之东，而大令有渡江迎接之歌，知其宗于此也。……—…… 114/53

金陵新志：南唐时有江淮，鸠集坟典，特置学宫，滨秦淮，开国子监，旧志在镇淮桥北御街东，里人呼国子监巷。按其地即今县学也。 114/53

南都大市，人货所集不过数处，而最夥为行口。自三山街西至斗门桥而已，其名曰果子行。他若大中桥、北门桥、三牌楼等处亦称大市集，然不过鱼肉蔬菜之类。如铜铁器则在铁作坊，皮市则在笪桥南，鼓铺则在水西门内，履鞋则在轿夫营，帘箔则在武定桥之东，伞则在府街之西，弓箭则在弓箭坊，木器旧时南则钞库街北则木匠营，近多在笪桥口。盖明初逆立街巷，百工货物买卖各有区肆，今沿旧名而居者仅此数处。……— 114/53

20×20=400（京文）

226.

江南苏州府　　114/57—59

苏州府山川考　职方典670卷　第114册

邓尉山：在光福里，俗名光福山。……山之西北为虎山，中通一溪，跨以石梁，曰虎山桥……　114/57

胥口水：自胥口桥东入东西蜡场桥曰木渎，香水溪在焉。又东入跨塘桥与越来溪会。　114/59

光福水：自虎山桥上下崦并从西南受太湖之水，缴东北流过善人桥，经穹窿山南与箭泾之水会，东入于木渎。　114/59

箭泾水：在胥口西香山足下，南受太湖之水，北经至穹窿山前会光福之水，东流为曰山塘，至木渎镇之斜桥入于木渎。　114/59

白洋湾：折北汇于楞伽山下，相传昔范蠡由此扁舟入五湖处，与木渎水会出横塘桥，东入胥门运河为胥江，亦曰胥塘，……　114/59

内河：从盘门纳太湖水汇百花洲，直北行由明泽桥至乐桥为第一直河。自和丰仓西新桥东北行，行四五折过杉渎桥至查家桥转北杉板桥，迤东行西馆桥入，北而出单家桥为第二直河。二水并与阊门西入之水会，又自孙老桥……　114/59

运河：在府城西十里，即古之邗沟，嘉兴南来水自

20×20=400（京文）

227.

114/59—115/1

嘉兴石塘由平望而北达府城为胥江，为南濠，至阊门无锡北来，水自望亭而经浒墅枫桥，出渡僧桥，又会于阊门外，水势湍急，故钓桥为第一洪。114/59

应奎山：在（吴江县）县学前，有重桥，明成化间乃筑山以障之，嘉靖间又增筑焉，引横塘溪环其下，仍设青云桥于上流。114/61

苏州府关梁考　职方典第671卷　第115册（府县志公统）

1/ 本府（吴县长洲县附郭）共407桥　115/1-4

石巖桥：在府城内织里桥西，刺史白居易建，名白头桥，有石刻三字。宋大观中知州孙览修，人呼孙老桥。元总管重建，改名石巖。

明泽桥：在府城内西河上，宋皇祐五年建，崇宁五年重修，刘寰孙立石题名其上。今名过军桥，路通盘门，为士卒经由之地。

青云桥：在府城内县学东，名青龙。明弘治间知县邝璠移对学门，改今名。万历34年知县袁安召以形势不称，移庙门东偏。

△来远桥：在府城胥门内，旧姑苏驿居此，宋绍兴间王晓奏建，专待属国信使，故名。又名驿桥。

228

115/1-2

梅家桥：在府城内，旧名梅花桥，在新桥南，宋梅挚居此。

皋桥：在府城阊门内皋伯通居，其侧梁鸿所庸也。居民架木作屋，近燬，崇祯十一年重建。

柳毅桥：在府城内至德桥东，毅尝居此。

郑使桥：在府城内吴趋坊，宋节度使郑戬所建，故名。

钱驸马桥：在府城内徐家桥南，五代杨行密女归钱元璙，故名。

三太尉桥：在府城内半明寺桥南。五代时广陵王第三子治第于此，故名。

陆侍郎桥：在府城内三太尉桥南。陈天嘉中吕陆庆为散骑常侍不就，居此，故名。

卢提刑桥：在府城内德庆坊巷内。卢革任广南提刑，子秉为发运司使，奉亲归吴，居此。

过军桥：在府城内二：一在玄真宫东名南过军；一在宫后，名北过军。

△都亭桥：在府城内承天寺西。吴王寿梦尝于此作都亭以招贤士

驻驾桥：在府城内，相传吴王驻驾于此，故名

229

115/2—

承天寺桥。

乘鱼桥：在府城内。吴地志云：琴高乘鲤升仙之地。元致和元年僧达本重建桥序引此为证。或云：宋子瑛乘鲤升仙，故吴中门户皆作神鱼，非琴高也。

夏侯桥：在府城内，相传为夏侯习宅近。或云桥西有夏侯庙因名。宋修桥记略云：郡治稍西，桥曰夏侯，肇创于皇祐壬辰，重修于绍兴辛未，大容九轨，高纳巨舶，足以阅千禩而不朽，宝庆二年记。

乌鹊桥：在府城内县治东，古有乌鹊馆，故名。唐白居易诗：乌鹊桥红带夕阳。

顾家桥：在府城内。汉顾悌仕吴为虎头将军，父亡，以孝闻，故名。明嘉靖间张冲重造。

花桥：在府城内曹胡徐巷西。白居易诗：扬州驿里梦苏州，梦到花桥水阁头。

宝跨桥：在府城内。吴地记云，吴王阖闾造。

天心桥：在府城内旧织染局前，旱桥，宋郑起潜所居。

可过桥：在府城内旧县治前，今文文山祠前，

20×20=400（京文）

230.

初时桥低，难过舟楫，谚云"长洲县前难过"，故改此名，取昌黎诗语。

△苑桥：在府城内新学西，相传吴王有苑囿于此，故名。

百口桥：在府城内饮马桥东。东汉顾训五世同居，聚族百口，故因其所居名桥。按吴郡志，训岁朝聚子孙表坐，依次行酒，三岁以下，並自知位次，故又名试饮桥。

採桥：在府城外北洞子门，明洪武间筑月城造。

渡僧桥：在府城外阊门西，孙吴时造，宋咸淳间再造，明崇祯九年重募造。其先以舟渡，有僧呼渡，舟子弗纳，僧折杨枝浮水而渡，众惊异，遂募造，不日而成。

枫桥：在府城阊门外七里。按豹隐记谈旧作封桥，因张继诗相承作枫。今天平寺藏经多唐人书，背有封桥常住字。

西虹桥：在府城外。明王鏊诗：破楚城边步欲停，夜船灯火散如星，馆娃歌舞今何处，留得吴歌与客听。

日晖桥：在府城胥门外，俗名大石灰桥，即旧

115/3

恒晋桥。

普福桥：在府城外，俗名横塘桥。桥上有亭，额曰横塘铺。明万历年间里人徐鸣时倡助修。唐宝鉴诗：未随润复驿，且醉横塘酒。

跨塘桥：在府城外，俗名西跨塘桥。明嘉靖乙丑年重修。周天球颂曰：桥跨横塘，山水斯会，县尹新之，永利百世。

虎山桥：在府城外光福，西接太湖，宋嘉泰中重建。元泰定中改为三洞，名泰定桥。明成化十一年重修。

如京桥：在府城外，即盘门外虹桥，宋开禧二年重建，周虎臣书三大字刻其下。明天顺六年圮，郡绅凌汉翀重建。崇祯十四年又圮，知县牛若麟重修。

行春桥：在府城外横山东茶磨屿下，跨石湖，通越城，有石洞一十八。宋淳熙14年知县赵彦贞重修。明崇祯年间，郡绅申用懋重修。

颜桥：在府城外狮山西。明沈周诗：村村篱落蚕新收，处处田畴尽有秋，一段农家好风景，稻堆高出屋山头。

20×20=400（京文）

232

115/4

通贵桥：在府城外山塘桥西，明弘治初年建，隆庆二年五色云见桥上，崇祯13年重修。

驿塞桥：在府城外，俗名驿馀桥，在万点桥西。

永安桥：在府城外，俗名褒绣坊桥。明万历九年里士蒋二同重建，清康熙十一年圮，曾孙进士蒋德埈倡助僧性悦重募建。

接渡桥：在府城外，俗名灭渡桥，在葑门，旧以舟渡，行旅患之，元大德间，有僧自昆山县来，为渡所阻，发愿重建，因名。

仙迹桥：在府城外袁家浜。金兵入吴，袁氏仆藏幼主不死，故名。

宝带桥：在府城外，去郡东南15里，唐王仲舒捐带助费，故名。宋绍定四年，郡守刘立博重建，明正统间巡抚侍郎周忱修治。

夹浦桥：在府城外，東境属吴江县，宋绍兴初建石桥，水势迅疾，明宣德间风雨倾圮，遂不能复建。巡抚侍郎周忱创造船16艘，以俟绝驾为浮桥。弘治中都水郎中傅潮又为增置。嘉靖间重建石桥，寻圮。万历31年重建。

蒋溪二堰桥：在府城外，俗名荐石桥，明成化

20×20=400（京文）

233

115/4—5

年间张祖建。清顺治初年圮，康熙八年僧性初募建，18年复圮。

通吴桥：在府城外，旧名通波跨鸟角溪，本木桥，宋至和二年始易以石，嘉泰二年里人陶光大重建。

钱万二桥：在府城外，李王庙桥东，俗名钱秀女桥。宋末建，明正统间知府汤铣重建，嘉靖十一年重建。

此外有：天燃柴桥、杏花、织里、黄金、碧桥、市曹、草鞋、望仙、蛾眉、程姬、先生、吴公、吴婆、假佳、七冠子院、靸鞋、竹榻、金母、杨矮子、花桥、百狮子、黄卖子、甫桥、贤圣、钱都衙、徐贵子、雪胡、徐善耕、红炉子、雪糕、朱马交、打急跨、富豹、做伞、徐鲤鱼、安人、夏驾、三进、徐云、飞仙、道人、云傅、吞越、恒德、楞伽、饶穰、射渎、润桥、酬酌、方点、虎啸、出水、满节桥。（余略）

2/昆山县152桥　115/5—6

高平桥：在报国寺西。相传以高平郡氏著名，明洪武25年邑人何清文修。

会仙桥：俗名观桥，宋乾道七年道士朱守贞建。

20×20=400（京文）

234.

115/5—6

阜民桥：在城外水次仓南，向系石桥，以邢家言石利学校。顺治九年毁石改木，今遂一新。以演武桥僧所经之处，易就便地，康熙十一年知县曹正位重造。

广顺桥：在城外赵倭兴福寺前，明洪武23年僧智新造。天启四年里人匡良玉修。

新安桥：在城外绣霞浜西，跨吴淞江，俗名江桥。明崇祯十三年常熟钱谦益倡助造。

吴家桥：在城外千墩南。相传贵州吴翁始造木桥，明万历七年里人沈松原改造。

崇福桥：在城外积善村福严寺前，明天顺七年寺僧文湛造。

万寿桥：在城外，俗名东新塘桥，明崇祯十三年邹道人造。

此外有：三元、富春、戊己、尊义、宝月、平桥、保安、无石利、普通、全胡、金童、玉虹、蜘蛛、青龙第一桥、中正法华桥、三墩淞南第一桥、澄秋、大鸦、放生、状元、井亭寺桥（余略）

3/常熟县113桥 115/6-7

学士桥：在城内，旧名信义，俗名跨塘，又名琴

235.

115/6—7.

川，宋淳熙十年县令曾傑造，吉州司理参军曾傑记。明弘治间学士李傑姓坊于此，因更今名。

题星桥：在城内。宋庆元三年县令赵彦时造。旧传星陨巷中化为石，故名。

贺胜桥：在城外29都，东接许浦。宋绍兴间右军李宝献捷于此，故名。

此外有：迎恩、文学、迎春、富安、王巷、燕山、聚桥，九渊、任阳、钱泾、兴信、智善等桥（全略）

4/ 吴江县202桥 115/7—9

仙里桥：在东门内，相传陈盱于此仙去，下有仙人洞，故名。明宣德五年知县贾忠重造，嘉靖12年知县张明道作亭其上，名仙踪亭，今废。清顺治17年署知县赵子三重造。

永安桥：在圣寿寺西，明洪武八年僧法海造。

利往桥：在城外，俗名长桥，又名垂虹桥。宋庆历八年知县李问、尉王廷坚造木桥，治平三年知县好觉重修。绍兴间淮上兵争，有倡议焚桥者，郡守洪遵坚持不可，因得全。元泰定二年州官张显祖始易以石，下开62洞；三年，达

20×20=400（京文）

236

兽花未完者以四石狮镇之。至元12年元帅李王再造，增开23洞。明洪武元年知州孔克忠重修；永乐二年，知县薛奎砌砖面，翼以阑栏；正统五年，巡按周忱修；成化七年知县王迪修；16年，邑人屠母赵氏重造。

大名桥：在城外学宫，旧名大明，宋宝庆三年里人谢妙真造，明宣德五年知县贵忠重造。

定海桥：在城外，俗名七里桥。元至正五年知县师海造，嘉靖31年道人晋真玄易石重造，粟残而毁，后废。38年，知县李遇桥重造。

甘泉桥：在城外，一名第四桥，以泉品后第四也。明嘉靖36年知县曹一麟再造，万历初圮，易石再造。

延寿桥：在城外，俗名四六里桥，因后圮，里人贾庶安捐石以修之，故今额镌庶安。

白石桥：在城外，明正统中僧圆德修。

斜塘桥：在城外，明洪武中道人陈子安造，万历元年僧绝亨重造。

新塘桥：在城外，明洪武中僧道坚造。

嘉思桥：在城外，元至正中邑人金荣重造，明

20×20=400（京文）

237

115/8—9

嘉靖37年僧空辉再造。

三里桥：在城外黎涇铺東，俗名黎涇桥，明洪武中僧如海造。

北川桥：在城外，明嘉靖13年道人王贵重造。

平家桥：在城外，明嘉靖28年道人王贵重造。

庆宁桥：在城外，宋淳祐二年重造，元至大中，广济寺僧再造。明景泰元年再造，嘉靖末年又造。

一通桥：在城外新城村，明正德二年道人王惠造，嘉靖二年里人陈東明修。

中济桥：在城外，明洪武12年僧本善实重造。

望恩桥：在城外，明嘉靖五年道士王克曙造。

里仁桥：在城外，明成化13年[illegible]寺僧月千江重造。

安民桥：在城外，明嘉靖24年僧圆真造。

积善桥：在城外，宋淳熙十年造，明正统间僧清重造，嘉靖间毁，天启间重造。

寺桥：在城外弥陀寺前，明正统13年僧墨芳重造。

此外有：香波、獬豸、六子、亨利、治安、重庆、驿桥。

20×20=400（京文）

238

115/9-10

醋坊、安邑、流虹、子来、万金、大有、万顷、悬腰、长老、回虎、鳜鱼、浮玉洲、富春、遇庄、织纱、道成、达观、览桥、赛安、乙卯、得春、芳桥。（全县）

51 嘉兴县133桥 115/9-10

宾兴桥：在城内儒学前，宋淳祐九年县令林应贤造。明天顺中，都御史徐瑄改筑以石，嘉靖16年知县李资坤更名青云。

回春桥：在城内南水关内广福寺东，旧名聚庆桥，淳熙十年僧德谦造。明万历给事中李先芳重修，改今名。

宝蓮桥：在城内西隐寺东，僧秉彦造。

孩儿桥：在城内兰瑞坊南，宋至和中赵仪曹造。

宫保桥：在城内西巷，明万历间礼部尚书徐学谟造。

古壁像桥：在城外，明万历31年居人龚石衍家言关锁南来清水不利邑城，仍改用木。后木坏，清顺治13年，万年庵僧即文募造，易石。

太平桥：在城外，明弘治18年里人徐梅易石，更名八字桥，因与吉利桥纵横相连跨，故名。

韩家桥：在城外，里人韩钦年老无子，以家资

20×20=400（京文） 039.

115/10—11

施浩桥梁，自韩泾至此经过桥凡九。

此外有：登龙、澄清、启先、拱星、马鸣、月浦、海音、香花、虬桥、高俗、泥桥、天恩、威寿、大有、老人、眉浦、浅、润、信字、节桥。(余略)。

6/ 太仓州103桥　　115/10—11

海门第一桥：即周泾桥，在东水关内，元至顺元年都道富建，石桥下石刻有福海二大字及宣武等字，岁久剥落不详。

√安福桥：在城内，俗名州桥，毛公桥西，元天历二年僧崇福建，太仓降门二塘水至此交会而东。

√武陵桥：在城隍庙偏街前，旧名惠安桥，富安桥西，宋政和间僧文忠建。马麐诗：溪头不种桃花树，商贾年年桥上多。昨日偶舟桥下过，无人肯着钓鱼蓑。

√兴福桥：在城隍清河桥西，即高桥，俗名郭道桥，元元统二年郭普传建。

√兴福香花桥：在城内便民仓前，俗名新桥，明正统间僧惠暕建。

△鼓楼桥：在城内，俗名卖羊桥，元至正二年曹

20×20=400（京文）

240

115/11—

德甫造。元外镇万户李八撒儿尝建兹桥于此，故名。

△永安桥：在城内紫慈宫前，元至正六年僧智慧建。

△香花桥：在城内城隍庙前，元至正壬辰道士殷文善建。

锦云桥：在城内丰积坊内，旧名戴家桥，元至正二年戴亨甫建。参政陆祖以其跨锦云溪上，易今名。

△普宁桥：在城外普济寺前。按旧志，桥在报本寺前。今报本寺临通衢，初无一桥；而普济寺门之左有板桥跨浜泾上；岂前志报本二字乃普济之误耶。普济寺先名敲木鱼巷，而耕学先生袁华宅在木鱼桥下。殷侯寄诗云：木鱼桥下城南路，三十年前往复情。则此桥又称木鱼桥。

吴婷桥：在城外娄江西馆西，明宣德四年高道人建，崇祯六年翰林张溥重建。

迎仙桥：在城外跨徐泾，元杭氏闻孟露建。明天顺间闻宗修。相传吕纯阳尝以双瓶枕眠

20×20=400（京文）

241.

115/11-24

于此，得名。今额犹尚存。

西虹桥：在城外寺右，明弘治年观辞近，僧文善移跨寺泾。

会龙桥：在城外，吴塘水自此来，顾门泾潮自南入，徐泾桥水自东入，会桥下，故名。

广安香花桥：在城外广安寺前，宋绍兴中僧了性造。

陈搂桥：在城外，跨北横塘。

广孝寺桥：在城外寺前宋大中祥符间僧良智造。

此外有：毛公、富安、杜史、登英、陈门、长春、天庆、吉利、飞云、圆通、八斥、萝巾、马路、亭子、桥下、黄梁、木竹、普庵等桥。（余略）

9/崇明县36桥：兴贤、寿星、湖庆、长安、王丙、育庶、朱华、当沙头港、张营港等桥。（余略）

苏州府风俗考　职方典第676卷　第115册　（存县志合）

郡城之东皆习机业……工匠各有专能，匠有常主，计日受值，有他故，则唤无主之匠代之。无主者黎明立桥以俟，缎工立花桥，纱工立广化寺桥，以车纺丝者曰车匠，立濂溪坊……　115/24

242

115/51-52

苏州府古迹考　职方典第681卷　第115册

1/ 本府（吴县、长洲县附郭）

越来溪：在楞伽山东南，与石湖相通。越伐吴自此入，故名。上有越城雉堞尚存。溪上有越城桥。115/51

锦帆泾：在府治大街西买卖桥南、北市，直抵报恩寺。相传吴王挂锦帆以游，故名。115/52

般若台：在县西二里，晋穆侯何准舍宅处，东北有般若桥，今呼为半明寺桥。115/52

採莲泾：在郡城东南运河之阳，今尚可通舟。两岸皆居民，间有蔬圃旷地，即种莲旧迹也，上有採莲泾桥。115/52

南城宫、石龍：皆在县界。吴越春秋云：阖闾既立夫差为太子，使将兵守，而自治宫室。……吴地记云：华池在宝乡安昌里，华林园在华林桥，南城宫在干将乡长寿里。旧志云：石龍在泽里，今乌鹊桥东。射台，或云在横山，越绝书所谓一在安阳里者，则吴县横山，未可知也。115/52

阖闾行苑：在定跨桥。旧志云：长洲县东南有阖闾游乐之地。今万寿寺西有苑桥，疑即此地。115/52

鹤市：吴王夫差葬女，舞鹤于市，众观者而殉葬焉。

20×20=400（京文）

243

115/53—54

越绝书云：杀生以送死。今故市巷东有鹤舞桥。115/53

临顿：吴王尝逐东寇，顿兵于此，设犒宴之，故名。今呼临顿里，有临顿桥。115/53

西楼：在子城西门上，后更名观风楼。元微之寄白乐天诗云：弄潮船更曾观否？望市楼还有会无？望市楼疑即观风楼。下临市桥曰金母桥，取西向之义。淳祐中苏峻大修之，取白公诗表其下曰柳桥槐市。及黄[illegible]改作，如临安丰乐楼之制。115/53

射渎：在枫桥北十里，世传秦始皇尝射于此，又名石渎。115/53

升月馆：在带城桥东。又有乌鹊馆在乌鹊桥，江枫馆在渴乌巷，吴国之古馆也。又二馆曰通波，曰全吴。旧传馆凡八：全吴、通波、龙门、临顿、江枫、乌鹊、升羽、升月，今宗犹存。115/53

周瑜宅：在雍熙寺西，故井犹存。按建安二年，孙策为瑜治第于吴。一云瑜故宅在醋坊桥东，旧名九曲情巷，宋时为周虎所居，易名周将军巷，因立武状元之坊。115/53

澹台灭明宅：在宝带桥西，相传宅陷为湖，因名澹台湖。115/54

20×20=400（京文）

244.

115/54

顾讷之宅：（见百口桥） 115/54

陆鲁望宅：△在临顿桥。 " "

丁谓宅：△在庆源坊大郎桥东，初名晋公坊。堂宇甚古，有层阁数间临其后。谓官丞相。 115/54

魏元绰宅：△在带城桥东。绰尝参与大政，以年归老，知州章岵为题衮绣坊。 115/54

闾丘孝终宅：△在闾丘巷饮马桥北。苏子瞻谪黄州，孝终为太守，往来甚密。轼尝云：苏有二丘，以虎丘即到闾丘。孝终官朝议大夫。 115/54

贺方回宅：△在醋坊桥。回名铸，本山阴人，别筑在横塘，尝作青玉案词。 115/54

郑希尹宅：△在带城桥，希尹官鄱阳守。 " "

张载道宅：△在万寿寺桥。王荆公修三经义，载道与焉。载道官著作郎。 115/54

阮登炳宅：△在南星桥西。旧有状元坊，今为皇甫氏阮溪庄。登炳宋状元。 115/54

郑虎臣宅：△在鹤舞桥东，居第甚盛，号郑半州。四时饮馔各有品目，著集珍日用一卷，并元夕闺灯实条一卷，皆言其奢侈也。即宋末杀贾似道于木绵庵者。 115/54

20×20=400（京文）

245

叶少蕴旧宅：△在凤池乡鱼城桥天庆之东，中有七桧堂，政和中寓布德坊。115/54

枢密林希宅：△在乌鹊桥南儒学坊，与诸弟同居。因父槩先任国史儒学，故坊以儒学名。115/54

三瑞堂：△在阊门之西枫桥，孝子姚淳所居。家世业儒，以孝称，苏东坡往来必访之，为赋三瑞堂诗。115/54

寄傲斋：△在饮马桥，方士姚安世所居。安世能诗文，亦辨博，自号丹元子。元祐末往来京师，与王定国游，又称其诗有谪仙风采。115/54

高定子宅：△定子蜀人，赐第在仰家桥，一云在朱明寺桥，有敬身堂。定子官参政。115/54

静乐堂：△在乌鹊桥南，知郡孔之忠所居，楼中储书万卷。115/54

岁寒堂：△在带城桥东，淳熙初，郡丞徐本中为浙西提刑，偶得之少保故宅葺治之……115/54

万卷堂：△侍郎史正志所居，在带城桥南，旧有石记，为僧磨毁。施氏丛抄云：正志扬州人，造带城桥宅及花圃，费百五十万缗，仅得一传，圃废宅售与长洲丁卿思家，仅得一万五千缗。俗定末，丁析为四，其后拨平赵世樵以为百万仓钱场。115/54

20×20=400（京文）

246

115/54—55

郑起潜宅：△在天心桥，即织染局也。宋理宗御书其扁曰肯堂之巷，起潜官尚书。 115/54

闻桂堂：△在猎坊桥东，本翁氏双节堂也，为周虎所得，遂易今名。后有堂，环以古桂数千本，名曰凌霜，宅东有地坡陀，亭其上曰已高。 115/54

方万里宅：在崇城桥。 〃 〃

郑所南宅：△在米桥东绦坊巷。所南不忘宋，终身不向北坐。

皇甫信宅：△在孔圣里南仓桥之西70步。皇甫氏宋南渡时自朝那徙居，以汉太尉食槐里，邑树两槐，曰槐树巷。四传至信，六世孙冲为居第记 115/54

陈镒宅：△在乌鹊桥之北，宣德年建，后毁于火，惟存手书二大字，一石井，黄省曾即其地结庐栖隐。镒官祭酒。 115/54

王敬臣宅：△在兵马司桥东，今称大儒巷。 115/55

范允临宅：△在临顿桥北，允临官学使。 〃 〃

金士衡宅：△在平江路胡厢使桥北，士衡官太仆。 115/55

吴感宅：△在小市桥北，感官殿直。 115/55

文林宅：△在德庆桥西北，中有停云馆，子待诏徵明所居，林官温州守。 115/55

20×20=400（京文）

247

115/55—56

吴宽宅：△在学桥西巷，今称尚书巷。宽谥文定。115/55

王鏊宅：△一在东洞庭，一在西城桥南。鏊谥文恪。115/55

刘缨宅：△在宝光讲寺西，徐门桥北些止，因名刘家浜。从曾祖中允瑊亦居此。缨官尚书。115/55

2/ 崑山县古迹

问潮馆：△在驷马桥西。宋淳熙李学庵闻道人诵谶云：潮过维亭出状元。崑山自古无潮汐，绍兴中始有潮至县郭。知县叶子强筑问潮馆于水滨。潮忽大盛，远过维亭。明年甲辰科，卫泾大魁天下。明毛澄、朱希周、顾鼎臣皆验。后人因之复建候潮馆于東关外。115/55

叶盛第：△在東城桥西，内有菉竹堂。盛之元孙举人恭焕延。115/56

郑文康宅：△在平桥東。〃 〃

周伦第：△在半泾桥西，堂曰三锡。嘉靖18年致仕，复赐堂曰素节。伦谥康僖。115/56

顾鼎臣第：△在鳌峰桥西，又一第在城隍庙前，内有霖雨堂。鼎臣谥文康。115/56

归有光第：△在泗圩桥南，有永志堂及先太仆宅。有光官太仆。115/56

20×20=400（京文）

248.

115/56-57

观稼堂：△在通阛桥东，朱集璜所居。 115/56

槐荫堂：△在富春桥南，王朝列学斋所居。 " "

陈氏园：△在东城桥西，吏部陈昌世筑，谓明代繁华名园四时佳景。 115/56

3/ 常熟县古迹

救虎阁：△在兴福寺之左，宋高僧彦偁为虎拔箭，故以名阁，又有伏虎桥，亦以彦偁得名。 115/56

4/ 吴江县古迹

仙人洞：△在仙里桥下，俗传通太湖约70里可出林屋洞。宋陈时为仙从此去。 115/57

垂虹亭：△在长桥上，宋庆历八年知县李问建。 115/57

鸭游亭：△在长桥北，与垂虹相对，俗呼阿鸭亭。相传陆龟蒙养鸭于此，故名。即今为蒿田址，称系虚者非。 115/57

甘泉：△在石塘第四桥下，源自天目山，流入震泽湖。陆羽等评品为第四，故桥因得名。张又新品为第六。 115/57

顾侍郎宅：△在三里桥西，黄门侍郎顾野王著玉篇处，后人即其地立庙祀之。 115/57

小潇湘：△在长桥南，元淮南中书行省管勾笋伯谦所居，中有林亭花鸟之胜。 115/57

5/ 嘉定县古迹

20×20=400（京文）

249

115/57

槎头：在县南30里，有上槎、中槎、下槎三浦。旧传张骞乘槎至此，有桥曰仙槎。115/57

徐公坊：宋开禧中，徐公酿酒屡耗，公疑其仆。一夕，坊人露坐月下，见数小鬼持械自坊中出，踵逐之，至旌忠桥乃灭。始悟桥栏所刻辟邪为祟，凿首断股乃息。按宋时不得私酿，徐公疑隐酒官也。115/57

61. 太仓州古迹

元朱清宅：在武陵桥北。115/58

殷奎春水船：在武陵桥下，又有安曲草堂，谢应芳撰记。115/58

袁华高节楼：在木鱼桥左，奉母所居。115/58

弇山园：王司寇世贞家园也。在隆福寺西，广七十余亩，园之中为山者三……一为桥之石者二，木者六，为不累者五，……一 115/58

离薋园：在鹦鹉桥东，亦王氏筑，今属他姓。〃 〃

会圣桥：世传秦桧会异人于此。〃 〃

20×20=400（京文）

250

116/2—11

苏州府艺文　职方典第685卷　第116册

吴江县建利往桥记　(宋)钱公辅　116/2

行春桥记　(宋)范成大　116/3

丹阳公祠记　(宋)米芾　116/3

虹桥记　(元)虞集　116/4

枫桥夜泊(诗)　(唐)张继　116/7

忆长洲(诗)　(唐)许浑　〃〃

过寒山寺(诗)(二首之一)　(宋)孙觌　116/8

题寒山寺(诗)　(宋)张师中　〃〃

初归石湖(诗)　(宋)范成大　〃〃

铜井(诗)　(明)吴宽　116/10

咏崇庆庵(诗)　(明)文徵明　〃〃

六么令(词)(吴平道中)　(明)吴宽　〃〃

苏州府纪事　职方典第687卷　第116册

府志：(晋)安帝隆安之中，狗常夜集桥上吠声甚众，人往视见一狗而三头皆向乡乱吠。未几，有孙恩之乱。　116/11

(宋)神宗)元丰四年七月大风，西驾湖水漂没民居，滨湖者皆荡尽，或举家不知所之，吴江长桥亦摧

116/12-16

去其半。南至平望，皆如扫，死者万余人……116/12

吴人杨椿字子寿，隐居虞山湖村。元至正15年为镇帅脱寅馆客，留郡中。脱寅闻张士诚欲渡江，遣椿将兵二千守常熟。除夕，张士德从福山至九浙，分兵由南北两道入城。椿伏兵湖桥宋园中，16年元旦，与士德战于湖桥，不胜，脱身入郡。二月朔，士德入齐门，椿与德巷战，伤被数创，忽飞石堕碎椿首，堕马，德枪刺椿胸，椿骂不绝口而死，弃尸水中。椿妻王氏号椿谓曰：我夫在花香桥。妻求之果得，葬虎丘。……116/13

梦溪笔谈：苏州至昆山县凡60里，皆深水无陆途，民颇病涉，久欲为长堤，但苏州皆泽国，无处求土。嘉祐中人有献计，就水中以蘧蒢刍藁为墙，栽两行，相去三尺。去墙六丈又为一墙，亦如此。漉水中淤泥实蘧蒢中，候干，则以水车去。两墙之间旧水，墙间六丈皆土，留其半以为堤脚，掘其半为渠，取土以为堤。每三四里则为一桥，以通南北之水。不日堤成，至今为利。116/16

中吴纪闻：越上将军范蠡，江东步兵张翰，赠右补阙陆龟蒙，各画其像于吴江鲈乡亭之宇，巢

20×20=400（京文）

25·2

116/16-17.

坡尝有诗。后易其名曰三高，更塑其像。曜菴王文传以其地广雪迹，迷人于长桥之西北，与垂虹亭相望。五湖赏者以为之绝，又云与岛峰相类，后又葺易十数楹并刻之，金碧精巧。前辈为文多不厭改，此可为后学法程也。 116/16

苏州府部外编　职方典第686卷　第116册

府志：张志和字子同，山阴人，擢进士第。守真养气，卧雪不冷，入水不濡，游山水间。……一云志和自号烟波钓徒，浮家泛宅于五湖霅溪间。后于平望桥升仙而去。 116/17.

吴地纪：乘鱼桥在交让渎，郡人丁法海与琴高友善，高世不仕，共营东皋之田。时岁大旱，二人共行田畔，忽见一大鲤鱼……语高登鱼背，乃举翼飞腾冲天而去。 116/17

20×20=400（京文）

253.

松江府　　116/20—22

松江府山川考　职方典第689卷　第116册

(本府) 日月河：相传在普照寺南。……今郡城普照寺西有日月河桥，东有水从市河南行过西桥而北出桥下，澄碧如半月；普照寺东有水从市河南引，折而东过周文襄祠至清河桥北引，复会于市河，一水自文襄祠后历开禧桥横过之，其形如日字。……116/20。

松江府关梁考　职方典第691卷　第116册

1) 本府(华亭县附郭) 278桥　　116/27-28

望云桥：即县桥，落成日有瑞云见，故名。

迎仙桥：在府东南，相传有仙访道人沈会俞因名。

兴福桥：旧名尼寺，吴元年李子明建，永乐中其孙德铭重建。

问龙桥：近双庙僧慧莲募建。

庆德桥：元至正间瞿山主建。今俗呼瞿山主桥。

北洞泾桥：明洪武四年僧知常建。

积善桥：元至元中建，明洪武中僧子秀重建。

香花桥：明永乐九年僧宗闻建。

庙泾桥、钱坊桥：俱明永乐中僧守疵建。

20×20=400（京文）

254

116/28

接际桥、本际桥：俱元至正中僧本生建。

普光桥：旧曰妙明，明洪武五年僧法远建，27年僧古清重建，易今名。

通济桥：明永乐初僧永寿建，后曾泰重建。

种福桥：明洪武初年僧善安建。

此外有：庄老、黑桥、吴晓、会星、濯缨、孩儿、会掌、张公道、滚龙、真境、吉丽、达照、马桥、旧馈、卖花、白桥、红桥、长工、莫舒、多心、处士、滚蓬等桥（余略）

2/ 上海县187桥 116/28-29

学士桥：在浦江，陆文裕建，工极壮丽，为浦以大地第一桥。

宗家桥：当黄浦吴淞会合处，潮势湍悍，桥木易败，土人欲擅渡利，潜加摧毁，往来憾之。

吴淞江桥：俗呼关桥。明成化、弘治、隆庆间知县刘琬、郭经、张嵿俱尝修建。彼西广阔，潮势奔湍，每造费辄数百金，不数年复圮，行者艰之。

此外有：长生、陈士安、绣鞋、中心河、羊巷、百步、元鹤、集龙、听莺、明心、鹦窦湖、孝思、何太师、朱千四、综跃、仗义、打铁、三阳、四眼、裕伯题、槐相、林马、王湖、陈思栅桥等桥（余略）

20×20=400（京文）

253

116/29—30

3/青浦县228桥　116/29—30

验祯桥：在19保，元泰定年造，明嘉靖时，杜时腾时化同修。后桥石坠河，行人歉涉为患，邑诸生杜世祖伐石鸠工，焕复旧观。

高视桥：在顾会浦上，桥之最高者。

孩儿桥：在隆福寺南，又名度僧桥，元时造。

梁武塘桥：在一匡泄浦上，相传梁武帝所建。

西浦桥：即青龙赋谓出静之西浦，桥跨其上。

韩山桥：即德济桥，宋造石梁46之一。

佛阁亭桥：元至正中僧慧古田造。

祥泽桥：俗呼塘桥，元至正初僧道坚募里人夏潜造。相传有鲁般遗斧在石缝间，今废。按桥在塘桥镇东北通上海嘉定，西北通本县昆山，最为要道，里人陆乾修。

甘露桥：即钟贾山登云桥，僧慧解、道如募修。

香花桥：元大德间七宝寺僧信造。

周陞桥：僧慧解重造。

此外有：生春、山市、千僧、流香、滑石、太傅、上达、跨岸、大圣、三界、喇八、宝、素、名、金四、宜素、雁为、美、百婆、仙云、蹯虹、演龙、水间等桥。（全县）

20×20=400（京文）

256

116/51—54

松江府祠庙考　职方典第697卷　第116册

钱太史祠：△在（本府）西门外平政桥西，祀明修撰钱崇福，崇祯年建。116/51

钱司寇祠：△在（本府）普济桥，祀明刑部侍郎钱士贵，崇祯年建。116/51

三贤祠：△在（本府）文星桥侧。旧有范文正祠，明崇祯年间以唐平章事范履冰、宋许国公范纯仁合祀焉。清顺治间，范氏子孙又以前兵部尚书赠太傅范镕、并东阁大学士谥文忠公范景文合为范氏五太师祠，在府城东门内。116/51

罗神庙：△在会仙桥南。……116/52

三姑庙：△在跨湖桥侧。〃〃

本一禅院：△在妙明桥西北，旧北道堂也。元至元末……赵道渊为僧，易今名。116/53

龙门寺：△在集仙门内桥东。宋僧如寿开山于黄土桥，淳祐元年赐额，元至正20年迁于此。……116/53

永生庵：△在曹家桥南。明崇祯元年僧通然建。116/54

瑞光庵：△在浦东姘石桥，其时地生五色光故名。侍郎钱士贵建。116/54

仙鹤观：△在府南朝真桥东……116/54

20×20=400（京文）

257

116/55—56

清宁道院：△在府西资福桥。 116/55

西真观堂：△在南桥。元至正20年建。 " "

超果讲寺：△在府西南二里增湖桥之右。…… " "

凤林禅寺：△在府西庆安桥北。…… " "

普福庵：△在府南35里，元至正间建。明崇祯四年，僧

湛如移建于永昌桥北。 116/55

逢光禅寺：△在御桥，俗呼御桥寺，唐天宝六年僧隆

建，后毁于兵，宋僧本一净慧复建。明万历间重修，

多楼阁印斋、清音堂，寮宇幽深，颇称胜地，今颓废。

兴塔禅寺：△在御桥西，即宋兴塔院，创建失考。治平

初，僧慧月重修，治平四年赐额。 116/55

延恩院：△在云间第一桥北，本报恩报德院，在今寿

野桥…… 116/55

芰芦庵：△在跨塘桥西南江家湾，明天启元年僧一

乘建，置常住田如款。 116/56

天香庵：△在芰芦庵侧，船子和尚栖篆处。 " "

崇宁庵：△在镇海桥南，明万历间建。 " "

太平庵：△在大隐堰桥西，有八角井，僧海广建。 " "

千华庵：△在包家桥北新街，明崇祯八年建。 " "

长春道院：△在府城集仙门内[illegible]桥北，元大德十年

20×20=400（京文）

258

116/56—58

道士郑道真建，为境内全真教主。116/56

升真道院：△在府东南法华桥，元至正22年道士郎道一建。116/56

泰山行宫：△在跨塘桥西，当望仙面，明嘉靖15年道士陆钺建，陈隆重修。116/56

[illegible]西堂：△在跨塘桥南，明天顺七年道士张允真建，与登仁亭相望，郡人祖饯必登焉。116/56

七宝教寺：△在青浦七宝镇……明成化19年建大士殿，万历13年重修大殿，引横沥水四周，前石桥为中香花桥，左右为东西香花桥，南出市街。116/58

西隐庵：△在（青浦）泰来桥市，枕清西降福桥，宋乾道中建。中有古柏古桂，天圆地方池，赵孟頫碑记。116/58

宝月禅院：△在（青浦）城内生春桥西，元至正间僧善宁建。佛像皆脱沙塑，牌位皆名僧书。后有梅花林，为寺之胜致。明正德辛未，积雨桥坏，郡人诸子昂，欲撤其材以为桥，遂废。万历元年重建。116/58

明远慈门禅院：△在（青浦）朱家角镇放生桥南，……崇祯元年构钟楼，置常住田三十余亩，镇中善信结放生社于桥下，永禁渔罟，后僧寂心重修。116/68

20×20=400（京文）

959

117/3—6

松江府物产考 联方典第700卷 第117册 （府志）

鲥鱼：出松江，出长桥南者宜鲙，洁白松软不腥，在诸鱼之上，四五月方出，长仅数寸，状微似鳜而身有黑点，巨口细鳞，江中者四腮，他处止三腮，体黑腮红，不甚雅制，味亦不及。…… 117/3

松江府古迹考 联方典第701卷 第117册

迥澜台：明冯御史恩筑，在云间第一桥西。 117/5

寄傲堂：在城内从安桥南，吴炯居，钱宽有记。 117/6

小蓬壶：杨维桢寓所楼名，在百花潭上。别有柱颊楼，草元阁，皆为东吴胜览。阁在迎仙桥西北，崇祯癸未，郡人李凌霄重修，贝琼有志。 117/6

贻谷堂：在秀野桥西北，丁言绒居。 〃

绿波亭：在谷阳桥西，南安知府张弼所筑。 〃

狎鸥亭：在瑞应桥北，李观察日车吟啸之所。 〃

光节堂：在长寿桥南。任勉之宅，杨文贞士奇赠以陛科致仕，恩荣始终八大字，周文襄忱刻石树之堂下，至今存焉。其别室曰袖简轩。 117/6

真率园：城东进云桥侧，沈太仆恺所筑，有环溪草堂，清节轩，镜光池，来许楼，华萼楼，先春亭，小山，浣花

20×20=400（京文）

260

117/7—12

诸亭之胜。自记。 117/7

陆尚书宅：沙家桥北，陆文定(树声)建，中有天寿堂。117/7

承福堂：在长生桥东，王会建，堂北有园池，有九峰阁。117/7

万春亭：在登山之桥西，王俞构，中有五老峰。117/7

紫阁草堂：在北桥，董宜阳居。 〃 〃

照园：在城东积善桥左，顾正心筑。 〃 〃

占星堂：在艾家桥东，唐宗伯文献之居。 〃 〃

遗经堂：在平政桥南，陈仲山授经之所。 〃 〃

筠溪草堂：在谷阳桥南，陆应阳高隐之居，有问雪轩。117/7

以上均本府古迹

穰云馆：在(上海县)阔水桥左，李水部照祥居。117/7

八角井：在(青浦县)洪泾桥西。俗传陆氏外厨井也，其水通海，岁旱投铁筒其中，云能致雨。 117/8

陈徵君宅：在(青浦县)惠松苍桥西北，陈继儒居，据县志在佘山，另有董氏东山草堂、徐氏西佘草堂、来仙堂、陈氏婉仙堂。 117/8

松江府艺文 职方典第703卷 第117册

论吴中水利书 (宋)单锷 117/12

……一曰先开江尾茭芦之地，迁沙村之民，运其

117/12—24

淤泥，壅松江，堤为木桩千所，随桩洪开茭芦为营走水。仍于下流开白蚬安亭二江，使湖水由华亭青龙入海，则三州水患必大衰减。117/1

重开顾会浦记略 （宋）杨炬 117/13

爱福亭记 （宋）董楷 〃 〃

照园记 （明）张宝臣 117/15

恒风泾（诗） （明）金果西 117/17

溪桥晓市（诗） （明）陆润玉 117/18

卢山晴壁 （明）王衡 117/18

石梁夜月（淀城八景其一） （明）张吴曼 〃 〃

松江府记事 职方典第705卷 第117册

（府志）永乐中松江大水，朝廷命通政赵居任治水，云登起果寺桥，令居民掉茭芦水田中，白，望青示可也。民不怯，从之。后咸指以起钱，故有白水红粮赵通政之谣。117/21

◯ 小蒸西市惠安桥地，万历33年乙巳，里人俞继为首募造，金尚源同董其事。先是有支流名东塘港，行船者闻水中佛吼，迹之，见水清澈处，下有石衔约电许，其石坚滑若欲浮出者。乃具羊豕酬告，命工取之，其水忽涸。石阔长六尺余，广半之，其傍24，其大者见一天字，遂用覆桥面因名朝天。——说者谓由拳县故物也。117/24

20×20=400（京文）

262

常州府 117/27—34

常州府山川考　职方典第707卷　第117册

丘滩墩(本府、武进县附郭)：在黄塘戴埠中，四水绕之：东行至新塘乡出下浦港曰薛堰河；西南经安康桥至分水墩曰太平河；西经前庄桥折南曰华滩河；又南至许墓桥仍合太平河曰黄塘河。117/27

吴塘山：在(无锡)县西南50余里白茅之南，西临太湖山下，有平田，东南三里许接长广溪，逆入于湖，曰吴塘门，门上横木为桥名沙木，由是径鹤颈山以通湖上之路。自充山至吴塘连亘五六十里，起伏至是而止。117/32

太保墩(无锡)：旧名窑墩，形家所谓地轴，以运道北来之水，至是分流入梁溪，而墩实当其冲也。西定桥在其西南一里许，长虹夭矫，映带如画，……117/33

长广溪(无锡)：在县南18里，长35里，广25丈……长广溪北口曰石塘，延袤二里余。宋嘉定间，僧月林建桥三，曰广济、保安、惠民，元末莫天祐毁桥塞湖以拒明兵。湖塞十余年，至明洪武中，乡人浦行素复建木桥，隆庆中始易以石，更名广济，而其二遂废。其旁有三潭：……117/34

20×20=400(京文)

263

117/43

常州府关梁考　职方典第711卷　第117册

1) 本府(武进县附郭)510桥　117/43—45

永安桥：俗名府桥，在郡治前，跨惠民河，宋嘉定间郡守史弥念易甃以石。明永乐15年易今名。万历27年从河得片石，镌曰常州刺史郑丹造，30年重建。

状元桥：在郡学西南，跨惠民河，宋崇宁间郡守朱彦建，以霍侍郎端友魁多士，故名。明洪武癸丑重建，景泰间立状元坊于其侧，成化十八年筑堤甃石。

甘棠桥：旧名金斗，在惠民桥西，跨子城壕。宋绍兴初，郡守翁倬兴缮子城，民思其惠，故名。

鏊桥：相传石上有罗汉形，又名罗汉桥，唐开元中建，跨北市河。

元丰桥：在新坊桥东，旧名死风，一名殷桥，唐如意元年建，宋元丰初重建，故名。元至元壬辰重建，明嘉靖13年修。

襄虹桥：俗名八字桥，在后河运河会流处，唐仪凤二年建。明万历初，知府穆炜以八字尖射东水门非宜，冀其美，因毁桥，建二木桥以

20×20=400(京文)

通荣丘街。

臧桥：俗讹乌泥桥，跨南部濠口。祥符经云，大夫臧蒍居此，故名。

孤儿桥：旧在德寿门内饰濠桥東，唐贞观初造。祥符经云昔徐良卿之子因继母阻虐殒于此故名。今在阊盘门西。

晋陵县桥：今名凤凰桥，在宋旧治前，今元妙观東北间桥是。

戚墅堰桥：在县東30里之山塘口，明成化十四年同知吴相重建，宋桥碑亭，有王僎撰碑记。

王大郎桥：在横山北四里新郭镇，石上篆文无识者。

十八棱桥：在横山東南郡道中，石上凡十八棱，久而不毁，第不知何年物也

卜弋桥：在镇湖西鹤溪。元元统间，鸣凤乡千墩里，每有一异鸟至，岁必祲。里人患之，祷于大圣院，夜梦神告曰：数日有黄衣羽人来，见即此鸟可除也。如期果至，众拜恳，羽人即跨鸟冲霄而去，人皆登桥望之，故呼卜弋望仙桥。相传羽人即丁令威，尝于溪化鹤者也。

至元间建，明嘉靖初里人陈松修，万历间陈常首重建。

惠政桥：俗名十五洞桥，在查墩桥南，跨白鱼湾，通南运河口。明弘治九年造，易今名。

此外有：玉带、五熟、瑞莲、跨子、水华、通关、留宫、白渎、绣衣、花桥、回峰、郭六、大渎、妙莲、铜头、脉恩、狗马、牛郎等桥。（全略）

2/ 无锡县472桥 117/46—48

澄流桥：在县治鼓楼前，宋淳祐中建，元名州桥，今俗犹因之。跨玉带河。

庙桥：在澄流之西，旧城隍祠在焉故名。跨玉带河。

大市桥：旧名利津，通县治前。隋大业八年始创，宋嘉定中易石梁，元至元重作。下本三门，今居民侵塞，止存其一。明正统四年重修。跨运河。

南市桥：旧名清安，西对校坊巷，宋开德间建，栏楯雕刻人物极工，俗称娃儿桥，后失之。元至治中及明初年重建。跨弦河。

留郎桥：在北水门内弦河西，里人改称柳浪。清顺治中重修。

胡桥：一名沈桥，一名东桥，唐咸亨中建，明成

20×20=400（京文）

266

117/46—47

化中易今名，以尚有胡统军庙也。

营桥：在西察院东，宋尝设兵于此故名。

虹桥：元延祐五年建置，材精坚，俗传其上夏夜无蚊蚋。

三里桥：去北门塘，道仲钦子学造。土人掘地得碑，上书钦佬桥，云是钦长康所造。

鱼婆桥：俗云下有大鱼，为诸鱼之母。

梁溪桥：今西门吊桥也，初名渠清，又名清溪，俗呼西门桥。隋大业间建，宋咸淳、元至元间俱重建。明天顺七年造石梁，下为三门以泄水，嘉靖中毁于倭，后易以巨木，水势最急。

太平桥、广济桥、惠民桥：以上三桥并在元境。宋嘉定间僧月堂造。淮张将莫天祐屯兵毁之。明隆庆中建复其一，即广济也。

铁柱桥：通跨湖桥。元至建桥每欲抵地，有老僧言岸下有蛟，宜镇以铁柱。如其言，乃成。

△庙桥：在東门，左有信郎大王庙，故名。

V塔子桥：一名塔影，风日佳时河有妙光塔影。

此外有：华德、驻骍、汇龙、应宿、水碓、吴宝、班秀、蓬莱、师姑、九七、海宝、细桥、万缘、東步、旺僧、钱

20×20=400（京文）

267

117/47—49.

桥、兑桥、蝦蟆、麻黄、负末、濮桥、癸亭、蜻蜓、仲八郎、神法、桫木、礓宕、老鸦、周仓、老人、驴桥、犁头、周打鼓、唐花子、皮桥、寸桥。（余略）

3/ 江阴县175桥　117/48

圣母桥：在市口之东，宋时石造，今人呼为市桥。

○杜桥：在南水关北，宋时石造，桥东为杜康宅，故名。

五云桥：在南门外驻节亭，跨黄田河，久已倾废。康熙22年知县沈清世捐俸重造，僧子立募。

浮桥：在北门外沿江口。自顺治16年海氛猝起，沿江亘筑马路，各港俱架浮桥，上至桃花港武进县界，下至界泾港常熟县界140里，共造浮桥16座，不时修葺，百姓苦之。今幸四方宁辑，海不扬波，守御解严而浮桥可撤矣。是以俱不复载。至于各港桥木，阻潮汐而停淤泥，大妨水利，以致累年蓄泄无资，旱涝俱困矣。

鱼跃桥：在杜桥南，旧谓有双巨鱼跃水上，故名。

△伍相庙桥：在永安桥东南，有子胥庙故名。明弘治中石造。

△○言桥：子游裔孙居此，故名。

20×20=400（京文）

268.

117/49-50

苏墅桥：宋苏东坡别业故名，又名俗人桥，有记。里人陶尚廉造，其子谢仙鹏年重修。

夏港桥：在夏港镇。宋绍定间知县林庚造，长35丈，后为江潮所毁，清顺治14年邑庠生缪泓独捐五百金倡造。

雎阳桥：在雎阳庙后，明崇祯中改石造。

世贤桥：在督学署东，石造。旧为坊桥，宋志云都酒务在焉。清康熙18年里民钱谟等倡募重造，学使邵嘉改今名。

此外有：定波、澄江、鸿渐、万金、文明、蒲鞭、贡蛟、绮山、孤饿、喜鹊、薛山、心经、马嘶、斜桥、石撞、肃恩、子孙、李峙、崇胡、大军、华桥等桥。(余略)

4/ 宜兴县238桥

长桥：在县治正南，去县治20步。高二丈七尺，长25丈，自袁令始设迄于今，桥屡废屡修，而其地未尝迁改也。

杜桥：在大东门外酒务后40步，呼蝦蟆桥。本名土桥，因邑人王公辅治地得巨木板周布其下，相传为杜牧之水榭故地，因称杜桥。

福德桥：在县西门外，跨运河，明洪武四年造

20×20=400（京文）

269.

117/50—51

士陈坝处重建，嘉靖40年官给银重修。

新桥：明宣德八年僧真相同建。

开明桥：在保安寺前僧法慧建。

南塘渎桥：在县北20里，明正德七年邑人褚安建，清康熙16年里人郭其炫重建，改名继善桥。

北塘渎桥：明嘉靖25年褚霖妻寇氏建。

遗爱桥：俗名雪窦桥，在县西25里戒任区，旧志误载神安区，宋嘉定末摄令洪偭筑堤成梁，后以射利为渡者撤之，今复筑。

流杯桥：在县南六里，相传周孝侯射虎处。

泽溪桥：在县南，明嘉靖33年重建。西沈之水触道东下，惟此最大亦最近，故亦谓之急水桥。土人依桥设罟網，得鱼最多。清咸丰三年吴洪裕悯其伤生，乃捐资撤其網，今毁矣，乃请当事立案永禁。

侍郎桥：在湖㳇镇，旧传陆希声隐处。有颖叔题其宅云：二十四亭燕没处，溪边犹有旧时桥。樊川集云，李侍郎昔居阳羡，富有林泉，其名或浮于李，未知果否。

20×20=400（京文）

270.

117/51—118/124

第　　页

杨巷桥：旧叠石为三洪，岁久而圮，明嘉靖33年溧阳史际改造一洪，平背，两厓增修石堤。

鲸塘桥：明嘉靖30年钱鏊捐赀首倡与李金募造，清康熙25年龚元好之遴复捐赀修。

西荡圩桥：明隆庆六年，李澄芳重修，独石为梁，两堤安易以石。

五洞桥：明嘉靖戊申道士许德照募造，48年重修，清康熙二年重修。

张渚大桥：明嘉靖43年僧洪员领官银造。

玉带桥：在县西南60里祝陵埠，相传苏文忠捐玉带造。

此外有：紫霞、宜民、十里牌、王婆、姊婆、方桥、双龙眼、三洞、高群、定跨圆桥、定跨方桥、钱墅、归逕、双盆、大树、丁山、芳桥。（余略）

5/ 靖江县49桥：龍驤、登云、乘骢、殷仁、天水、横桥、刘墓、石皮、拱真、苗桥。（余略）　117/51-52

常州府祠庙考　职方典第719卷　第118册

北禅寺：在无锡县治南中市桥西巷，唐武德中与凤光桥同造，初名凤光，后废，宋宝元中复建，赐名寿圣禅院，俗称北禅寺……　118/14

20×20=400（京文）

271.

118/27—30

常州府古迹考　职方典第720卷　第118册（图书集成）

晋陵县治：旧在（武进县）内子城西南化龙桥，唐景福元年淮南杨行密筑罗城……　118/27

回龙桥：在（本府）镇东巷后百步，梁武帝尝至此回銮，故名。118/27

潮墩：△在（本府）迎春桥，相传墩下井水作潮，晋陵、无锡县吴许二令自投井中，尸从胯子桥浮出，因祀之墩上，今废。一传吴许以阳湖作潮起水死。　118/28

嘤鸣亭：△在（本府）状元桥西南，宋大观三年会试天下贡士，独毗陵五十有三人……郡守徐申立坊于桥南名进贤，建亭曰嘤鸣以侈其盛。　118/28

洗马桥：在（本府）迎春桥南。祥符经云，隋陈司徒洗马于此，今街心（本府）仅存桥址。　118/28

毗陵地：△在（本府）天禧桥南，旧传地方丈余，盛雪不积，岂一郡温厚之气所聚欤。　118/28

碧山庄：在（无锡县）西部俞公桥之东。明嘉靖中，猾胥高玢者侵其隙地以营之，绝幽胜，号嘉……一发后属秦封君德藻，门临清渠，画桥疏柳，游者不自知其世之久矣。　118/30

来青楼：△在（无锡县）湖桥之南，元长兴茶国杜钦华建，高三层，广十六楹，一时称江左杰构，亦名之

20×20＝400（京文）

272

118/30—45

第 页

士，游饮赋诗，无不至焉。明宣德中毁。

杜康宅：按宋志，在无锡县东南四里承天寺西有杜桥，或云寺即其宅，寺今废，石子犹存。距今南水关内仅数十步。 118/31

石虎：在（无锡县）石桥东，有石如虎。相传王氏开酤，每夜亡酒，道人过之，曰，山际有石如虎为祟，凿其足，祟果息。 118/31

剑池：在靖江县南三里。旧传俗吴将朱亡、徐恭浚试剑处，尽涤为限，故名。上有桥有坊，今惟一桥。 118/33

常州府艺文　职方典第722卷　第118册

重开後河碑记	（宋）邹补之	118/38
宿荆溪馆呈丘长兴	（宋）苏　轼	118/42
送王云溪诗	（元）许　谦	118/42
舟泊常州	（明）钱　绅	118/43
晚泊吕城	（明）沈　继	〃

常州府纪事　职方典第724卷　第118册

武进县志：方正学门人某，此文初见削夺亲藩太甚，力谏正学不能，遂被发佯狂，歌哭市中。正学被祸时，实入卧室，攫其幼子而去，以绿线系之，书一六字衫上，置常州府桥旁，有卖腐金翁晨起得之，抚以为子，冒金姓……　118/65

20×20＝400（京文）

273

118/46—47

武进县志：政成桥南故有三元庵，仅数椽，祀天、地、水三元之神。万历甲辰冬，有僧自广中奉沉香观音大士像至庵，始扩而大之，拓地筑基，获石佛二尊，一背刻贞观三年造，一背刻菩提庵住僧文海造。又一大石刻云，乾年果林寺，乾字下数字已泐，盖此地之今凡三为寺矣。118/46

武进县志：崇祯间，义民赵宦四子诰、纶、纳、诏共捐金石砌定波桥，又砌东门刘宗桥，改名天水。118/46

常州府杂录　永乐典第724卷　第118册

王梓翠荆溪疏：米至荆溪30里田河桥，邑诗人所云泪惨青者即其地与。118/47

城中长桥直临县门，垒石坚好，非李侯新蛟处，新蛟桥东西九，宋苏文忠公题匾，好事者摹刻庙中。118/47

20×20=400（京文）

274

镇江府部

118/51—55

镇江府山川考 . 联方典第725卷 第118册 （府志）

北固浦：（丹徒县附郭）广180丈，以载舟。旧志有海西河、柳溪桥，今俱废。 118/51

（丹阳县）市河：源出练湖西斗门，其一经三思桥过寺前桥、市西桥、艮岳桥至湾头土地庙以达漕渠；一自仁智桥经胡公桥、土地桥亦达漕渠。 118/52

辰溪：在县西北三十里，上有马陵桥。 " "

（金坛县）丁公山：在紫阳宫之阴，相传汉初丁令威仙举其上。按丹阳丁桥为令威故居，浮游于此。辽东之鹤或其仙游所至耳。 118/53

双桥经渎：在县西13里，晋宋有此渎，隋大业初县令速奚明修之，渎南造桥以度，故因名为双桥，今尤可考。按速奚明为延陵令，疑此渎在延陵西30里。 118/54

涧泉：即通仙桥池。 " "

（丹徒县）楼桥闸：在演武场西南，宋淳祐中，郡守何元寿置，后又以石桥。 118/55

20×20=400（京文）

275

119/1—

镇江府关梁考　职方典第727卷　第119册（府县志合编）

1/ 本府（丹徒县附郭）(27)桥　119/1—2

千秋桥：在府治西，晋王恭作万岁楼于城上，其下有桥，因名千秋。宋嘉定间，郡守史弥坚重建。明永乐中更名永安桥。弘治14年与城南虎踞桥俱圮，知府王存中皆重建。　119/1

绿水桥：在千秋桥西，唐以来有之。唐杜牧之诗云：青苔寺里无马迹，绿水桥边多酒楼。宋乾道中郡守蔡洸重建，仍旧名，俗呼为高桥。明洪武初重修，更名升新桥。弘治壬子，知府郑傑重修。万历辛巳圮，知府徐垣重建。

嘉定桥：在千秋桥南，旧名利涉桥。宋淳熙间郡守钱良臣甃以石，覆以亭，邑人呼为钱公桥。嘉定初郡守复甃以石，易今名，俗呼镇西桥。清康熙初邑人高拱斗重修。

清风桥：在嘉定桥南，宋景祐间郡守范希文重建，俗呼为范公桥。许子晓怀刁景纯诗有伤心范桥水之句。嘉泰开禧间郡守辛弃疾甃石。

虎踞桥：在虎踞门口，为郡孔道。明万历丙子

20×20=400（京文）

276.

第　　页

知府借继易之以木，春运时撤，民大不便，后知府薛兆民易以石，更名泰运。

镇西桥：旧名拖板桥，在今社稷坛前。大历二年废，至顺二年重建。明正统中侍郎周忱郡守郭濬重建，太常少卿郑雍言记。清康熙初邑人高拱斗重修。

嘉泰桥：在市东崇金坊，宋嘉泰间造，故名，俗名甚子桥，后废，重建更名中市桥。

大围桥、小围桥：大围、小围以近江围岸大小名，市河之水皆由此二桥出江。

染息桥：在市南旌孝坊，今刁家营，上有亭。宋景定中郡民重建，俗呼观音桥。亭废，明正统六年，杨少保家重建。

皇祐桥：在市南坊，明初得断碑于桥下，乃宋皇祐中所建，故名。

折桥：在清风桥侧，受漕水折旋西入市河，今名小桥。

七狮桥：在旧丹徒县治西，上有石狻猊七枚故名，俗呼道人桥，桥下有石翁仲二着道士装。

梦溪桥：在朱方门外，水源自圌道涂入漕渠，

20×20=400（京文）

附页：

桥赞。宋祥符四年真宗次河中，渡河桥观铁牛作诗。嘉祐八年秋，水涨梁绝，西牛沉没。真定僧怀炳以二大舟实土，夹牛维之，用木钩牛，除去土，舟浮牛出，止得其三。得牛而梁復成，詔賜怀炳紫衣。

七里桥：江蘇丹阳县東南七里漕渠埠渎口。宋元祐中建。明成化乙酉，知县綦实復建。嘉靖间，知县朱汝贤改名麦舟桥。汝贤作赋序，略曰："桥何以名麦舟？志义也。"

119/1—2

第　　页

以沈内翰括居梦溪，故名。宋嘉泰中郡守辛弃疾重修，旧呼小桥。

林大师桥：在苏公桥南，林仁肇祠在桥东，因名。

西城桥：在府治西，宋嘉定15年郡守赵善湘造，北通郡治，南通偏台，官府行其上，行人往来其下，今废。

升仙桥：城南鹤林寺，相传绯衣杜鹃花神自桥腾空去。

洗马桥：在京口驿西，唐太子洗马陈翌造，故名。

东鸿雀桥：在仁和门外，俗呼猢狲桥，石栏作猢狲状，故名。

马公桥：在新丰镇，跨漕河。旧为明知县陆梦祖造名陆公桥，清康熙十年倾圮，里人筹重建，巡抚都御史马公祜捐资以助，因易名马公桥。

丁卯桥：在城南三里，晋元帝子裒镇广陵，运粮出京口，为水涸，奏请立埭，以丁卯日制可，后人构桥，因名。唐许浑筑别墅于其侧。浑有丁卯港诗，明杨文襄一清有丁卯桥别业。

此外有：长桥、水陆、火炭、三折、古老、吴桥、楼莲、

20×20=400（京文）

278

119/2

金坛、倒流、芦它、开禧、画师等桥。(全要)

2/ 丹阳县83桥 119/2-3

云阳桥：在县东漕渠上，旧名清化桥，俗名贤桥。宋嘉熙中刘宰重建，王遂记。明成化中知县孙贲重建，弘治中浚河拆毁，知县李循重建，清熙13年复圮，邑宰管承恭重建。

三思桥：又名再思桥，在县治前直街河上，元大德间重建，上有佛亭。

安镇桥：在双井巷南，俗呼南桥。宋咸淳间砖匠胡永兴建。明成化中里人杨文節募乡人重建。

太平桥：在县治东，一名广济，又名市西桥，元泰定间建。按旧志名富家桥，宋宝祐甲寅，邑宰胡卫萬重建，故又称胡公桥。

纪宗桥：在民安桥北，去县东一里，因宋进士纪家所居得名。元至正间重建，又呼孙家桥，又名花桥。

庆丰桥：在县东北凝真观西，因近土地陈司徒庙亦名土地桥，宋淳熙间建。

简桥：在简渎上，去县南五里。因晋谌姆之居

20×20=400（京文）

279

119/2—3

掷简于此为桥以庆许、吴二真君故名。明永乐中重建。

七里桥：在县东南七里清溪珥渎口，宋元祐中建，明成化乙酉知县蔡实复建。奏请间，知县束汝贤改名麦舟桥，汝贤作厚序其曰：桥何以名麦舟？志改也。桥去邑治七里而近，南受麦溪之水，合珥河东入于邑渎，而麦溪也者，以昔范忠宣公运石曼卿于此，闻其三丧未举，以所载麦舟付之，因以名也。予既举治桥之役，爰易之名，并其东陈地而为之碑，以风邑人云。

望仙桥：在延陵镇南，桥畔地有名姜陂及姜基，俗传姜永夫仙去之处。

分金桥：在延陵镇西，又名破塔，或云管鲍分金处。

陈宗桥：在公桥南一里，旧名朝阳。明洪武间僧满继建，成化间里人任钿重建。

荆村桥：在县东15里荆村，元至元间里人束崇文建，明永乐中僧一慧重建。

大泊桥：在县东北15里大泊村，元延祐间中

20×20=400（京文）

280

119/3

举和尚建。

○丁桥：在县南70里丁桥镇，或云以丁令威得名。

德新桥：在县南50里竹塘街，亦名竹塘桥。先有竹塘桥三字，系欧阳率更书法，乃真隐和徵莫之笔也，今无。

△道士桥：在县东南60里白茫溪上，近太霄观故名，明洪武中建。

△奈何桥：在九里庙前，又名九里桥。

○吴陵桥：在县西15里吴陵，明洪武间建，成化戊子重建，在吴王墓侧，故名。

此外有：朱墓、仁智、仲宗、素政、忠显、马林、太华、鸿鸣、洪桥、节桥。

3/金坛县122桥 119/3—4

观光桥：在儒学前泮池上，又名泮桥，以行者至此得瞻圣贤遗像而景仰其风度，故名。

○去思桥：在谯楼外，上为陂陀，下为石洞，以通行潦。相传邑人至此则思令宦遗爱，名以讽后贤，一名再思，今讼者至此再思之可止即止。

○三思桥：在县前街南百步，~~旧名行春桥~~许，就街心为陂陀，下为石洞以通行潦，今讼者赴县至此三思之。

281

○文清桥：在县治东百步，旧名行香桥。宋淳熙中甃石，改名惠政。淳熙末知县张佐平累重修。端平中刘文清宰，撤而新之，改名端平桥，后人仰文清之风，因改名文清桥，俗呼新桥。明嘉靖44年桥圮，邑人于未重造，广20尺，崇倍之，袤又倍于崇，两翼以栏与袤称，下峙桩木，令深密交固，而后队石为足，阔石为门，叠石为梁。

○钟秀桥：在县北三里，旧名怀德桥，明成化间邑人史滢重造，嘉靖中邑人于未甃以石，又名钟桥。相传古有铜钟流至此得名。今其钟在慈云寺，声特洪大，以为异物云。

△郑家桥：在丹阳门外二里，武安侯郑亨故居。

濯缨桥：在县北九里，北通丹阳之要道，旧名三里岸桥。明永乐初，知县孙时重修，改今名。弘治癸丑，知县周祥始甃以石，下为三洞。

观龙桥：在县西南二里，旧名社桥，又名饮龙，明太祖经此改饮龙。永乐间，典史杨盈贵重修。万历39年桥复圮，邑人于孔兼捐赀易之以石，改名观龙，自为记。

20×20=400（京文）

119/3—4

迷诸桥：在县东北八里北渚荡上流，东通陈塘，东北通松荡。旧为渡，人有溺死者，明万历三年，里人洪渊春造桥以济。康熙八年，其孙诸生洪渐行增筑南北岸圩埂，高四尺许，甃石60丈，远近便之。

思基桥：在县东八里，地近古思基国名。旧架木为之，明万历间土人易以石。

许致桥：在县东30里尧塘村。宋绍定间，邑宰毛庸病，延医许得正治之未效；更延致康平，用药与许同，病良已，庸具金帛为谢。得正曰，某无功，愿归康平。康平复辞曰，某所用剂不能加于许君，顾病剧则其愈以渐，某适当其时耳，亦坚让不受。乃相与谋曰，尧塘徒涉者众，盍以为桥。庸造桥，因名为许致桥，刘宰为记。元至元甲午，康平得正之裔致缘偕许及辰捐资修之。

纸钱標桥：在县南30里，地近周侯庙，例过者以纸钱標之，因名。或曰明以前东坝未筑，其地为濑阳江，舟行至此標纸钱以祀神，故名。

东塘大桥：在县西20里大溪上。元至正间，邑

20×20=400（京文）

283

119/4—26

人郭正叙重修。明正德15年知县任佃重修。

清顺治二年六月，里人防逆贼冲突，撤其桥。三年乃架木以通往来。

大云桥：旧为彭期渡，在县东南40里，宜兴溧阳皆取道焉。元大德间，里人尹彦里始长垣建大桥。后因湖浪冲击，未久圮坏。天启中，其子辅甃以石，行者便之。

△ 旌城桥：在县西北30里，为唐储光羲故居。

唐王桥：在县西40里，唐王村，为二木桥，又名双桥。

嵩峦桥：在县西20里，36都，邑人范嵩、范峦之第二人始，故名。

此外有：风沼、蜡库、联秀、高湖下口、见龙、腾蛟、画锦、小壤、陈师田、乌干、史荡白桥、吴期印桥、施桥、王向芳桥。

镇江府祠庙考　职方典第733卷　第119册

东岳庙：（丹徒）在土地桥西，宋嘉定间贡士设仆龙始。明洪武中始西向，永乐中改东向，正统间知府重修。弘治壬子又燬，复修。　119/26

284.

119/26—31

敕良府：△在吕城大宁桥北。 119/26

丁令威祠：△在丁桥太霄观。 〃

大觉寺：△在城南鸿鹤桥北。宋乾兴间始创，迄炎兵乱，大帅刘光世集诸寨此，俗号万人寨。明永乐中毁，僧圆瞳复创，弘治九年僧云仙重修。 119/29

惠安寺：△在绿水桥北，本甘露寺下方浴院。南唐保大中自继携迎旃檀瑞像于此。初，向文简公有钦圣皇后功德院在开封，南渡后，寺僧负公像至京口，乃创此寺，以旧额揭之，迎公像在焉。 119/29

玄妙观：△在云阳桥西北，俗呼东观，即唐紫极宫，老子祠也。宋祥符已前改曰天庆…… 119/30

道冲观：△即后土别祠，在云阳桥北，南唐保大中建……… 119/30

（丹阳县）定善寺：△在云阳桥南，漕渠东岸，宋淳祐间淮僧宗恩建，咸淳中重建。明永乐、景泰间相继修建，后废。万历间僧正喜移建于尹公桥侧，邑人呼为海会庵。 119/31

万善寺：△在县东尹公桥上岸。明万历八年僧

20×20=400（京文）

285

119/31—42

寿迹，初名海会庵，42年敕赐今额并颁大藏经卷。119/31

三官殿：在新桥东，后有文武阁，道士萬宇璘建。119/32

（金坛县）王母观：在横堰桥东。119/33

镇江府古迹考　职方典第736卷　第119册（府志）

（本府）晋刁逵宅：在城西南，近宅有桥，逵因毁为航，号先廣航。119/40

宋丞相陈升之宅：在范公桥南，后废为军寨及酒库，今为民居。公治第极宏壮，宅成已疾甚，肩舆一登西楼。119/40

学士沈括宅：在朱方门外梦溪桥之东。〃〃

米芾宅：在千秋桥西。轩曰致爽，斋曰宝晋。京口旧传芾喜登览山川，择其胜处，过润爱其江山，遂定居焉。作宝晋斋藏法书名画其中。此园既火，结庵城东，号海岳，日吟啸其间，为京口佳绝之观，今废。119/41

翔云楼：在嘉定桥南，元李天祥宅也。丙申三月既望二日，明高帝取镇江，登其上。119/41

孙园：在清风桥东南，宋步帅孙虎臣之后圃。119/41

（丹阳县）掩龙桥：在妙觉寺前。明靖难时，建文皇帝泊舟于此，祝发礼佛朗为师，法名法光，遗像存焉。119/42

20×20=400（京文）

286

119/42—52

唐处士张祜宅 △在县南之横塘，或云今云阳桥东门岸有井处是。 119/42

邑宰胡梦高宅 △在太平桥东。宰实为丹阳胡氏始迁之祖。 119/42

（丹阳县）陶真人丹井 △在华阳上馆前石桥之东。水甚冷，旱不竭，宋政和初道士庄积修。去土三寸许得石井栏，已破坏，刻大字云：丹阳人姓陶，仕齐奉朝请，壬申岁来山栖身，自号隐居，梁大同二年八月十五日镌墙阴藏金书。获一圆砚，径九寸，列十二足，涂之朱色甚鲜。有一拄尾炉见砂石间，有丹一粒，大如黄实，光彩射人。亟欲取之，堕井中。炉砚并藏华阳，后~~失~~去。 119/42

镇江府艺文　职方典第738卷　第119册

泊扬子津（诗）	（唐）祖咏	119/49
润州（诗）	（唐）李德裕	119/50
漫塘晚望（诗）	（宋）刘宰	119/51
游练湖（诗）	（元）萨都剌	〃 〃
丹阳孙思和东游西吉山水胜纵概绘为图冬夕过微山示我先福一段赋此（诗）	（明）陆深	119/52

20×20=400（京文）

287

119/52—56

鹤林寺访镜中上人　　(明)刘汝衡　119/52

丁卯桥寻许浑故宅　　(明)邬佐卿　119/52

镇江府纪事　　职方典第739卷

(宋)嘉定己巳，邑旱，飞蝗蔽天而下。时太常丞刘宰家居，草书一函，令其仆至城北链秀桥，见两黄衣客，即跪而进之。至桥，果见衣黄者，取书阅竟，语仆曰，我借路不借粮也。蝗果不为灾。自后有蝗，必向设坛祠祭之。　119/53

镇江府杂录　　职方典，第740卷　　第119册

日知录：古时未有瓜州。蔡宽夫诗话云，润州大江本与今扬子桥对岸，而瓜州乃江中一州耳，今与扬子桥相联矣。以故自古南北之津，上则由采石，下则由江乘，而京口不当往来之道。……又瓜州既连扬子桥，江面益狭，而隋唐之代复以丹阳郡移治丹徒，于是涉者舍江乘而趋京口。宋乾道四年筑瓜州南北城，而京口之渡至今因之。　119/56

20×20=400（京文）

288

淮安府　　120/4—15

第　　页

淮安府山水考　职方典第742卷　第120册

(本府)(山阳县附郭)市河：上流自旧城西门外，有小水闸放水入城水关，东流至八字桥，一支经县前入白虎桥，潴注城隍庙东，又自白虎桥南注于府学左跃龙池学前泮池，一支由府西大圣桥、高公桥、辛马桥复转东南，通小教场，会渠水，自辛马桥出北水关，由联城中新城南折东入涧河下海，内外通舟，便三城水，一郡风气血脉所关。　120/4

甘泉井：今名龙窝，在半坐桥侧。……　120/5

(安东县)响水河：在县西一里，旧有迎仙桥，湮塞，明洪武三年重挑接支家河，引沭水大湖中，达南流入淮水。　120/6

淮安府关梁考　职方典第744卷　第120册　(府县者全录)

本府(山阳县附郭)50桥　120/15

八字桥：在府西北，二桥分跨市河。南桥宋之州桥，北桥曰望民。明成化六年重修。

△大圣桥：在府西，即宋礼民桥，又名半坐桥，大圣堂在东。

望仙桥：在射阳巷北，俗传如黄鱼于此仙去。

20×20=400(京文)

289.

120/15–16

升仙桥：在天妃宫内，即吕祖试林家素飞升处，旧误作驸马街。

西义桥：在望远门外，旧有楼覆于上，明宣德十年毁，是年重建。

罗家桥：在府西北三里罗家湾，旧小海义民罗文振济造石桥三丈。

此外有：三界、章马、古山、鸳鸯、梁皮、崔岁、长桥、香桥、姜桥、菜桥、伏龙、甘桥。（全略）

2/ 盐城县29桥 120/15

盛魁桥：在儒学西十余武，明嘉靖十七年县丞胡鳌造，自是盐有登魁者，故名。 ~~120/15~~

凤凰桥：在县治西南20武，旧传有凤凰集于此。

此外有：青云、直道、弥陀、方桥、仁和、虎桥。（全略）

120/15

3/ 清河县17桥：平政、跨淮、沙埠、洪泽、清宗、中河浮。（全略）

洪泽桥：在洪泽镇，后汉书：陈登为祀于泗之洪泽桥，即此。久圮于水。

中河浮桥：一在治东青龙庵，一在治西双金闸，一在王家营，以上三桥俱因新凿中河阻隔行旅，商民胥困，士人好义者于各渡旁造桥船，水涨则分船为渡，水涸则联船为桥，往

290

120/16

来称便。

4/ 安东县15桥：化龙、太平、绣衣、东市、西市、清平(全名) 120/16

化龙桥：在县东，为白鲜化龙处。

绣衣桥：在县北一里，旧名天宁桥。明洪武三年知县东赞建。因近除御史会，更今名。

5/ 桃源县23桥 120/16

崇亭桥：在县东北60里，与清河县界，石崇所建。明天启四年知县黄长庚建扁额于上。

白龙桥：溪福新建。联云：索铠明分三界首，白龙桥对白阳头，即此。

孙家桥：毛家集背湖稍15里，水衙先后孙九锡筑堤一道，桥九座，本府张兴四位义行高。

此外有：新桥、石板、迎恩、崔镇、通集等桥(全名)

6/ 沭阳县八桥：津桥、文峰、迎恩、来春、桑墟、胡家、窑湾、蛤蜊湾 120/16

文峰桥：在南门外，直跨前河。旧有石梁名崇阳桥，明永乐四年建，后圮。每河涨，渡民人多病涉。崇祯四年知县吴俊置木梁，改题迎熏桥。清顺治十年，知县王国泰见桥当公署直冲，东迁数十武，改题今名。

20×20=400(京文) 291.

120/16

朝宗桥：在县东80里，以太湖在东为众水所归，故名。明洪武三年知县冯道元修。

7/ 海州14桥：虎西、水门、清宁、洪门、九洪、下坊（全略）120/16

洪门桥：在城北里许。海潮上逆，河水下注之处，而往来人众，有争渡及支涉致溺者。明万历初，耆民富大明倾赀产，又募得千金，甃河趾石墪五座，横巨木为梁，铺以厚木板鼓钉，桥成，遂为南北通衢。明季九十余，临修跨坐而去。后又有内监高公山东耆民王氏相继修葺。

8/ 赣榆县20桥 120/16

人济桥：在城北，隔通衢。明万历22年道人闻世化募建。

此外有：紫阳、会潮、石羊、马头、青口、朱稽、临洪、双树等桥（全略）

120/16

9/ 邳州16桥：玉虹、復旦、滔滦、步云、堇石、飞龙等桥。（全略）

玉虹桥：旧名沂水桥，州城西北一里，明洪武四年判官张琏所造。今改西南廊，冬水涸架木梁，春夏涨以舟渡。

堇石桥：地名如堇，在州北120里。

10/ 宿迁县13桥：上口、坡石、拱宸、化龙、红桥、惠政、通货

120/16—39

霸傑(余略)　　120/16

11/ 睢阳县15桥：白龙、通济、永惠、化龙、邵公、通水,(余略) 120/16

淮安府桥梁考　职方典第748卷　第120册

(清13县)陈之龍桥：△按后汉书及邵志淮安文献考：陈登下邳淮浦人,后世称为伏波将军,有祀于泗之淡泽桥。时清13隶泗州,故云泗之淡泽。久湮于水。120/31

(山阳县附郭)龍興禅寺：在治西北清风门里,晋大興二年创建,砌浮屠二座,清康熙中,总漕蔡士英筑堤广数亩,建大悲阁于上,设桥数十丈以通往来,四周筑墙,放生于内,种柳数百棵。120/33

淮安府古迹考　职方典第750卷　第120册

(本府)(山阳县附郭)杜康桥：△在刘伶台南,治东13里。120/39

胯下桥：在淮阴旧县200步,即韩信为少年所辱处。120/39

镇淮楼：△在旧城桥西镇北,宋镇江都统司酒楼。120/39

和丰楼：△在旧州桥西路南,为本州酒楼。120/39

望淮亭：△在府城西门外旧仁济仁桥侧。〃〃

如归亭：△在南市桥西。〃〃

20×20=400(京文)

293.

三亭：韩亭在淮阴故县南临灉渎；枚亭在淮阴故县北临灉渎；步亭在淮阴故县西桥南，以韩信、枚乘、步骘故名。古诗云：韩枚步骘近三亭，为显当时将相名。120/39

（清河县）胯下桥：在故城半里，即韩信微时为少年所辱处。120/40

千金亭：近胯下桥，韩信既封楚王，召所从食漂母赐千金，后人筑亭以表之，今废。120/40

（桃源县）老鹳亭：在治东北60里，即古崇河驿地，为清桃分界所。河上有桥，桥上有亭，其桥名崇亭桥。120/40

仙人桥：在治北60里。相传仙人造此桥于崇河中，适遇妇人汲水，忽飞升去，遗下四石柱，二石板，次日岸有白马二匹食田禾，庄人群往逐之，将马击折，及视四石柱亦折其一，今犹存。120/41

（邳州）圯桥：在治东南隅，年久水没。元和郡志：下邳县有沂水，号为长利池，池上有桥，即黄石公授张良素书之地。甘泽初诗：老人坐受泥中履，孺子亲承圯上编，一自渭川人去后，再无流落素书传。120/41

120/45—47

淮安府艺文　职方典第751卷　第120册

经下邳圯桥怀张子房(诗)	(唐)李白	120/45
紫阳桥晚(诗)	(明)曾棨	120/46
陈村晚发(诗)	(明)徐子达	" "
泊淮上(诗)	(明)金銮	" "

淮安府部纪事　职方典第752卷　第120册

(宋史)乔维岳传：维岳为淮南转运使。淮河西流三十里曰山阳湾，水势湍悍，运舟多罹覆溺。维岳规度开故沙河，自末口至淮阴磨盘口凡四十里。又建安北至淮澨总五堰，运舟所至，十经上下。其重载者皆卸粮而过，舟时坏失粮，纲卒缘此为奸，潜有侵盗。维岳始命创二斗门于西河第三堰，二门相距五十步，覆以厦屋，设悬门积水，俟潮平乃泄之；建横桥岸上，筑土累石，以牢其址。自是弊尽革，而运舟往来无滞矣。　120/47

20×20=400（京文）

295

扬州府部

120/51—62.

扬州府山川考　职方典第753卷　第120册（府县志合刊）

（本府.江都县附郭）蟠蛇岭：在县北开明桥西，其地形如蟠蛇，因名。今江都县儒学在焉。 120/51

岳家荡：在扬子桥西 120/52

（泰兴县）龙开河：在城东，可由黄桥通贯港以达如皋通州各场。河流委曲回环，传为神物所开。 120/53

（泰州）凤山：在海安镇，高三丈，周百步，山前溪流环绕，环山为桥，即首翼分有凤形焉，故名。山麓为安定祠，上有泰山行宫。按泰州志：凤山在州东120里。 120/57

蟠蛇岭：在州治西南登仙桥，本地隆起如蟠蛇形，次千户所于上。 120/57

溪光池：在西溪镇广福东寺，其池广二亩余，浮光轩，溪流东通凤凰池，北通小海池，南出溪光桥。 120/57

（通州）城河穴：在西门外吊桥下一穴，仅斗大，汲者相属不绝，随汲随满，甚甘冽可爱。河涸穴始见。 120/59

（如皋县）丰桥：皋居通泰间，恃运河一线，民倚为命。丰桥升塞实为邑之关键。丰桥开自张士诚，自下河直通上河，而海安城南有三港通江，

20×20=400（京文）

296.

120/62—121/2

私盐艘由牙桥出口，至三汊入江。明初填塞之，后又有奸民虑避巡盐，遂至误开。牙桥开而上下河通，上河水泄矣。故三时雨集始可通行，一月不雨其涸立见。不独运、盐均阻而禾苗尽槁。前道合李廷材有筑坝揭，李袁化有塞牙桥申文。 120/62

扬州府关梁考　职方典第756卷　第121册　（府志）

1）本府（江都县附郭）41桥 121/2

波桥：水经注云：广陵城东水上有梁谓之波桥。

二十四桥：在旧城内隋置，并以城门坊市为名。后韩令坤筑城，分布阡陌，别立桥梁，遂今二十四桥存废莫考，访古者怅焉。杜牧之寄韩判官诗：青山隐隐水迢迢，秋尽江南草木凋，二十四桥明月夜，玉人何处教吹箫。张乔寄扬州故人诗：离别河边绾柳条，千山万水玉人遥，月明记得相寻处，城锁东风十五桥。盖其人所后去二十四桥之半，故云十五桥也。

万岁桥：亦隋置，今不可考。唐李益扬州送客诗：南行直入鹧鸪群，万岁桥边一送君。闻道

20×20=400（京文）

297

121/2

望乡听不得，梅花暗落岭头云。

开明桥：在府东北大街，东西跨市河上，有楼，四面皆窗，桥今废，二十四桥之一也。按淮南子：八纮之外有八极，东方曰东极之山，曰开明之门，桥直东门，因以为名，俗呼开门桥。

文津桥：在府学东，跨市河，明弘治九年同知叶元造，倪岳有记。万历13年巡盐御史蔡逵建文昌阁于上，23年毁于火，明年知县张宁复之，规制益宏丽，为城郭之大观。

北来桥：在城东北五里，明正统13年僧如瑞募缘造。

月明桥：在禅智寺前，今水埋，桥亦圮废。唐张祜诗：十里长街市井连，月明桥上看神仙；人生只合扬州死，禅智山光好墓田。

湖口桥：一名分水桥，又俗名通桥，长三十余丈，在黄子湖口。

法海桥：在法海寺前，明嘉靖四年扬州卫指挥火晟造。

扬子桥：在城南十五里，即扬子津桥，今废。

槐家桥：在城北十五里，南北跨槐家河，唐末

20×20=400（京文）

298

121/2-3

杨行密、张神剑屯兵处。

惠政桥：在邵伯镇梵行寺东，係古迹，明洪武五年重建。旧谓谢安以政惠民，因名。

宝公桥：在邵伯镇小圩，明永乐间僧宝公募造板桥，景泰二年民徐扬荣等甃甓。

此外有：澳河、伏龙、安江、火烧、清平、白杨、美堂等桥（全略）

2/ 仪真县46桥 121/2-3

何家港桥：在东南30里，明洪武初为土桥，嘉靖间里人陈贵创为石拱，北通双桥官道，达于县，南为瓜州京口通衢，港为要津，副使赵雍撰记。

此外有：驻泊、拖板、迎恩、红桥、广惠、都会、姚桥、陈家、双桥、北山、鸾江等桥。（全略）

3/ 泰兴县76桥 121/3

青带桥：俗名常家桥。教谕荆子逵以此桥如带，与学后笔架山相迎，改今名。取青青不断也。

彩虹桥：在城东隅，为旧十二景之一。

此外有：三思、镇安、大义、文峰、流水、广生、接引、黄桥、蒋古、箕子、小姚、大孙、杨三郎、泥膛、马棚、

20×20=400（京文）

299

121/3—17.

跨淮、照春等桥。(全略)

4/ 高邮州55桥 121/3-4

卑家桥：在税务桥西，僧心白募修，州民金奎

字延亭。

三垦庄桥：在州东南十五里，俗名三千万桥，

又云三仙津桥。民姚星川修。旧志云：每年除

夜，仙人作太缑草维于桥楼上，维之高下，则

其年之水不差分寸。明嘉靖38年其桥先维，

是年大旱，有谚何者见其维在桥楼之底。隆

庆二年其维在桥板上，是年堤水逆流高于

桥板尺许，亦其异也。至今犹有验不爽云。

此外有：安乐、通济、税务、多宝楼、徐家、响水、扬

济、落仙、张更生、高桥、流津、仁义等桥(全略)

5/ 兴化县25桥 121/4

望仙桥：在字桥里，一名高桥，即东岳庙桥。

中和桥：在字桥里，一名登瀛桥，即八字桥。东

来之水自此折而北，中和、永福两桥跨之，参差如八字然。

读书桥：在通利里，即北门高桥，知县詹士龍读书于此。

玉带桥：在中营二铺，与富安(桥)东西相望，知

县傅珮凿玉带河近此。

20×20=400（京文）

300

△万善桥：在胜湖里龍珠禅院前，森鑑禅师造。邑人袁继凤诗：策杖逍遥谒上方，石头路滑石径陡……李國宗诗：牛車真乘往来桥……

此外有：崇儒、尚水、少府、涯汉、丰乐（余略）

6/宝应县18桥 121/4

嘉定桥：旧名孝仙桥，在县东，跨市河，唐尉迟恭造。宋嘉定间改今名。明崇祯四年堤决衝颓，十一年知县刘达重修。俗呼县桥。

广惠桥：在儒学东，跨市河，唐尉迟恭造。明崇祯四年堤决衝颓，十一年知县刘达重修。俗呼新桥。

瑞莲桥：在东门内，宋元丰三年造，产莲并蒂，因名。明隆庆三年邑人張元敬重造。

智者桥：在汜水。农夫朱國卿者，年七十无子，尽出所积白金造桥，乔侍读名之曰智者桥。

此外有：忠佑、爱莲、老和尚扛桥（余略）

7/泰州20桥 121/5

丰利桥：跨市河，南水门入第一桥也。自南村负草来鬻者多聚于此，俗呼高草桥，旧名芳春。宋淳熙三年造，后圮，有祭夏时雨募修。

嘉定桥：在街心。宋绍兴十年王守創开东西

市河过此。嘉定七年修，以年号名。明洪武七年守说遇林重修。旧名日中桥，俗名八字桥，又名小市桥。

迎恩桥：在北门内，今名且乐桥，俗呼姐姐桥。

太和桥：即今州桥，以近州故名。或云上下有圜名圆桥；或云周益阳过名周桥。

伏龙桥：在州治西南，旧传宋太祖从周世宗兵至泰，避难桥下，及太祖受禅遂名。今惟片石。

嘉庆桥：以桥成于嘉定、宝庆之间而名。淳祐元年守陈垓修。今改为板桥。

经武桥：宋嘉定13年守李骏开新河创教场造。

此外有：乐真、泰宁、度僧、金兰等桥（余略）

8/如皋县48桥：宣化、云路、霞山、玉带、窑子、文发（余略）

9/通州60桥 121/5-6

平济桥：在州治前，宋太平兴国间郡人刘义等造。明正统间郡人陈敏构亭其上。万历四年，知州林云程易石；清康熙九年知州王廷机重造。

中正桥：在察院右，唐总章二年郡人张景等造。

涧桥：在望江楼外一里。明洪武中郡人沈万三造，天启四年陈实功易石。

此外有：文武、卧虎、卧龙、通天、石磊、铁锹（余略）

121/18—22

扬州风俗考　职方典第760卷　第121册（府县志合刊）

（兴化县）~~（高邮州）~~元夜：……十六夜……妇人走三桥折厕。121/16

（泰州）元夕：……十六夜更阑人静，女伴相携出行四走桥，有乞子者取砖藏以归。……121/17.

（如皋县）元宵：……女伴出行，拾云津桥砖归为得子兆。今更讹为集贤桥，名曰走三桥。121/17.

20×20=400（京文）

300

(本府.江都县附郭)聱隅先生祠：△在江都扬子桥。宋江都令罗适建，祀寓贤黄晞，有薛颀记。 121/18

(泰兴县)常公祠：△在崇善坊，即常旧宅，祀延文死节副都御史常大节。嘉靖中，知县朱篪改其故宅于市桥迤南，庙堂寝咸在，乃仍其旧，更加修饰，迁主其间，立祠焉。布政倪洞为之记。 121/18

(江都县志)神医庙：△在府治南太平桥下。汉末华佗神于医，扬人祀焉。 121/20

(本府)太平寺：△在城南扬子桥，唐贞观间建，明嘉靖间僧圆果修。 121/21

广陵庵：△在新城府东桥，明万历间僧性融建。 121/21

铁佛寺：△在县东北大仪乡，相传即二十四桥故地，本唐杨行密故宅，舍宅名光孝院，宋绍隆间铸铁佛于此，因名。殿后有双桧，宋元间物，上疏无枝，取其皮爇之，如沉香。 121/21

宝胜寺：△在县南扬子桥。唐贞观间建，后为江水圮没，明指挥李镗、僧太虚迁于城东二里桥林寺。 121/21

礼拜寺：△在府东太平桥北，宋德祐间西域僧补好丁建。 121/22

20×20=400（京文）

301.

121/22—23

梵行寺：△在县东北邵伯镇。晋宁康三年建，明洪武初僧妙用迁于本镇惠政桥西。嘉靖八年烬毁。宋苏子瞻有梵行禅院山茶诗：山茶相对阿谁栽，细雨无人我独来，说向与渠渠不会，烂红如火雪中开。121/22

天王寺：△在县南15里扬子桥西，唐贞观间建。121/22

普慈庵：△在新城坊洗马桥西旧坝子头，明隆庆间重建。121/22

开元寺：△在府城东50里，顺治18年迁建于傅李桥。121/22

（仪真县）天宁万寿寺：△在县南陡江桥西。始唐景龙三年泗州僧建佛塔七级，创永和庵于塔后，宋崇宁中赐名报恩光孝禅寺，政和中改天宁禅院。后有楞伽庵，苏子瞻尝于此写经故名。西有井名慧日泉。南渡后迭经兵火，寺塔俱燬，明洪武间重修，增饰重门，岿然丛林之胜。121/22

（高邮州）天王寺：△在州治北新城避观桥东。宋淳熙间建，明洪武元年僧诚全增修。殿高十丈，深广称是，其木植尽皆异材，覆以琉璃，最为精巧，江北无与为比，一方之巨刹也。嘉靖36年为倭寇所燬，香闻数十里，火三日不灭。今渐兴复。寺旧有吴道子

20×20=400（宗文）

302

121/23—33

观音像，推落屡被盗窃去，随江而浮，夜梦大士曰：汝送我还都当不死。觉惧复送还。121/23

扬州府古迹考　职方典第764卷　第121册

（本府．江都县附郭）文选楼：隋大业拾遗记有梁昭明太子文选楼，炀帝尝幸焉。王观扬州赋有云：帝子久去兮空文选之楼。相传今太子桥北旌忠寺乃其故址。明一统志载曹宪江都人，仕隋为秘书监，以文选教授生徒，李善、魏模辈皆出其门，所居名文选巷，故楼以宪得名也。121/32

凤凰楼：在广北乡凤凰池侧。十道图云：隋炀帝起。今府城内有凤凰楼。121/32

皆春楼：在府东北开明桥西，旧名大安楼，宋宝祐间贾似道重建，更今名。121/32

王播宅：唐王播宅在瓜洲，播既贵，归游瓜洲故居，感旧有诗：昔年献赋去江湄，今日行春到却悲。三径仅存新竹树，四邻惟见旧孙儿。壁间犹记偷光处，川上宁忘结网时。更见桥边名字在，始惭题柱免人嗤。121/33

斗野亭：在江都邵伯镇梵行院侧，宋熙宁二

20×20=400（京文）

303

121/33—42.

年处。按舆地志扬州于天文属斗分野，故名。绍兴初，郑兴裔更造于州城迎恩桥南，嘉定间崔与之改题曰江淮要津。移斗野扁揭于北门外。121/33

(高邮州)多宝楼：在州北门外太平街西。商贾云集，积货珍奇。今止存楼名多宝楼桥。121/34

天壁亭：在新城多宝楼桥西。秦少游诗：吾乡如覆盂，城据扬楚脊，环倚万顷湖粘天四无壁。因以天壁为名。121/34

(如皋县)丞相泉：在县南18里，朱宗桥西。宋丞相文天祥航海经此借宿田家，因名。今为陈士余田覆壁城。

王内翰宅：在县儒学东。宋王惟熙、王观、王觌、王俊义相继登第，乡人荣之，名其里曰集贤里。知县胡昂建石坊曰集贤坊，知县刘永华作东南门亦曰集贤门。121/35

(通州)鱼骨桥：在旧县东北。尝闻岁东海出此鱼，乘潮而上，乡人取其二肋骨作桥，长五尺余，经数百年未朽。121/35

扬州府部艺文　职方典第765卷　第121册

复修扬州境内水利奏略　(明)王　恕　121/42

121/43—48

篇名	作者	出处
广陵行(诗)	(唐)韦应物	121/43
扬州送客(诗)	(唐)李益	121/43
宿扬州水馆(诗)	(唐)李绅	
寄扬州韩绰判官(诗)	(唐)杜牧	121/44
过扬州(诗)	(唐)韦庄	〃 〃
送郑根移戍扬州(诗)	(宋)周必大	〃 〃
维扬燕会(诗)	(宋)刘克庄	〃 〃
广陵怀旧(诗)	(明)汪广洋	121/46
广陵杂兴(诗)	(明)袁华	〃 〃
泊瓜州怀旧寄致刘宾王又新隐君(诗)	(明)刘炳	〃 〃
出扬子桥喜见江南山色(诗)	(明)郭第	〃 〃
维扬怀古(诗)	(明)胡俨	〃 〃
扬州(诗)	(明)曾棨	121/47
同王元美登扬州新城阁得秋字(诗)	(明)吴国伦	〃 〃
过扬州(诗)	(明)宗臣	〃 〃
邵伯湖夕泊(诗)	(明)于慎行	〃 〃
禅智寺李本石宗衍同游(诗)	(明)吴兆	〃 〃
广陵别景升小修(诗)	(明)袁宏道	〃 〃
七夕怀平仲扬州(诗)	(明)程嘉燧	121/48
送汪太学游江都(诗)	(明)黄姬水	121/48
送王孙仲还维扬(诗)	(明)高承埏	〃 〃
扬州怀旧(诗)(四首之二)	(明)钱希言	〃 〃
高邮道中(诗)	(明)吴伟业	
扬州(诗)	(明)吴伟业	〃 〃

20×20=400（京文）

305

121/48—51

望海潮（广陵怀古）（词）　（宋）秦观　121/48

扬州慢（词）　（宋）姜夔　〃　〃

朝中措（词）维扬感怀　（宋）曾觌　〃　〃

风入松（词）广陵元夕病中有感　（元）张翥　〃　〃

扬州府纪事　职方典　第768卷　第121册

（如皋县志）嘉靖戊午闰七月，丰利场后有群鰕拥一鱼，随潮抵岸，长鬣戟立，若排樯，潮退鰕去，惟鱼独存，长30余丈，高30尺，人争取之。鱼声如牛吼，气所喷溅水悉成渠，失水四日而绝。土人取其骨为桥，今尚存。相传每闰年，必有巨鱼，名曰闰鱼，然未见有此鱼之大者。　121/50

扬州府杂录　职方典第768卷　第121册

（补笔谈）扬州在唐时最为富盛，旧城南北15里、110步，东西七里、30步。可纪者有24桥，最西浊河茶园桥，次东大明桥，入西水门有九曲桥，次南门有下马桥，又东作坊桥，桥东河转向南有洗马桥，次南桥，又南阿师桥、周家桥、小市桥、广济桥、新桥、开明桥、顾家桥、通泗桥、太平桥、利园桥，出南水门有万岁

20×20=400（京文）　306

121/51

桥，青园桥，自驿桥北河流东出，有参佐桥，次东水门东出，有山光桥。又自衙门下马桥直南，有北三桥，中三桥，南三桥，号九桥，不通船，不在二十四桥之数，皆在今州城西门之外。121/51

（野客丛谈）唐时扬州为盛，通州为恶，当时有扬一益二之语，十里珠帘，二十四桥风月，其气象可知。张祜诗曰：十里长街市井连，月明桥上看神仙，人生只合扬州死，禅智山光好墓田。王建诗曰：夜市千灯照碧云，高楼红袖客纷纷。如今不是承平日，犹自笙歌彻晓闻。徐凝诗曰：天下三分明月夜，二分明月在扬州。其盛如此。通州不然，白乐天诗曰：通州海内恓惶地，司马人间冗长官。元微之诗曰：折君灾难是通州。又曰：黄泉便是通州郡，其不美如此。一谓神仙，一谓黄泉，相去霄壤。121/51

20×20=400（京文）

307

徐州府部 121/55—56

徐州山川考　职方典第369卷　第121册　（州志）

（本州）秦梁洪：在城东北20里，有木直陵，有广济桥。121/55

响水济：在城南九里，有金家桥，指挥金泉建。今废。121/55

吕陵济：在城西二里，济上有石桥名大安桥，徐州卫谭政先常同建，大学士商辂为记，今废 121/55

鹅儿湖：在城东50里奉实山下，稍北即壁祗山境，有普济桥，庙相接。121/55

（萧县）永固山：在县东南40里，有湖，有桥，有镇，有泉，并名永固。121/55

龙驹嘴峪：与永固山相联为一脉，内有泉左甘右苦，其南有陶山墟桥。121/55

丁公山：在县东南20里，汉为楚将丁公追高祖于此，下有丁公里，南有连城桥。121/56

白土山：在县东南50里，下有桥有镇，并以白土名，在宋为州境，镇出石炭。121/56

署兰山：在县治东南120里，以夏有野兰，故名，有署兰桥。121/56

龙泉山：去署兰山五里，下有泉故名，有同睦桥。121/56

圣境泉：今名镜泉，本宋桥南，由白米山白米

121/56—58

过王双桥折北迤东出辛家桥入姬村以达州境。121/56

徐州关梁段　《永乐大典》第7770卷　第121册（附一统志、旧志、县志合并）

1/ 本州十桥　121/58

万会桥：在州城东北三里，跨泗水上，舟三十余艘贯以铁索，带梁之舟时上下之，以通南北舟楫，俗名大浮桥。

云集桥：在州东北跨汴水上，舟为之，俗名小浮桥。

此外有：大乌、大通、演武、袁家、通济等桥。（余略）

2/ 萧县30桥　121/58

响水桥：在白土山北，潺潺湲湲声闻数里。

果老桥：在县东北陶家屯山中，一石横卧，有驴蹄痕。

善大桥：在永固山上，有泉如井，深丈余，天旱淘泉雨即降。

此外有：仙台、白土、丁公、皇城、陶墟、蓍兰、鲁班、桃山、房果、伯乐等桥。（余略）

3/ 砀山县二桥：五王桥、胡信桥。　121/58

4/ 丰县16桥：人津、大圣、天津、龙雾、地津、永济、泥桥。（余略）

龙雾桥：在县东北五里，即汉高帝母遇神之处。

5/ 沛县五桥：飞云、嘉庆、清凉、宝丘、沙河。　121/58

20×20=400（京文）

309

122/6—9

徐州古迹考　职方典772卷　第122册　（州志）

（本州）楚山堂：元总管钱光祖建，在城北万会桥东。122/6

饮马池泉：世传汉高祖尝驻兵饮马城东北张家庄桥下。122/6

徐州府纪事　职方典第772卷　第122册

（州志）（本县）西阳池即秦皇掘坎以泄王气者，水深数丈，邑人恒操小舟以取鱼虾。（明）正德三年冬严寒冰坚，有异物藏伏于中，每日出腾升而起，起即冰裂，高数丈，声若迅雷，疾如奔马，自池至天津桥而止。月余，池冰始尽。父老多及见之。122/9

徐州府杂录　职方典第772卷　第122册

（徐州志）丰天津桥未审创自何代，桥有石栏，栏有石鱼，七上八下，自上数之有八，自下数之止见其七，谚有七上八下之谣，莫测其故。122/9

20×20=400（京文）

310

安庆府部　　　　122/12—19

安庆府山川考　职方典第773卷　第122册　（府志）

（桐城县）投子山：在县北二里，相传吴鲁肃曾于此投子，因名。上有寺为唐大同禅师道场，有三祖洞晓二虎巡廊之异，常与赵州说法于此，有桥曰赵州。……　122/12

（宿松县）摩旗山：在县北60里，峰如旗卷，有石丈余，悬架山泉，曰吊桥。石桥侧，古树长百余尺，大数围，不辨何树。崖产苦茶，可疗热疾。　122/16

安庆府关梁考　职方典第775卷　第122册　（府志）

1/本府（怀宁县附郭）38桥　122/19

大新桥：在门津湓两湖之水由此达江，清浊如泾渭。明万历间，邑绅司马汪道亨凿石平道，商贾往来辐集。比屋多酒舫，茶灶酒帘，中央突出，一时游览初订，估帆夕下，即有前俯大江，后望双湖之胜。

大野螺桥：在南铁外，自皖达京之第一桥也。桥当孔道，春夏涨溢，水此则病涉，八省辐辏所过有康庄之羡焉。

○官多桥：在皖口。昔有县令过此，帮出米，尚未

122/19—20

拱，今三空现存。

此外有：三步两桥、二郎、白石、大三、小三等桥。(余略)

2/ 桐城县 38桥 122/19-20

桐溪桥：在县东城外，距城仅数十武，为东省通津。元末方临菴捐金甃石桥便之。明嘉靖末坏圮，复易以木，岁久亦颓。清康熙乙巳，知县郎必棣重造木桥，大复旧观，后亦断颓。康熙戊申，知县胡必选重换坚实，往来称便，更名曰子来桥。

便民桥：在县东门外，长十七丈二尺，亦为通津。康熙22年三月初八日山水骤涨冲倒，本县知县王凝命捐资修建，完备坚固。

此外有：回龙、黄公、和尚、七星、挂车等桥。(余略)

3/ 潜山县 26桥 122/20

回龙桥：在天柱寺前，汉武帝登封回銮处。

此外有：西林、试心、崩河、黄花、破月、黎获、平远、龙骨等桥。(余略)

4/ 太湖县 17桥 122/20

花桥：即北门外桥，旧在龙山下，水广不及丈余，人偏以船舟废板渡之，故名。今则水淤成

20×20=400（京文）

312.

122/20—21

大河梁，亦名秋春。知县王崇曾置造渡船，近又为姻使孔道，前船已朽，知县方人龙造二船济之，往来如织，不阻置邮焉。

戴杨桥：知县徐必达造舟为浮桥，著义经历不久旋圮，继以索系舟为久远计。明崇祯间儒士阮大铖助田四十亩为岁修桥之费，乱后渡废田隐，知县李世瑜清查造舟济之，日久仍朽，知县方人龙重造。

此外有：大龙、黄丝、小龙、馀陂等桥。（全县）

5/宿松县61桥 122/20—21

△谒真桥：在县东玉皇阁右，阳秀水汀，水涨时难以通谒，旧有木约旋架旋废。康熙中寅知县朱继高捐俸易建石梁。

△黎协桥：在县东东岳庙左。其地低洼，与泽相连，水患独甚。明弘治壬寅施溥(?)给资重修。两筑长堤旁植杂柳，中置一小桥以通往来。

惠春桥：在县东三里，明弘治庚申施溥给资命僧造。

∨惠泰桥：在县东明弘治庚申施溥给资命僧惠泰造，衢路乃通。

20×20=400（京文） 313

白杨桥：在县东七里，河行山，为秀水交通之道，明弘治训導徐资命僧惠源建。

上马桥：在县东15里，支水赴河，时有水涨，世传元末红巾于此上马，故名。明弘治壬戌，训導徐资命民何瑰、僧人惠宗建。万历丙戌，节妇何氏重修。天啟辛酉，邑人程九龄重修。

下马桥：在县东20里，通新桥河出湖。世传红巾于此下马，入村搜掠。明弘治戊午训導徐资命道士金元玘建。崇祯乙亥流贼至，居民断桥以阻。今存石脚，上架木铺土而渡。

曹孙桥：在县东新桥堤中，康熙壬子，曹圣同僧自如建。

放生桥：在县南郭外。相传宋苏东坡为黄州团練副使，过郭上邑，有渔人获鲤于龍湖，携入市，金鳞烱然，头生微角；苏问，厚值买之，放此，故名。明成化甲午县丞王克明重建，万历间耆民赵主、赵士彬相继修，清顺治甲午庠生赵绝望重修。

青龍桥：在县南二里，明弘治壬戌训導徐资命僧真清建。

20×20=400（京文）

314

122/21

乌泥桥：在县南15里，明成化癸卯，知县孙衍倡资命僧祖松建。

通武桥：在县西关外，元余忠宣行师至此，伐木为桥，后人易以石，因名。

大桥：在县西一里，西源长溪诸山水至此汇为大河，旧有木桥，春夏山雨发洪，西城浮没，河趋东流，桥亦随废。明万历戊申李康率先捐资鸠工造石桥，长数百丈，阔数丈，势高于岸，县东市被淹，桥不没也。清顺治六年，溪山起蛟，风雷震荡，平地水深丈余，庐舍立毁，居民登桥避之。比及夜半，闪光中俨见龙影来自上流，人尽号呼，恐桥坏，幸阑干曾伏铁蜈蚣，龙望见乃折城边而去，全活甚多。天晴明时则两岸绿杨，一湾芳草，颇多佳致。

镇蛟桥：在县西四里，相传下有蛟，以铁牌镇之。明成化甲午义民李志建。

渡僧桥：在县西，昔有宿约马祖开窦隐行风雪中堕入溪，因此桥因名。明成化乙巳郑洪建。

雁儿桥：在县西30里，涧多芦苇，尝有游雁避冷餔儿于此。明天顺癸未民李茂建。

20×20=400（京文）

315

122/21

通楚桥：在县西35里，世传子贡为夫子答聘经此适楚。明弘治辛酉朱华全移建。

凤凰桥：在县西，明弘治辛酉，施溥给赀，令民朱全造桥将成，夜值月白风清，见众禽拥一大鸟飞鸣过此，声曰郎都，识者辨之曰凤凰也，因名。

尼僧桥：在县西40里，昔尼僧造后圮，明成化丁未僧明岩重建。

乌陂桥：在县北。相传陂上有柏树，慈乌巢之，樵者见其反哺，因名。明成化丙戌吴海建。

白龙桥：在县北35里，相传溪中曾有白龙飞去。明成化壬辰民石宪建。

此外有：広奎、通城、双荆、欧训、积儿、巨溪、捐衣、大春冲、新兴、八达、藕塘、洗马、盐山、万花、汪讯、东馆、宫丰、芳桥。（余略）

6/ 望江县 13桥

化龙桥：在县南门外，明万历四年郡同知夏达建，长一十九丈，高阔俱二丈有奇，两岸砌级封层，横接沿城马道，明季流贼煅毁桥坏，今搭云梯于桥头滑月墙为外渡，继遇复架木桥

316.

122/21—50

于坏，后近关桥上以守之。

跃鲤桥：在县南一里，以近跃鲤池得名。宋尹程宗杰建。

此外有：观音、帅姑、芦荻、蛤蛇等桥。（全县）

安庆府祠庙考　职方典第780卷　第122册（府县志合辑）

（桐城县）青莲庵：在县西十里乌石山之阳。相传有高僧畜一驴，能独下山募米供僧。庵后有石床为跏趺处，山半有仙人桥。　122/38

（潜山县）天柱寺：在县北30里清朝乡。唐开元间宗慧禅师开山，乾元间敕赐天柱寺，历宋、元俱敕赐如旧，明洪武间重修。上有汉武帝迴龙桥……　122/38

慈庵：在皖山绝顶，亦名试心桥庵。寺有石梁，度此即见天柱峰双峰在门，下临无地……　122/39

安庆府古迹考　职方典第783卷　第122册（卸志）

（潜山县）天乐台：明鸿胪丞刘若宾善七弦（琴），僧弟若宰凌石梁，临天池，援琴鼓之，曲未终，闻空中天乐缭绕，有禽鸟千百从天柱飞来……　122/50

（太湖县）墨白石：在望天村。其石青色，上有三绿痕，俗传公孙子墨痕。　122/50

20×20=400（京文）

317

徽州府部　　123/2—10

徽州府山川考　职方典第787卷　第123卷（通志.县志合编）

（本府.歙县附郭）龙井山：一名雀顶山，横截練江，挑挟渔梁，澂湃之，音，鹭川睢谷。相传宣州刺史访仙待渡于此，俗所谓访仙桥也。……　123/2

东山：去登第桥二里许，周阜平衍，与郡治相犄角。

石门：太平寰宇记云：石门是黄山之一峰，两山相逼，半壁有大石横架其上通两山焉。　123/4

曹溪：……阮溪近黟县界20里而合浮溪，左云门岑水，又30里与曹溪会于石壁衍而为长潭，共称三溪以此。自双岭下山半得一涧，青石齿齿，流激而清，形声依响，所谓潘源也。入五里曰福石，石巅从出涧底，大于华鼓，山人于斯造梁，名曰驿玉桥。123/4

（休宁县）梧桐岩：在县西十里，上有悬崖可避风雨，下有坦石可当阶墀，里人因作社祠。岩左有涧三丈，石以石叠，横直用九石相抵成梁，恍若神造，相传以为鲁班桥云。　123/5

徽州府关梁考　职方典第789卷　第123册.

1）本府（歙县附郭）123桥　　123/10—11

渔梁：在县南三里，即宋放生池也。丰乐、富資.

本射阳之水会流于此，湾而石濑，故为津梁以缓水势。宋绍兴辛巳以来，急湍啮决，六十余年，大属为患，形家谓梁当修复蓄水，水胜则火衰。嘉定辛巳，郡守宋济即旧址累石立栅，甲申秋郡守袁甫谓非经久计，始议易以大石，未及兴役而去，留钱万五千缗，以俟继者成其事。绍定二年砌石八层，元及明初圮塌。弘治13年，知府张禎出帑葺之，加石为九层，高丈余，遂成巨浸。

河西桥：在郡西门外，宋端平元年郡守刘柄于此创浮桥，长50丈，立东西津两门，榜名庆丰。元末兵毁，明初架木为之。弘治间知府何歆始建以石。一名太平桥，上有太白酒楼。传李太白访许宣平于此。

古虹桥：在古城关东，跨丰乐水之上，为水所圮。康熙30年，邑人方如珽捐资四千余金，鸠工甃石，行者德之。

紫阳桥：在城南五里，即青昆桥。明万历间知府杨松年、邬元会、杨楷、洪有助鼓舞捐资乃成。长数十余丈，桥南临溪作堤直达霞山。又于桥北建邬公祠。建桥时有红晕之瑞焉。

望仙桥：在渔梁下，传云李白访许宣平于此

123/10—11

後地，里中朱氏女名隐真者将嫁而夫卒，以奁造此。

吸霞桥：在寿民桥南，歙浦东南，桥外负有霞山，迤逦峥嵘，临水带溪，岩崖相映，鸟栾江湄，即昔人所称赤城霞起以建标者。桥北而紫雾上腾，绛气下汲，赤蜺作光，碧云卷半，故曰吸霞，差可仿佛也。

飞轮桥：在霞山神桂塔下，以其桂得之浮木，有神征焉。刹之相轮，飞于风雨，堕其足即，桥当其下，因以名之。

免辇桥：在百花岩，宋戒公访轩辕至此，遥见黄山，下辇步行，故名免辇。

登第桥：在八都，以宋时俞献可兄弟登第得名。

升仙桥：在长春里，以罗文祐冲举得名。

水门桥：在15都和睦里，院水出焉，巨石夹之，宛若水门。

长虹桥：在溪南，凡十一间，上有亭，乔木翁郁，苍翠沿人，坐桥远望，俨若画图。

藻川桥：在文几山，里人余文义建，北抵道途堤，水木明瑟，鱼鸟依人，梵声铃铎，时出林杪，最为幽邃之境。康熙戊申，余文焯重建，而构亭于桥之北，旧名余翁桥，后更名曰藻川，取水经注营风藻

20×20=400（京文） 320

123/11—13

川以为名也。

善济桥：在塔田，凡七洞，里人郑之藩于康熙19年倡首重建，历七载成功。桥亭题额为竺水兄磐。

此外有：晏桥、浮子、清化、宝岚、洲石、笙桥、纵药、大圣、大富、浮晓、仙花、八桂、王渡、郑毗等桥。（余略）

2/ 休宁县78桥 123/11—12

惠政桥：在今西街。宋淳熙令郑越命僧募造。明洪武六年知县杜贯道更名洽泽，万历丁酉邵都谏庶修。

内翰桥：在今西门城河上。宋宝庆内相程珌砌石架木为屋20楹，明洪武间里人许伯远重建。

瀛州桥：在东门城河上，砌石列栏，修广倍他门，以饯送宾兴者，故名。

古城桥：在万岁山下，郡守高公令建，后民黄侃独成，佐以亭榭。

鲁班桥：在宋原，相传周时建。

此外有：化生、夹溪、汶溪、断石、汇源、石佛、王孙、三宝、山头、登封、步云、御斯等桥。（余略）

3/ 婺源县193桥 123/13—14

瀛州浮桥：在县西隅江门外。宋为瀛州渡之

20×20=400（京文）

321

123/13

知州史宾之创建桥船於坛，明韩节妇余氏建为木桥，名曰"登瀛桥"，后旭徐朝钦捐资续建，捐田以备岁修。

钓桥：在西湖洪口，程李思造。旧传有钓者於此，因名焉。

曹公桥：在六都汪口，唐曹仲泽造，明曹王曹俊重建，近地，王孙进士曹鸣远复造，以承祖志。

祐麟桥：在城西门外莱坞口，鸿腾汪道牧妻程氏建，子中翰汪见远造扶栏二十余丈，母程氏复造石栏42间，为本县水口壮观。

古坑桥：明天顺间，汪检率族重建，子桐建亭於其上。

嵩年桥：在十都晓起，里人汪继善因通衢病涉捐资独建，造亭于其上，为祈母寿故名嵩年，太史詹以渊有记。

四封桥：孝川胡氏女，尚书潘潢母，副使方舟母，俞宪潘选妻，参政潘鈇泉同建。

太子桥：在24都朱源，唐胡昌翼建，元裔孙学龍重建，尚书汪澤民记，明裔孙重建，并建亭三间。

龍湾桥：在23都，明潘傑程子偶，新田寺僧显通募造。

20×20=400（京文）

322

123/13—15

花桥：上有花亭，宋岳武穆过此留题。上下街连五里遥，青帘酒肆接花桥，十年争战风光别，满地斜阳草色娇。后遭火，张彦仪兄弟奉母命再造，又名义方桥。明万历乙亥宁邑孙洪应庚重造。

尚义桥：在46都，娥春吴音保造，后圮，吴裕重造又圮，顺治癸巳，族孙大海同淡斋松南募劝重造。

陆缘桥：在学田湾，邑侯丁祐命僧募造。

慈济桥：万寿寺僧募造，置田三亩，以备修理。

高秦桥：江之桐应桥创首僧戴东李僧发祥募造。

此外有：万步、升平、集凤、流芳、衍庆、椿龄、中书、冰虹、继武、飞云、绣水、凝绣、蔡泽、临安、钦车、如来、泰会、九如、耆尊、松灵、书院、弄璋、长春、和睦、儒林、题柱、清华、镇云、林隐、鸟鲤、中胜等桥。(全略)

4/祁门县40桥 123/14—15

平政桥：县官薛似、刘炳、宋地先、金宝琦递修递造。明弘治间，知县韩俗清垒石为木梁覆造，嘉靖己酉僧人阅泽募众代石重造，马馈等偿。

此外有绛桥、翁桥、金字牌、换绕、心田、千佛、寺岭、汶堨、延寿、苦竹等桥。(全略)

5/黟县29桥 123/15

20×20=400（京文）

323

123/15

△驷车桥：在县北30里，宋唐谏议故居祠前，岁久圮，明宣德、成化、弘治间，其裔孙得华、志良等相继修造。

陈闸桥：在县西十里，原系木梁，每遇春涨飘荡，行人苦之。康熙乙卯年邑人王懋德募造石桥，又被洪水冲坏，复募屏山舒应贤等工修以济之。

侍郎桥：在县西旧侍郎墓前，裔孙显济造。

△霞山寺桥：在县东南20里，寺僧昱募造。

擢秀桥：在六都石山，知县窦士範令僧洪伟募造。

叶聪桥：在县南五里，南屏叶思聪造并置路。

此外有：西递、古筑、鱼亭、古楼、潘山、万松等桥。（余略）

6/ 绩溪县36桥。

石狼桥：在县东35里13都，元至正十年，里人邵在琦倡造，明永乐年间邵文愈、文毅率里人造亭二十余楹。

徽溪桥：元延祐乙卯，僧寿通募缘改造石桥。明洪武甲寅创屋于上，以蔽风雨，后废，架以木。弘治十一年知县胡汉委民人冯继章、以惠、刘仲华、方昌龄等工坚造。

来苏桥：在县西二里徽溪津，宋苏辙自海南

20×20=400（京文）

324

123/15—30

归，过县视其弟县令撤，士夫迎之至此，故名。邑民葛鲁葛彦敬建桥并亭于此。

此外有：集贤、瀛川、胡埒、翠铺、竹林、王陵等桥。

徽州古迹考　职方典第794卷，第123册（函志、县志合辑）

（本府）（歙县附郭）锋下桥：程篁墩记云：忠壮公破贼后，散兵于农，方自负锋于田而朝命适至，公舍里以锋置水中卜休咎得吉，桥因以名。123/29

悬响亭：△在翠微寺石桥畔，幽人高衲寻界契集，听溪声铿镕，其音广长，欣赏留连，往往忘返。123/29

二姑岭：在郡城南25里，亦曰义姑岭，孝女庙在焉，祀唐章氏二女也。其地名桥、名村、名里，皆以孝女得名。

太白酒楼：△在太平桥。李太白访许宣平于此，因以名焉。楼瞰练江，分川合流，碎月滩在其下。123/30

（休宁县）故城门：有六：東迎春，在淳化巷首；西忠孝，在惠政桥；南班政，在鼓楼巷首；北拱宸，在崔山巷北；東南牧寧；西南美俗，古城並存。123/30

325

宁国府部　123/35—37

宁国府山川考　职方典第795卷　第123册（通志、县志合录）

（本府、宣城县附郭）横冈：在豹山北30里，山赤色，又名虹冈，有横堽桥，此敬亭山北第三支。123/35

碧山：在麻姑山西，山下为石塘冲计家桥，陈尚书迪仗节以死，家人侯来保拾遗骨归葬于此。123/35

蒋山：在云山北，下瞰团城湖，是为高淳南境地，号罗头桥。123/35

柏枧山：在城东南70里，是为文脊之阴，溪谷邃深，峰岩回曲，飞流界道，跨岫为梁，极称幽胜。晋瞿硎先生隐此。古有僧以柏度引水入厨，故名。山口有文峰书舍。123/36

板桥水：由石溪头凤村桥、板桥历黄泥冈之东流至斜陂湖之西五里，与宛溪会。123/36

张家湖：原为田，以其阻淤多水，故俗称湖。源有二：一出孔家冲由鼓城桥至绿锦铺东入；一出双牌铺东由狄河桥、绿锦桥至张家桥入。123/36

龙溪：在水阳镇，有水兑仓，有巡检司，有浮桥，有文会，东岸有九龙桥，此与高淳接境。123/37

（宁国县）东溪：发源天目山之麓，行20里至落花溪……又行五里至落马桥，受孔夫关水，又行三里

326

123/37—46

至宝石桥受千秋岭水……又行一十五里至凤凰桥受博里水、深坑水…… 123/38

（太平县）富溪水：源出郭山，东流达县治西南，受三思桥北来水，穿南门富溪桥下汇麻川，折北流，白沙微茫，半映城堞。 123/42

（旌德县）黄高峰：在治南40里，山峰高峻，有登仙桥、碎砂石壁、狮子岩，山下流泉出水，山中林木阴翳，无人烟。世传胡岳士、谢元晦等隐居之处。 123/43

（南陵县）东溪：通济桥跨焉，桥之上下一带，水色蓝而且急，故漳水拖蓝为十景之一。明刘侍御铣刻壁其旁，有涉园四景诗，多名公酬答。 123/44

石家会溪：在城东十里，水过竹塘桥去丘家桥入洪公渡河。 123/44

西溪：在县西二里，有桥名丰塘桥，南即县龙横桥水田，源常涸，桥北坡头即后港。十景有西溪积雪。 123/44

宁国府关梁考　职方典第798卷　第123册

本府（宣城县附郭）62桥 123/46

凤凰桥：在泰和门外，跨宛溪，明正统中郡守

20×20=400（京文）

327

袁旭造，广二丈六尺，长三十丈。

济川桥：在府治阳德门外，丰乐溪有两桥，上曰凤凰，下曰济川。旧为浮桥，隋开皇中刺史王选造。济川旧名永安，宋元符间郡守刘瑾重修，明正统中郡守袁旭易以石，广如凤凰桥之数，长损六之一。康熙八年郡守孔贞来、程泰宏、参将韩自隆捐募重修。

父子桥：在城东30里李溪。里人知府徐澥起，子贡士徐鉴吾相继而造一桥，土人因名之。

新安桥：一名阮翁桥，在城南十里夏家境。明弘治中歙人阮辉阮杰造，清顺治十年杰孙知州阮士鹏重修。

飞桥：即引虹桥，在柏枧山。飞依谷道，跨岫为梁。宋淳熙中梅文明鸠族人造。明洪武中，梅清四修，万历间中书梅抱褚改造高广，構亭其上，凡七楹。

浮桥：在城北一百有十里，境分宁太，地接江湖，乃上下之要津，水陆之总口也。旧设渡船二只，人马丛舟每多沉溺之患。其最甚者洪风恶浪，覆舟出没，死人盈渚。康熙21年知县袁朝选相形绘图会宪，当两邑设造浮桥一座，凡为平船十六只，

20×20=400（京文）

123/47

渡夫改为桥夫，日司启闭，夜则掣篷两营拨兵巡守。浮桥既设，不独便旅通商，实于清嘉得遥地雉界限宣、宁、郎、高、溧、徽、兴诸邑均沾永济，其利溥矣。

此外有：宝溪、宛津、玉山、大成、洪林、河沙、鼓城、寒亭、宋兴、横堤、玉溪等桥。(余略)

2/ 宁国县55桥　123/47

梯青桥：在县东110里，左青山，右万梯山，因名。明崇祯间仙中丞建，有碑记。

冷澂桥：在县东南90里，明洪武中建。正德中，里人仙志睿、朱文选易以石，嘉靖十年吴文礼募众复建，有记。

△文 翅溪大桥：参军章梦麟首倡合族建桥三洞，费億万金，左接大士阁、水月庵。

○河沥溪桥：在县东三里，明嘉靖壬午义民胡珂捐金二千建为九洞。丙戌夏为洪水所圮，辛卯冬，珂复建之，后又倒圮，万历戊申知县陈伯龍募民重建，坚固视昔倍加，利赖永久，宁民至今颂之。

此外有：东郭、三台、洄溪、杜丹、福源、宝石、利市、将军、周易、平生等桥。(余略)

3/ 泾县64桥　123/47—48

329

193/47—48

崇庆桥：在县西五里，明正统丁卯宝胜寺僧道校重建。

赏溪桥：在县西五里旧治之侧，为往来之衢，风物清美，后溪徙于东而桥犹存。今则以南门外之石桥为赏溪桥矣。

回澜桥：在县西五里，明景泰间僧道校重建。

洗马涧桥：在县北30里，旧传黄巢洗马于此。

渫溪桥：在县东50里，土名三搭水，当太平铺官道，彼有一溪自旌德至此盘旋者三，其渡之者亦三，故名三搭水，每溪涨泛涨往来难渡，明景泰庚午，大良寺僧景昶沿山凿道，叠建三桥。

石试桥：在县东南50里，宁世寺前，明正统庚申僧景昶新建。

万寿桥：在县南五里，万寿寺僧法海化石创建。

金鸡桥：在县南60里潘吴村，世传金鸡现形于彼，及捕则隐伏不见。

仙人桥：在张香都，昔有仙人游此，故岁久不坏。

黄田桥：在张香都，上饶政和二年建。

此外有：三条、柳桥、风光、响山、白花、保桥、冀见、花林等桥。(余略)

20×20=400

330

123/48

4/ 太平县10桥　123/48

三思桥：源出三门岭下经县治西街，民常病涉，邑人方必通捐资造石桥以济。时有兄弟争讼过此，必通谕之，各自悔悟而返。"此谓视水之清，思事之终必白也；观水之深，思险之不可涉也；又思造桥之意，要欲坦易以相与也；故以三思名。"

津梁桥：在县西30里湖深潭。山径险仄，水势迅激，每春夏间多为横流所阻，行者维艰，僧人非藏广和募造桥梁以济往来，行旅便之，并建庵其上。

此外有：仙源、黄板、节桥。（余略）

5/ 旌德县70桥　123/48

浮源桥：在县上东门外，当闽阁往来之衢，跨越徽水，旧名平政，宋元丰中令马谌所造。……明永乐四年毁，十年知县谭青移下水30步建桥，名曰驾虹桥。移桥之后……天顺四年以上桥宿基疏改建。

驾虹桥：在中东门外，明永乐中知县谭青造，旧以石为架，以木为梁，屡坏屡修，嘉靖时造今石桥。

三仙桥：在南门里，元郭孜斋居士、僧无怪、新安虚谷居士同游之处。

20×20=400（京文）　381

123/49

桂枝桥：在县南六里，僧大千募造，通严大岭。

南阳桥：在17都三溪，距县30里，县中诸水会聚之所，阳涧桥长，欲此境太平人济渡。明嘉靖癸卯年知府罗汝芳募建。

此外有：隐仙、忆梅、万翠、九间、折桂、歙口、凫鹄、育婴、管家、姚珠、石壁等桥。（余略）

6/ 南陵县30桥 123/49

藉山桥：在县东150步，建立最久，前志俱未详年代，知县林鸣盛建关王楼于上，今废。

龙会桥：在县北一里。明万历甲申知县沈尧中建。县治东南西北诸水俱会于此，取两龙交会之义故名。东通大路街，费田地系乡绅管捐捨，桥西碑亭地邑民李廷傑献，上有奎星阁系知县徐调元建，宋朝儒重修。

通济桥：在县东600步，旧名青阳桥，宋元祐三年邑民罗颢重建之造，里人刘摅记。明天顺戊寅知县刘优修，隆庆年间知县丁应诏重修，桥西头牌坊一座清顺治八年知县宋朝儒重建。

春六桥：在中村，明万历29年朱春六建。

此外有：紫衣、狮子、降仙等桥（余略）

20×20=400（京文）

332

123/54—124/2.

宁国府祠庙考　职方典第800/801卷　第123/124册　通志县志

（本府·宣城县附郭）杨四将军庙△在北门外尹公桥，明天启四年建，祀江湖之神……。 123/54

（泾县）真武庙：在县西南80里。宝峰岩上。明嘉靖乙亥年……建之庙。其庙倚石岩而入名曰天生门，四周有……跨溪桥……其胜可拟歙之齐云岩。 123/55

（太平县）忠臣庙△：在富溪桥南，蔡小妹捐基建，祀唐睢阳太守张巡。…… 123/56

（本府）永庆禅寺：△在城东北里许……寺前有永丰桥，明正统中僧普照建。 124/1

天宁禅寺：在城西北一里，……清初禅师恒证开法于此，寺后为黄金山，左有桃园桥…… 124/2

砖石数寺：在城北15里，顺治三年建……今按寺在砖石桥侧，去镇半里，故老相传为古砖石印此。今土人呼为大乘庵。 124/2

東溪庵：△在城东五里東溪桥侧。明万历初郡守王嘉宾始东溪桥，郡人立祠祀之，金陵僧性恒始庵于祠内故名。即林泾庵。 124/2

青溪庵：△在响山潭上七里，青溪旧有观音桥故亦名观音桥庵。碑记现存。…… 124/2

20×20=400（京文）

333

124/2—10

草庵：△在城南张家桥，明万历中僧本廷募造，大学士申时行题额。 124/2

通津庵：△在城西50里通津桥侧，明万历中邑人国子生冯宾尹造。 124/2

(宁国县)宁果教寺：在县西110里，唐贞观中造，有石镜可以鉴形，……明正统丁巳，僧德贵、宋恭重造佛殿、毘卢阁、石桥…… 124/3

禄青庵：在治东110里，为直浙孔道，太学生仙作霖造庵，下有桥，造路群亭，以便行旅憩息。 124/4

(泾县)般若庵：在县东60里书溪山口……山顶一池如镜，澈有瀑布泉，池有石桥，旷邈迥异，因造亭于上，以供凭眺。 124/5

宁国府古迹考　职方典第803卷　第114册　通志县志

(本府、宣城县附郭)鳌峰仙观：在城内鳌峰，为得真人成道处，下有遇仙桥…… 124/10

铁牛门：在府治东北，双牛铁铸，五代林仁肇更筑罗城旧门改置，惟存铁牛，一在大东门内街中，今土人称铁牛庙，一在小东门罗城内今置楼垛上。 124/10

20×20=400（京文）

384

124/10—13

响山亭：在城东南二里。唐刺史杨在跨溪为梁，建两亭于东西岸，权德舆为记，镌岩石……124/10

○柏枧飞桥：一名引虹桥，飞泉夹道，跨岫为梁，高数百尺，桥阴凌空，蔚为深秀。晋瞿硎先生隐此。宋淳熙中梅文明坦族人建。明洪武中梅清回修。万历中梅枝林段建高广，构亭其上，凡七楹，郡守罗汝芳题岩桥侧曰引虹，由此而入曰沧口，曰隐流，曰云生处，曰奇甚，题石殆遍，更世为仙人岩，为伞岩庵，皆古迹也。山外为古山口，梅氏村落在焉124/11

鼓城：在城南十里，山形似鼓，下有桥，俗呼古城桥误。 124/11

（宁国县）西津桥亭：杨名远建。 〃 〃

河沥溪桥亭：明嘉靖范镐建，废，今杨名远重建。124/11

澄清桥亭：明嘉靖中乡绅袁泽蕃建，废。124/11

（南陵县）甘罗城：秦相甘罗食邑周围数里，在窑坊桥西，遗址尚存。 124/13

石鱼：在北门外新建龙会桥之南，乃水中一洲，即篝宋咀也。…… 124/13

20×20=400（京文）

385

124/16—18.

宁国艺文　永乐典第804卷　第124册

凤凰桥记　（明）陈敬宗　124/16

之宣城郡出新林浦向板桥（诗）　（齐）谢朓　124/17

秋登宣城谢朓北楼　（唐）李白　〃〃

赠皇甫曾之宣城　（唐）刘长卿　〃〃

送周长史赴宣州　（唐）李端　〃〃

宣城送裴坦判官　（唐）杜牧　〃〃

宁国府纪事　永乐典第804卷　第124册

（通志）宣城东乡仙女桥，相传谷村有孙氏女及笄未聘，父母早丧，遗二幼弟，叹曰：我去二孤将安托。遂不嫁，抚之，长与纳妇，相与养姑，茹素终身。里人异之，称仙女。尝捐赀构桥溪上，以便行者，亦称仙女桥。　124/18

明孝宗弘治中，浑县李文由监生为宣城主簿，捐俸创双溪石桥，自鬻其家骡车十余辆以充费。桥成，宣人德之，名李公桥。　124/18

20×20=400（京文）

386

池州府部　　124/21-26

池州府山川考　职方典第805卷　第124册　(府志)

(本府贵池县附郭)石桥山：在城西90里西峰山之东，两峰对峙，一石横于上，广数丈，袤十丈余，天然一桥。桥之下滴溜沙石，有泉奔流入穿山洞而出。124/21

(青阳县)管埠河：发源有九：一自蟹坑，一自莆村，一自水龙山出钱家桥，一自寨山出芭茅港，一自缘子涧出丁家桥会于横埠港，一自横架石出社桥经青山桥，一自大游山出平田，一自黄檗岭之巅合出乌潭桥，一自西坑出王狮桥会于石埭经木竹潭，与东河诸水并达大通入江　124/22

(建德县)尧城溪：在县南二里，旧有渡，今改为击壤桥。124/24

池州府关梁考　职方典第806卷　第124册　(府志)

1/ 本府(贵池县附郭)28桥　124/26

湾水桥：在城南半里翠微坑，宋时名浅水桥。

惠桥：在城西七里李家赛汊，凡二座，明正德间，邑人寿官刘裕造，嘉靖间刘瑞修；万历间刘光谈重修，并三为一，高广倍之，碑识桥处。

虹升桥：在城西50里，僧海松募修。

湘壇桥：在兴孝乡去城南200里，初以木板，明

20×20=400（京文）　337

124/26—27.

万历间吴兴郑邦见有坠而死者，为募疏令僧募材筑之以石。

紫芝桥：在城东35里，地产紫芝故名。

应桥：在孝二保，诸生吴国瑞造，桥成而举子故名。

此外有：津湾、圣母、吴公、庙前、白面等桥（全略）

2/ 青阳县15桥 124/26

高阳桥：在县坊市，宋淳熙间邑令许介造。许高阳人，因名。

化龙桥：在县西20里五溪，宋庆元六年邑令傅诚始建，后废。明万历四年知县蒋万民重建，兵备副使冯叙吉易今名

此外有：青平、蒲塘、阆仙、同善、五柳等桥。（全略）

3/ 铜陵县20桥 124/26

重新桥：在大通上街，知县刘日义率众姓重建。

此外有：顺安、大有、咸丰、顺便、大高等桥。（全略）

4/ 石埭县九桥：鹭溪、鱼龙、迎仙、义兴、迎村（全略）124/26

5/ 建德县22桥：青怀、舜王、长庆、小阳、历宝、画册（全略）124/27

6/ 东流县五桥：留桥、洪士、石桥、镇西、双虹。124/27.

20×20=400（京文）

328

124/35—42

池州府古迹考 职方典第809卷 第124册 （府志）

（本府.贵池县附郭）状元里：△在通远桥南石狮子巷口以宋华岳名。 124/35

弄水亭：△在府治通远门外旧桥之西，杜牧取李白欲弄水中月之句意也。陈舜俞诗曰未试贵池好，尝闻弄水亭。 124/35

（石埭县）三墩九曲：在县后，墩凡三，高大而圆，以应三台，其水萦街九曲，每曲各有石桥，以应九曜。相传郭璞迁县，以午火炎威，于是开九曲水及城壕后溪三水以制之，今遗迹见存。 124/36

（青阳县）许公墓：△在县治南城隍祠之北。公高阳人，宋祥符朝任青阳令，建高阳桥。后卒于官，家人载柩回乡，至童埠，逆风送舟至桥下，因葬于此。碑旧刻唐青阳令误。 124/36

池州府艺文 职方典第809卷 第124册

广利桥记 （宋）柯 詠 124/37

池州府纪事 职方典第810卷 第124册

（铜陵县志）葛材，佣工也，代人植汲，积数十金，见而叹，旧日河无津梁，尽出其资造木桥二十余丈，往来如坦途。此佣工者而能利济，且有祥于王政焉。今桥址仅存。 124/42

20×20=400（京文）

339

太平府部　　124/46—47

太平府山川考　职方典第811卷　第124册　(府志)

(繁昌县)公孙山：按县志在县西北40里，世传公孙述居，有公孙桥。　124/46

泥浦港：在县西北35里延新乡，以跨河为泥浦桥，或称泥埠河。　124/46

横山港：在县北30里金峨下乡，跨河为横山桥，或称河。　124/46

穴子港：在县北30里金峨下乡，跨河为穴子桥，港亦称河。　124/46

上峨桥河：在县南，跨河为上峨桥……　" "

太平府关梁考　职方典第812卷　第124册　〈府志〉

1/本府(当涂县附郭)162桥　124/47—48

南津桥：即上浮桥，宋、吴世落水处。明洪武二年造，走青山道也。

采虹桥：即下浮桥，唐李阳冰造亭其上，李白序之，名姑孰亭，盖走芜湖道也。明洪武二年造。

彰义桥：在宋圩渡陶家渡，桥三虹，比叶家桥长三丈，盖县学舉也。顺治三年土贼吴太言屯其上，官兵追射之，而溃，堕水死者八百余人，至以

20×20=400（京文）　　340.

124/47-55

知縣广英。

三里桥：在德化桥北，明弘治间商人范世春重造，上盖凉亭，郡守周进隆改名三喜。

此外有：憧憧、飞子、汪姑、田田、三跨、两步、花亭、留善、博望、筝马、长坝、慈想、大王、四姑、板桥、锡泉。（全略）

2/ 芜湖县39桥 124/48

大小丁桥：在县北七里，明永乐元年僧重福造。

孝烈桥：即市东桥，在县东南一里金马门外儒学前，宋烈女詹氏投水于此。

此外有：德政、归乡、师娘、苹耙、五郎、艾桥。（全略）

3/ 繁昌县36桥

上峨桥：在县南跨壕，旧称峨桥雪霁为十景之一。

得胜桥：在县北50里荻港镇，成化13年僧天缘重募修。

此外有：百子、双股、下峨、公孙、穴子、八尺。（全略）

太平府祠庙考 职方典第814卷 第124册 （府志）

（芜湖县）梁文孝祠：在县西长街华平桥东，祀昭明太子萧统。124/55

（本府）广化戒寺：在城内向化桥西礼贤坊巷内—— 124/55

天竺庵：在化洽乡平政桥，明万历间僧月光重造。124/55

20×20=400（京文）

341

太平府古迹考　职方典第815卷　第125册　（府志）

（本府当涂县附郭）谢公城：在谢尚镇采石筑城时此城尚有锋角楼。 125/2

姑熟亭：在下门浮桥中李白有记。或以为即姑熟堂者非。 125/2

（芜湖县）张孝祥宅：在县西南升仙桥，有归去来堂。 125/3

蛰蛙池：升仙桥西，张孝祥筑堂成，邻人江氏以池内群蛙鼓噪为嫌，孝祥怒取砚投之，应手而绝，今为市地矣。 125/3

太平府艺文　职方典第816卷　第125册

游采石记　（宋）陆游 125/5

……碑即南唐樊若水献策作浮梁渡王师处。若水初不得志于李氏，诈祝发为僧，庐于采石山，凿石为窍，及建石浮图，又月明系绳于浮图，棹小舟急渡，引绳至江北，以度江面，既习知不谬，即亡走京师上书。其后王师南渡，浮梁果不差尺寸。…… 125/6

20×20=400（京文）

342

庐州府部　　　　125/13—22

庐州府山川考　職方典第817卷　第125册

(庐江县)太慈井：在升仙桥外山川坛内。世传魏太慈尝遗丹拉其中。宋政和间清夜气冲红光烛天，乡人呼曰丹井。明一统志作太慈井。　125/13

庐州府关梁考　職方典第820卷　第125册　通志州县志

1/本府(合肥县附郭)45桥　125/22

△镇淮桥：一名市桥，在镇淮楼北。

○迴龍桥：在德胜门内大街。按一统志，相传魏曹操与吴相持，于此迴马，故名。

此外有：步丰、指花、石灰、延寿、寡砲、子婚、傅子、庐阳、丰公、派河、铁佛、圆嘡等桥(余略)

2/庐江县35桥　125/22

△迎市桥：又曰钟楼桥，今在金刚寺西南。明正统三年僧大安重修。

○賜仙桥：在东关外，明宣德九年知县马璞重修，初係木桥，后改以石砌。掘地得小石碑镌捧檄桥三字，盖因毛义得名，自此人始称之云。

○掷杯桥：即升仙桥内小桥。世传左慈饮曹操鸩酒，掷杯悬于空中，人皆仰视，忽失慈所在，因名掷杯桥。

20×20=400（京文）

343

125/22—23

板桥：高氏世居之。独木撑溪，历久不圮，人以为神。

金牛桥：在治西北45里，明正统四年僧坚宗修。嘉靖五年刘镇重建。

此外有：兴贤、重锦、桐耙、鹭鸶、白笑等桥。（从略）

3/舒城县36桥： 125/22

南舒桥：即周瑜桥。

此外有：梅心、续清、春秋、金鸡、清凉等桥。（从略）

4/无为州42桥 125/23

阳锦桥：在南门内。以锦绣溪水与众流会，故名。

东津桥：在大东门外，明永乐间邑僧宗南以木为之，正统间知州王仕锡易以石，嘉靖间郡人邢渭袁淳等重修。后崇祯八年以流寇之乱议拆中一梁，清顺治15年重建。

九华桥：在南门外，明永乐十年知州郭以信建。正统二年知州王仕锡修。嘉靖间圮，郡人邢渭等重修。万历十年，守州李查志文捐俸，行檄郡人刘华等募赀重建。后崇祯八年拆中一梁，清顺治13年重建。

迎恩桥：在北门外，明万历间郡人林云鹤捐赀建，崇祯八年拆，清康熙11年云鹤孙耕扬倡募重建。

20×20=400（京文）

344

125/23-24

此外有：李韶.一鋌墨.花林.见韶:新附.横步.万全.幞头.黄姑廿桥。(今名)

5 巢县42桥　　125/23-24

浮桥：在城南跨天河南北，宋元时有浮桥，因兵废。明设浮航为桥，往来客商经此皆纳课税，泰昌元年始革，其桥兴废不常。……清康熙三年知县薛芳捐资百金，教谕张茂枝捐资50金，暨绅衿士民有力者捐输兴造，义民刘昌运捐资五十金，熊造铁练百余丈，有石碑记其事于河南北口。

抱书桥：在義公庙東五里。宋时邑士元抱书溺此，后人因以名桥。年久倾坏，康熙年间僧募化重造，并置小庵于其上，邑人杨于芳撰记。

西安桥：在县城外之西南，係木为之，明邑人张可芳始造石桥。崇祯年寇乱拆毁，架木桥。今清康熙七年义民刘昌远捐资百余金重造石桥。亭有临河石台级，係邑民郭尚义捐造。

通津桥：俗呼和尚桥，在小西门外，明崇泰年僧募造，故名。崇祯年寇变拆毁，架木桥，今民居公议输金，仍用石造。

高林桥：在县南60里城隍庙前，创自宋嘉定

20×20=400（京文）

345

125/24

七年，康熙八年重修，原有石碑。后石桥山水冲毁，架以木梁，今木又废，以筏通往来，大不便于居民，僧募延尚未竣工。

西轴桥：俗名钓桥，在县北门外。桥接西街，因筑土城，据西壕水架木为之……其桥复以石造，明崇祯年兵变拆毁，易以木梁。清康熙13年义民岳岫重建，捐费约百余金，独力任之，改名石麟桥。

孔探桥：在县北50里，相传孔子至此以杖探水，后人造桥因名。

玉阁桥：在柘皋街，明弘治17年僧正德询，知县刘汇重修，嘉靖34年大水冲毁，隆庆六年知县杨舍罗汉寺僧国正募众重修。

射子桥：在黄山东十里，宋淮州观察使姚兴死节处。金人吊以诗曰：当时若有援兵至，未必将军死射桥即此也。

此外有：珍珠、时熟、新兴、西圣、黑泉、凤鉴、篮桥、紫微、半汤、穿桥、竹桥。（全县）

6/ 六 安州38桥 125/24

三里桥：在州西三里，元至正间民夏氏建，明嘉靖间，僧德铠重修。

20×20=400（京文） 346.

125/24-34

双龙桥：在州东40里，相传唐张路斯郑祥远二人化为龙斗于此。元至正间民李氏造，后废。明洪武间知州王琥作木梁以渡，今如旧。

下符桥：在州西南70里。世传元至正间有二黄虎、二小黄儿夜出噬人畜，乡人患之，请法师下符以镇。有富民洪氏悟其事，于下符处掘地数尺，得二大黄金狮、二小黄金狮，后洪氏女以狮铸金造桥始名。

祖师桥：在州治西南90里。相传有四川僧人广圆游方至此，精于禅理，众僧尊之，因建此桥。后圮，明洪武甲子州判李颐造木梁以渡。

会龙桥：在州治西南90里，世传汉武帝南巡，州民至此迎接，故名。

此外有：安定、三里（州东西南北各一座）长寿等桥（余略）

7/ 英山县五桥：金宋、百丈、义桥、陈家、太平。 125/24

8/ 霍山县19桥：赤栏、撞山、淮西第一桥、洛阳、傍城、狮子、三板、会龙等桥（余略）

庐州府祠庙考　职方典第822卷　第125册

（巢县）姚王庙：在县东山冈上。宋绍兴末，金主亮南侵，统制姚兴，湖广湘阴人，时隶大将王权麾下，领

20×20=400（京文）

347.

125/34—38

兵数十骑屯柘皋之黄山中，多张旗帜，外为疑兵，以阻亮东下路。时亮自合肥趋和州，公每出与战，斩获首级。金人不知其兵之多寡，辄欲引避，别趋他路。后获贼运李二，为金人具言其兵少状，金人得其实，因与公二十四骑相遇于尉子桥，重围力战，公手杀数百人，余无后继，因与子俱死之。金人搜寻山岩，皆空帐也。事闻，即其故岩立庙。后复讹而又为立庙于此。今邑宗坊亦有庙，神最灵异。125/34

萧公庙：在东望宫旁，……前有折桂亭，起送科举饯行于此。门外又有驷马桥。125/34

中庙：在县西北焦湖北岸，离县90里，离郡亦90里，故名中庙，为巢、肥之界庙。在巢界其地形如凤形，庙当凤顶，元大德间建，明正德末县(?)新重建，補阁戏楼，跨楼构殿，翚飞壁立，耸湖中胜概……125/34

和毅任公庙：在柘皋镇玉兰桥西，内祀春秋任贵。又有社仓牌，每春秋两社后民祈赛于此。125/34

(合肥县)甘乐寺：在县治西35里龙池山之麓，不知创于何代。元泰定甲子所置楼石字刻现存……125/36

(巢县)观心寺：俗称炯炀寺，在镇南桥头，宋淳熙间创，明宣德、天顺时相继修理。125/38

20×20=400（京文）

348

125/38—43

抱书桥茶庵：名观音庵。康熙五年僧普明见桥坏低下常被水没，募修桥路并建庵施茶。125/38

九龙庵：在石头桥上首九龙山顶，面庐江，白湖焦湖在其右，登高望远，嘅居然名胜。125/39

庐州府古迹考　职方典第834卷　第125册　通志.州县志

（本府、合肥县附郭）逍遥城：在县东30里，地名清水桥。汉书九江郡有逍遥县，曹操伐吴驻兵于此。重修筑名曰曹城。125/43

教弩台：在东关九狮桥北，曹操教弩处也。松阴为一景，今无。125/43

节妇台：在惠政桥东南，为宋包拯妻崔氏立。数言表异其所居以风晓郡国。今又明名祀之，子孙庶宗祠门之制云。125/43

金斗驿：在东关大安桥西，……　〃〃

别虞桥：俗传西楚霸王别美人处。〃〃

飞骑桥：在明教台东，一名逍遥桥，孙权为张辽所袭，桥撤丈余，权策马超跃而过。125/43

香花墩：在城南水之中央，蒲草数里，凫鱼上下，长桥径渡，竹树阴翳，游人至此有濠濮间想也。

349

125/43—46

孝肃公读书处，在今题咏，不一而足，今只存。125/43

（庐江县）鲁班斗拱：在冶父寺山门，世传鲁班所造攒殿之余制，明正统间移置门上，乌雀一触即返，亦异迹也。按班生春秋而此寺开于后唐，其说不可致也。斗拱今亡。125/43

鐘楼：在县东南十字街，明正统二年知县马骥迁于鱼市桥上…… 125/44

（无为州）新附城：在州南15里，亦诸葛恪筑以居新附之人，今其地名为新附桥。125/44

（巢县）孔子台：在县西北50里分路铺之北有石桥焉，东黄西濡之水半从此出而大道必由，相传曰孔子桥也。台去桥不半里，屹然于两间之旁，稍西则橐皋河，四围皆田，或为壕堑。其台上平坦，高可二三丈。相传孔子南游，楚昭王不能用，归过焉，乃驻车台上，与群弟子讲习。今其地为邑人张氏墓，冢而植松楸于上。125/44

（英山县）太平桥：在县西北30里，在休州畈罗田境。今桥废，傍山有石，镌王虬大字。125/46

（霍山县）古城：在下符桥北。〃〃

鲁班门楼：在县南40里草场，今毁。〃〃

20×20=400（京文）

350.

125/51—52

庐州府纪事　职方典第826卷　第125册

巢县志：吕士元，宋哲宗时人，元祐间冀立十科取士法，士元上疏恳切未报，后又累试不第，乃归。自愤曰：当今群贤幸修，四害未除，岂肯困老田园，其如与世无补何？乃去东山二里许，至桥抱书投溺。朝士王严叟、朱光庭等咸惜之。里人因名其桥曰抱书。 125/51

合肥县志：（明）弘治初，店埠东北居民修桥掘土，得小石碣一，长可三尺许，上镌慎县界三字，背刻步游长、钱进贡六字。 125/52

舒城县志：舒城凤凰桥，宫保旧系土带河，碑没已久，街旁露顶三数寸。万历中林尹出之，旁镌小楷：宋绍定二年林知县立。喟然为赞以纪之曰：五百年旧迹。因作诗云：五百年余前后朝，而今来临钱塘座。回郎六陵山川旧，尚不识留姓字新。自信微茶之有志，再来此地岂无因。旋瞰一水环如带，继我遗功俟后人。 125/52

鳳阳府部　　126/1—15

凤阳府山川考　职方典第828卷　第126册

(临淮县)王二山：在县南60里，山有王二桥。　126/1

濠水：水经县西南，有石绝水，谓之濠梁，庄子尝观鱼于此，即今之九虹桥也，迳城西北入于淮。　126/1

(虹县)响水潭：在城西门外，汴水会流至桥下，波涛相击，声如雷吼。　126/3

陡门潭：在城东陡门桥南。　〃　〃

(盱眙县)长围山：在县东北七里。刘宋臧质守盱眙，魏太武遂于都梁筑长围围城筑浮桥截水路，即此。　126/5

凤阳府关梁考　职方典第830卷　第126册

1/本府(凤阳县附郭)17桥：凤阳、老人、塔地、昇子、三桥、三步两桥、广塔(余略)　126/14

2/临淮县30桥　126/14

升仙楼：在清流门内，旧时楼侧有酒楼，蓝采和登楼饮酒，乘云飞升，今石上足迹犹存。

望仙楼：在鼓楼东，相传蓝采和升仙时人众此楼望之，因名。

此外有：升高、红心、曲阳、刘徽、大土、王二等桥。(余略)

3/怀远县12桥：张带、天门、阳淮、迎宰。(余略)　126/14—15

20×20=400（京文）

352

126/15

4/定远县42桥 126/15

此炉桥：在县西90里，相传有人于此置炉铸剑，故名。

霸王桥：在县西65里，相传楚霸王尝过此。

走马桥：在县东40里，相传柴世宗走马于此。

严家桥：在邑南10里，年久废圮，有李县增妇全氏捐资重修。

刘会桥：在县西南45里，昔刘、项会兵于此，故名。

此外有：蓝栅、炉站、步、金光、马长、[illegible]等桥。(余略)

5/五河县23桥 126/15

古铁桥：在县东南淮河中流，水涸方见。

此外有：横金、大历、官桥、三街、八林等桥。(余略)

6/虹县9桥 126/15

潼桥：在县北50里，北通小河至白洋河，南通长直沟、草沟至五河入淮，亦漕运之要道。

此外有：秦桥、阛阓、断弦、貂桥。(余略)

7/寿州八桥：淝桥、陵涧、九里(余略) 126/15

淮南第一桥：在北门外，旧名通济，跨淝水，长二里许。

十五里桥：在州南，长百丈、宽二丈、高七尺。

8/霍丘县15桥

20×20=400（京文）

353

126/15—16

金河桥：在窦水集南，新造木桥，跨河上长二十余步。

此外有：罗涧、白露、龙恩等桥。(余略)

9/ 蒙城县36桥：西桥、楼子王家桥、蒙北、陈仙桥、吴庄、逆人、吕望、班家等桥。(余略) 126/16

10/ 泗州十桥 126/16

回龙桥：在东门内，宋太祖微时兴兵于此。

拦驾桥：在青阳集西，隋炀帝南巡至此，有乡公谏阻不纳，故名。

浮桥：在南门外淮河口。明嘉靖间御史唐龙建，为泗盱南北要道。……(康熙)十一年凤庐道范时秀捐俸再建，……计费数千金，数月告成，商民利焉，今移临淮。

此外有：汴泗、天梯、胭脂、断仙等桥。(余略)

11/ 盱眙县八桥：丰登、宝积、四十里、白茶等桥。(余略) 126/16

12/ 天长县24桥 126/16

张公桥：在县东。张路斯隋初家颍上，后化龙，淮南多立祠祀之。桥近祠，故名。

此外有：石梁、汴子、芦龙、秦兰、三槐等桥。(余略)

13/ 宿州九桥：永济、闵子、黄畦、西黄畦、梁涧(余略) 126/16

永济桥：在州北25里，即符离桥，一名埇桥。唐

20×20=400（京文） 354

125/16—42

李正已反，乞兵捕掠，即此。

○西黄陂桥：在睢溪口子南。明崇祯末年靖南侯黄得功击袁营于此，溃而阵，互有胜败，流水不流。

14/ 蒙城县11桥：洪桥、涂支、曹者（余略） 126/16

15/ 颍州3桥：白龙、怪颜、七星、七娘、一虎、三桥。 126/16

○七星桥：在州南50里水中有七石形如北斗故名。

○三桥：宋皇祐元年欧阳文忠公守颍新作三桥，名之曰宜远、飞盖、望佳，又为之诗。

16/ 颍上县二桥：利涉桥、通济桥。 126/16

17/ 太和县15桥：双浮屠、坦湖涧口、倪丘、张贵、李忠、张道人、蒲清、燕龙（余略） 126/16-17

18/ 亳州20桥：望仙、伏龙、赵宅、涡河（余略） 126/17

凤阳府古桥考 永乐大典第836卷 第126册

（五河县）古铁桥：在县治东南二里淮河中流，水涸方见，两旁有铁柱。 126/41

（寿州）正阳浮梁：周世宗显德二年，李穀为浮梁，自正阳济淮。 126/42

下蔡浮梁：周世宗显德三年幸征淮南，至寿州城下，営于淝水之阳，诸军围寿州，徙正阳浮梁

355

126/42—50

于下蔡镇。二月下蔡浮梁成，帝自往视之。张永德屯下蔡，唐将李仁肇来援寿春，永德与战。仁肇以船实薪刍，因风纵火，欲焚下蔡浮梁。俄而风回，唐兵败退。永德为铁绠千余尺，距浮梁十余步横绝淮流，系以巨木，由是唐兵不敢前。 126/42

（颍州）古城：凡二：一在州东南椒陂镇；一在州西阳桥下流。 126/44

凤阳府艺文　职方典，第838卷　第126册

宜远桥（诗）	（宋）欧阳修	126/50
憩萱桥（诗）	〃 〃 〃 〃	〃 〃
望佳桥（诗）	〃 〃 〃 〃	〃 〃
僧伽塔	（宋）苏　轼	〃 〃
濠州水馆	（唐）张　祜	126/50

20×20=400（京文）

356

和州部　　126/55—127/2

和州山川考　职方典第839卷　第126册　（1.141.县志）

（本州）倒水潭：在州南15里太阳桥西。126/55

仙踪山：在县西北50里桑木桥即射子桥，有

桃花古迹。宋绍兴辛巳，金主亮渡江时……126/55

和州关梁考　职方典第839卷　第126册

1/本州47桥　126/56

白渡桥：在州南45里，桥俯铜城72圩之水，旧

架以木，屡修屡圮。康熙四年凤庐道孙猶全倡造

石梁，成焉。居民商贾利济甚众。

西门村桥：在州北15里康熙三年易以石。道

人姜奉，太守杨继芳募造。

大兴桥：在州南50里，绕近梁山，上纳铜城闸

水，下通扬子江潮，耆民钱万寿捐资，生员裴嘉运仟造。

此外有：闸壁、银锭、和阳、姥下、黄墩、北大、旌邵

节桥（余略）

2/含山县13桥：登科、射子、鲁桥、看花、仙踪、擢米（余略）126/56-57

和州祠庙考　职方典第840卷　第127册

（本州）高庙：在州南40里，旧传为公输子手造。其神

20×20=400（京文）　　35页

127/2—5

高耸，说刻亦异。昔红巾贼欲焚之，大蛇出，贼惧止。今重修。 127/2

(含山县)游定夫祠：在县学科桥，祀广平游先生酢也。127/2

(本州)乾明寺：在州东南二里乘犊桥东，其西即宋学旧址也。东有广惠宫，碑漶漫不可读。127/2

和州古迹考　永乐大典第840卷　第127册　（州县志）

(本州)落驴桥：在小西门外土街头。世传张果老骑驴至此放花。127/4

桃花坞：在城西五里，即唐张籍读书处，在桃花桥东，遗址无存，碑碣莫考，然古老犹能言之。127/4

和州郡纪事　永乐大典第840卷　第127册

(州志)宋陈抟闻陈桥兵变，宋太祖即位于汴。抟跨一小驴归华山，大笑曰：天下从此当定矣，我向山中睡得牢。今鸡山梅坛有丹灶遗址。又云有希夷手植桑树数株，色味异于凡品。然今之所传者皆山僧自植，有无真赝，莫得而辨之也。127/5

20×20=400（宗文）

358

滁州部　　　　127/8–10

滁州山川考　　职方典第841卷　第127册

(本州)虎跑泉：在本州龙蟠山圆会桥之西。　127/8

滁州关梁考　　职方典第841卷　第127册

1/ 本州54桥：襄子、里姑、珠龙、双城、九板、薛老、聚乐、幽栖、三元、九流、乌衣(余略)　127/9

2/ 全椒县42桥　127/10

高公桥：在县东二百余步，宋绍圣三年，邑民高志密等造，故名。今为州门桥。

陈世良桥：在旧儒学巷栅栏外，旧传陈世良造，故名。

贺漕桥：在县东二里。相传贺着卿代陈治漕于此，今名太平桥。

白汪桥：在县西二里地有白汪塘，明嘉靖戊午邑民王镐募造。

林家坝桥：在大墅街，旧无桥，山水易涨。顺治十二年令白惺涵乡民王大猷募造石桥十三孔，横丈余。

此外有：积玉、朱留、六丈、鹅栏古桥(余略)

3/ 来安县37桥　127/10

20×20=400(京文)

359

127/10—16

△南门桥：在南门下，明隆庆三年知县刘正亨修砌以石，即石桥，南门外将三百丈达佑民祠，名康衢。

界首桥：在县东35里。六合及本县界自桥而分。

仙人桥：在县北20里，以石板为之，阔3尺，长倍之。

此外有：龍尾、观风、和州、木斛江等桥（今略）

滁州古蹟攷　　职方典第812卷　　第127册　　（州志）

（全椒县）张果老桥：土人谓果老曾过此，在上袁村河天王涧，涧有独石桥，桥石两截悬空石壁，距数里无蛟蚋，传以为异。　　127/16

20×20＝400（京文）

360

广德州部　　127/20

广德州山川考　职方典，第843卷　第127册

(本州)大洞：一名长乐洞，在州治东北60里……西洞宏邃，进里许为铜关，……铜关外有仙桥，高约三丈，浮石搭成。……　127/20

广德州关梁考　职方典，第843卷　第127册

1/ 本州56桥　127/22

武定桥：在州治东，旧名迎恩贞，因厝地立真武庙以镇之，故名武定。

迎春桥：在州治东，一名济民，因迎春过此，故名。

□里桥：在州治东五里先量溪上。旧传此地是陨石，因名福星桥。明嘉靖六年乡宦张金造，万历丁亥废水冲桥圮，州守钱庚阳捐俸以倡，士民醵金二千余造，旋圮。康熙四年知州杨苞捐俸重造。

梅花桥：在州治北门外，知州钟振筑凤凰墩于溪左，更名凤凰桥。

此外有：复古、上松、下松、浪僮、搭尖、杜公、杜婆、乌鱼头、陀金、鹏刘、涧东桥。(全略)

2/ 建平县82桥　127/22-23

浮潭桥：在县东南25里，架浮潭之上，故名。明

20×20=400（京文）

361

127/22—29

永乐21年道人余成募建。

飞鲤桥：在县西南25里，明嘉靖12年徽人童金忠建。俗传建桥时有鲤鱼跃木上因名。后木朽，万历三年，生员韩荆节更造以石。

吴家桥：在县西八里，宗室令僧募建。

荆村滩桥：在县西30里。明正德三年聂斌三建，以木为之。后聂宗忠更造石桥。

下马桥：在县西北一里，明景泰五年僧惠谐建。

琼秀桥：在县南25里，明万历26年居民方孝三等建。涧水九曲，竹林幽蔚，为一方之胜。

此外有：开土、水鸣、湘山、四德、绿鱼、青翠、拖板、净明、袁桥、鹊溪、钟桥、芦桥。（余略）

广德州古迹考　职方典第844卷　第127册

（本州）景春园：在州治西北玉溪之上……明正德间知州黄铎创有濯缨桥一座。　127/28

（建平县）晴桥：在县东北60里護驾山之麓。旧传伍员奔吴避於山中，追者至此云气护之，员及桥而天晴遂名为晴桥云。　127/29

广德州艺文　游大洞记及诗　（明）朱麟　〃　〃

20×20=400（京文）

362

江西南昌府部 127/40—48

南昌府山川考　职方典第847卷　第127册

(本府)几山：在府城东北140里，屹立鄱湖中，上有石桥钓台，又有仙巖。127/40

(进贤县)港南山：在县南十里，其山平广，旁即翻岭，南接云桥，北通罗溪。127/43

香源：在县东90里两山之间，其水出从栅山发源，下与臧溪水相会出通济桥。127/43

(宁州)大幽山：在州西南80里，中有金鸡桥，前后深渊幽涧，明万历初盗伏其中，劫夺行旅，后剿平之。127/45

腰带水：在州北凤凰山下，为州西脉，又名秀水，南流折西历鹦鹉桥，又西历三公庙，遂东折历升仙、高家、夏公诸桥，东湖市南黄荆市东，望蓬桥，达泮池，从伏龙桥出合修水……今故道淤矣。127/46

瀑布水：在州西七里高乡35都，自鸡鸣峰西流入修水。此峰石上飞泉直下三十余丈，经跨鳌桥入修水。127/46

南昌府关梁考　职方典第849卷　第127册

1/本府(南昌新建二县附郭)93桥

△镇龙桥：在府城南，南昌县学右，新建县学前，

20×20=400（京文）

363

跨東湖，長30丈。旧名高桥，以近徐高士宅故名。万曆15年，知县何选、余夢鯉增筑，護以石栏，改名跃龍。

△洪恩桥：在東湖同仁祠左，唐貞元15年观察使李巽造，宋治平中，知府程杜植修，故又名為杜公桥。

南浦桥：在南塘津之西，南通廣州路，明洪武初大都督朱文正創立浮橋。永樂18年重造，九五间，上覆以屋28间，列为市肆。

△程公桥：在府城西山双嶺賞勝院前。宋嘉祐中知洪州程師孟主院督检，倡周造桥溪上，故名。

○金堂桥：在府城西北80里化凤乡，杜策造。策系四川金堂县人，故名。

龍開桥：在府城忠孝乡，傳有闻院蛇為龍，故名。

○遊仙桥：在府城遊仙乡，世传旌陽曾遊于此，故名。

△石镇桥：在府城西北十里，旧名石头渡，春夏水涨直至冷井，行者病涉。明邑人张位首倡造桥，名曰石镇，复筑堤七里，接章江寺。

步稔桥：在任課乡，相傳創桥后歉步稔，故名。

此外有：百花、万石、龍瑞、炀金、箕子、四霸、旌阳、浣药、蛟桥、大虚、鸟桥、大花、令君、司马、文华等桥。（余省）

127/49

2/ 丰城县34桥 127/49

南湖桥：在仙音巷通西南会渠水，上架天卿坊。

象牙桥：在象鼻湖寺通东南会渠水，韩太守此。

荷塘桥、中溪桥，石洲桥（三桥）俱王之佾献约庵建。

此外有：园嚣、双栗、洑溪、莲花廿桥（余略）

3/ 进贤县57桥 127/49

钟陵桥：在县东55里，相传元初果修墨地，乡人埋小钟于桥侧以厌之，遂名地，故名。

罗溪桥：在县南20里钦风乡，跨罗溪水，以鄱湖为汇……明正德间知县张冲筑罗溪堤延袤二里而远，中造桥以通溪流。……后屡修屡圮。万历30年知县黄世亨倡募重造石桥六孔，堤275丈，护以椿木，植柳蹈之。桥头構小阁一座。功成，厚为洪水冲齧坑稍溃。36年知县周光祖复筑崇广更加丈尺，其北岸仓砌以红石，仍以石塿之，并修石桥，自今孔道益固。

许园桥：在县归仁乡一都，旧名港南桥，明正德间知县张冲造。万历30年知县黄世亨重修，厚遭水圮。31年知县周光祖更修石桥，并增筑堤87丈。

此外有：皇华、架桥、少府、三马、独木、行前、解词。

365.

127/49-50

思悔、中桥、宝桥、枧桥、洪源等桥。(余略)

4/奉新县52桥 127/50

登仙桥：在县治门南市登仙坊，相传刘真君于此上升，故名。

界竹桥：在延康乡，去县治北十里，里人郑廷清募众创造。顺治13年邑民陈富十捐所得钱数重造，训导程良佐为之记。

述济桥：旧名车坪桥，去县治25里，里人余琬伐石重造未竟，次子镇武继成之，故改名述济。

三仙桥：在进城乡罗坊，去县治60里，顺治16年，罗坊严、罗、邓、王、金五姓修。

福惠通仙桥：在奉化乡下保，去县治70余里，成化六年，本县僧会圆辄修砌。

通和桥：在奉化乡距横石桥百步，里人李正通、正和伐石修造。

此外有：冯川、冯田、富家脑、概柳、赤郭、阳乌、龙珠、黄土、中会、天津、横石、畦日、版桥等桥。(余略)

5/靖安县20桥 127/50

黄石桥：在县西60里，原书堂庵僧修，后废。嘉靖23年富仁都道人刘智惠、刘传明、余圆珊、道净

20×20=400（京文） 366

127/50—51

书募修石墩木桥，宋创庵院置袁洞山一片，东至罗宅山，南至尖潭，西至蜂巢，北至老塘，上栽杉木千余根以备续修之计。其修桥故多，久而不坏，其亦善心之所积也。

沙港桥：在县西十里金田都弘治间知县张伯祥令吉堂庵僧彬明倩募修，越三年，洪水冲发，知县张伯祥重修。嘉靖元年洪水复发，至嘉靖40年，道人刘智惠书募民财重修。

市桥：在县治南，即花桥，又名富洞桥。宋道人邹邦佐袁同民造。

此外有：锦桥、瓦桥、张婆、踏高、长坑、白鱼等桥（余略）

6/武宁县41桥 127/50—51

贞节桥：在县治西跨腰带水，为衔张节妇尚民造之。

看雀桥：在县治东250步，世传丁令威留迹于此。临溪有树，上有仙雀，月夜映水中，八景称雀桥明月。康熙四年知县冯某世造亭于上。

此外有：清隐、队象、王公、上书、冠盖、杨柳等桥（余略）

7/宁州53桥 127/51

伏龙桥：在州治泰市乡，跨袁水，许姓阳逐岐

20×20=400（京文）

367.

至此伏其下，故名。

○涎桥：在州治泰市乡，跨下坑水，旁有石状若蟠涎，桥通奉新县路。宋咸淳元年里人朱太源造。

桃溪桥：在州西乡，跨黄楼山水，达通城县路。溪畔古多桃树故名。

○留仙桥：在州西乡，跨黄楼山水，相传晋葛仙翁尝憩于此。

跨鳌桥：在州治西二里，跨鳌坑之水。下有数石崛突若鳌头，故名。

○护仙桥：在州治东南20里安乡13都，路通奉新，跨仙源水。屋六间长六丈，广一丈。晋许逊逐蛟至此，吴猛助之，故名。洪武29年土僧陈德进修。正德二年，南山寺僧明正重修。

彭桥：在州治东南30里、安乡13都，跨彭源水，长三丈，广一丈一尺，路通奉新。其水流经湘竹，合安平港水。

○棲霞桥：在州治南75里安乡14都，跨毛竹山源水。石柱高四尺，路通奉新。其水流至长溪，合安坪水。宋时有僧梦牛募缘造桥，乏砥石，昼夜焚香祝天，忽一夕，风雨挚送一巨石于江心，霞光隐映久而方散，遂为桥柱。长20丈，广一丈五尺，上覆屋

20×20=400（京文）　368

127/51—128/1

28间。永乐八年火。修江八景此其一也。

温汤桥：在州治西南140里武乡24都，跨温汤水，路通浏阳，元至正间土人方信子造，长二丈，广一丈。

黄沙大桥：在州治西120里仁乡61都，宋咸淳间造，路通平江，跨黄龙山水，流至草鞋港，出平江。长三丈，广一丈，多黄沙，故名。

浆泉桥：在州治西120里西乡68都，跨黄龙山水，长三丈，高广一丈，路达通城，宋淳祐壬子王姓者造。其水下合青水，旁有迸浆泉甚清，故名。弘治八年重修。

绾龙桥：在州治西130里西乡70都，跨黄龙山水，路通平江。洪武30年土人潘修源造。其水萦回，中跨一桥如绾龙然，故名。

此外有：林桥、鹦鹉桥、夏公、白鹏鑫新、大盛等桥。（宁宝）

南昌府祠庙考　职方典第851卷　第128册

（本府、南昌新建二县附郭）大节祠：在高桥南直街 128/1

同仁祠：在洪恩桥，祀都御史孙燧…… 128/1

白马庙：祀鄱阳部将陈真，诰封白马忠懿王。有二，一在府学左，一在高士桥，初烈重建，陈以绪募疏重建。 128/1

369

128/2—13

(丰城县)大桥庙：在曲江矶浮，明嘉靖中因祷雨有应，建庙祀。 128/2

(武宁县)溥济寺：在南市，义民张溥共建以镇浮桥。128/7

大桥庵：在48都浮埠之上，係旧桑枣园。128/7.

南昌府古迹考 职方典第852卷 第128册 西志府县志

(本府)灌婴城：在府城东灌城乡六都隍城桥西。相传汉灌婴所筑，今为黄城寺。寺东有灌婴庙，或曰即婴故宅。 128/10

流觞曲水：在百丈山西北，唐宣宗游此避暑，凿石引泉为九曲，每曲置石墩为坐，取觞流水以面往来。元赵孟頫书天下传觞四字镌于石。128/11

徐孺子亭：在府城东湖南桥。 128/12

邓文傑故宅：在高士桥。 〃 〃

(武宁县)丁令威宅：在县东30里。世传晋建武初令威得仙，即其地为精舍观，炼时往还。南有观霞桥，北有礼星坛。后人于坛址又创丁仙观，近有青牛洞，洞口有巾石，相传令威遗巾于此。 128/13

南昌府艺文 游钟陵 (唐)李绅 128/19

20×20=400（京文）

37

江西饒州府部　　　　　　　　128/25—30

饒州府山川考　　联方典第855卷　　第128册

(本府鄱阳县附郭)澹津湖：在城中央，一名市心湖，纳一城水，由大龍小龍二桥经德化桥穿城而出鄱江，岸涘甚是石甃。旧志云：遶岸皆绿杨芙蕖。今间有之。元常福生建海会佛阁于大龍桥上，又西有凤池桥。　　128/25

(浮梁县)鲤鱼桥水：按县志，在县南，出婺源程坑，至界首入浮坑，流三里至鲤鱼桥，又15里至柳樹桥，又六里至陈家陂，会历降水为南河，流七里至如港纳柳家湾水。　　128/28

浇马桥水：按县志在县西出焦坑15里，会桂湖桥水。　　128/28

桂湖桥水：按县志出画溪坞，流11里至桂湖桥会浇马桥水，六里至罗家渡入西河，合流十里出西港口入景镇大河。　　128/29

(德兴县)少華山：在县東14都，又名三清山，根盘数百里，東由龍泉桥至元关为玉山縣西隸本县，由步云桥至元关跨饒、信、衢三州之会，……　　128/29

流盃池：在县南一都，发源隐将岑，经姊妹桥还绕凤凰台，宋僧绅流盃宴饮处。　　128/30

20×20=400

饶州府关梁考　职方典第856卷　第128册　（府志）

1/本府（鄱阳县附郭）69桥　128/33-34

大龙桥：府治东，梁鄱阳王萧恢宅于此，近此，垒以石桥，下有裂门，元总管常福生造海会阁於上。

小龙桥：与大龙桥并跨濠津，梁天监间建。

王公桥：西隅，宋知州王十朋从知夔州，民遮诸门乞留不得，至断其桥。十朋乃以单从间道去。罢草断桥，因名。

德化桥：南隅延宾坊东，旧名朝宗桥。宋宣和郡人周士金创，泄濠津水归鄱湖，有四角亭，今毁。

胭脂桥：永福寺东。鄱阳王萧恢宅宫人常遗胭脂水流出，故名。今土井巷口。

画桥：与德新桥、永平桥共泄东湖水为三波浪。后被居民占塞，太守黄公清出疏浚复旧，有记。

宝胜桥：古东北关，石砌，跨东流湖水尾。唐僧宝胜居于桥，故名。元泰定邑人王西卫建宝胜阁于桥上，今毁，里人胡侍郎重建。

东湖桥：即击虎桥，通荐福寺，唐僧慧济往来东湖，尝与虎偕，时击于此，故名。

激扬桥：后山隈，明万历间大水流去，里民析

128/34—35

之，建亭于上，名如鸟木。

杨政桥：县东南，跨湖北通青山港。旧名泽门，后因村民杨政为文犬所救事因名。宋绍圣二年建。

插勒桥：三四都，跨湖水尾，东通小渡铺路。晋王遥升仙，从者黄氏子插柴经其地，闻之槃而去。俗以插柴为插勒，故名。

郑公桥：三四都，宋郡令郑日新有善政，民怀之，作亭桥畔，故名。

此外有：白莲、德新、霞芝、烈女、张卜、詹桥、松桥、恩桥、上楼、奴子、纪纲、三汲等桥。（余略）

2/ 余干县45桥　　128/34

口大桥：27都，康熙辛酉，僧元初募造，邑人胡天祯记。

此外有：大慈、白马、驿子、携凤、乐成、织焙等桥。（余略）

3/ 乐平县63桥　　128/34—35

金公桥：知县金忠士建。明崇祯间圮，僧澄济募化士朱祖恩等重修。里人揭振新有记。

此外有：文明、里内、外内、观桥、勒马、仆射、云仍、仰妹、乌龟、霜湫等桥。（余略）

4/ 浮梁县56桥

20×20=400（京文）

373

128/35—52

○铁柱桥：在臧湾，宋时里人臧洁范铁为柱凡一十有二，架木成之，后废。正统戊辰，士代易以石，改名宁济，记载县志。

德胜桥：宋韩世清败叛贼陶于此故名。

此外有：望郎、鹊桥、纸被、双眼、落马、相思、七星、華塘、通惠等桥。（余略）

5/德兴县81桥　128/35

寿之石桥：在38都，余明章之弟为父遗疾故，知县何镗记，钱万禄赋。

仁寿桥：在县八都，姜尚宅捐千金造。

此外有：水绿、娇姑、良善、鲋圃、招子、孀節、同庚、同心、蔓翠、善通、鹿角、赤珠等桥。（余略）

6/安仁县51桥　128/35

孝烈桥：二都，宋谢疊山女适金竹周铨早寡，闻父与母李氏死节，遂出奁资作桥。桥成赴水死，乡人义之，故名。

√彭公桥：僧泰庵募造，在16都。

7/万年县56桥：滨僊、李山、浣鱼、聚仕、树林、管桥、介福、雀岩、老兒、乌龟等桥。（余略）

饶州府艺文　干越亭（诗）　（唐）罗隐　128/52

渡鄱湖（诗）　（明）苏祐　〃　〃

20×20=400（京文）

374

江西广信府部　　　　128/55—129/1

广信府山川考　职方典第861卷　第128册

(弋阳县)捣药山：在县東125里太平乡上，有捣药石臼，傍有甘泉美如饴。又有石桥长20步。　128/55

宝峰山：在县南20里新政乡，广袤数十里，与葛山乘峰并峙，中有石亭高七十余丈。旁有石桥长50丈，广二丈。　128/55

(铅山县)月岩：在县東20里戒珠院之右，石拥土中者甚富。岩高丈余如圆窟状，前有天然石渠。由渠升出有双柱。宋庆元四年尉吴绍古得之，命今名。　128/57

广信府关梁考　职方典第863卷　第129册

1/ 本府(上饶县附郭)18桥：平政、诸溪、三港、五马、高桥、渡坑、广济、上宜等桥(今名)　129/1

2/ 玉山县27桥　129/1

玉虹桥：在县治水南，程民则诗：玉水涵秋漾瑶空，波心影落似长虹，停车路柱星辰上，接栋侵云霄汉中。蓬海千年归白鹿，驾陂一日化苍龍，南山梵刹钟声近，疑是天台有路通。

周溪桥：黎近记略曰，县東五里为周溪，水出徽山之间，势甚湍悍。旧渡以舟，远近之民多罹溺

20×20=400（京文）　　375

129/1—2

溺。里人詹戒迪欲修桥济之，未果而卒。至天顺辛巳冬，其子伯仁、伯佳承父之志，並白县尹方侯大本，侯嘉之，为捐俸为倡，罢里民丁役以助工作。果石为墩，架石为梁，并甃其两涯以杀水势。越二年癸未秋桥成。

此外有：东津、连城、月桥、郭祖、后村、小集、百丈等桥（余略）

3/ 弋阳县31桥：双桂、万仙、西洋、角子、松子、待贤、行者、篠箬、朱姑等桥（余略） 129/1-2

4/ 贵溪县23桥 129/2

成安桥：在县市北150步。古老相传云：桥成则人民安，故名。

杨林桥：在县南30里，相传桥创于杨氏，成于林氏，故名。

何郎桥：在县南30里，昔有何和尚造此桥成，和尚遂殁，故名。

戴星桥：在县北五里，元至治间造，桥成之日，其夜乡人见有星陨其间，故名。

云隐桥：在县南70里地名连霞港，里人涂氏劝道士高文辉捐金数一千五募造，上有金字新

20×20=400（京文）

376.

129/2

患，既成道士遂嗟。43代天师扁其名曰宝隐。

龍体桥：在县南70里龍虎山，乃聖井龍神出入之所，明洪武年间乡人胡子亮造。

此外有钱桥、双清、石桥、斜田等桥。(今略)

5/ 鉛山县24桥 129/2

通济桥：在县東关外，旧名永平桥，宋淳熙13年陈映为县时架之。文華阁待制趙不逌書扁。明景泰癸酉，千户孙胜重造。

大義桥：在县北150步。按永平志旧名段界。宋乾道八年水坏，峡州通判赵不逌新之，更名万安。淳熙11年复坏，康、贵二家始基，募缘乃备。绍熙三年成，道400尺，屋40楹。明李缙子岳。清顺治丙申年，知县王含泰重造，桥成封段旧。题一联云：冷桥花动人他逌，流水琴弹音别唳。至今遗爱民怀不忘。

鹅湖桥：在鹅湖乡县北十里，一名荷湖桥。周道钦诗：光透云根分半镜，影迴波底结连环，千年鳌背老金碧，百尺龍门夜不关。

归紫桥：在布政乡县西80里，郡守金铉诗有寄语归紫桥下水，好侍清兴到沧浪之句。

此外有：黄蘖、唐佰、宅田、斯马、桥亭等桥。(今略)

20×20=400（京文）

377.

129/2—10

6/永丰县10桥：澌湖、鳌龙、高岭、松溪、新丰（全略）129/2-5

澌湖桥：在永平乡，县西20里，附桥有铺，道达平洋坑。

松溪桥：在同安乡，县东25里天桂山下，宋周梦举叠石为之，以便行者，后为洪涛所啮。明正德间，周氏子孙修复之。

祝公桥：在11都40里，乡耆祝时荣建，知县吴伯朋扁其名，春坊吕柟记。

7/兴安县28桥 129/2-3

杏林桥：在17都裹湾，里人徐海兴、海珠建，家世业医，故名。

此外有：龙潭、飦鱼、永兴、了岩、黄藤、枣林、檀木、送岩、龙停、枫林等桥。（全略）

广信府古迹考 职方典第865卷 第129册（府志）

（本府、上饶县附郭）集胜园：南城外太平坊天津桥畔，光禄署丞吴菜建，知县李崑山玉柄璿题扁。今废。129/9

玉山县：冰玉楼：在东津桥西。知县方中即桥亭故址，取唐人冰为溪水玉为山义，扁曰冰玉。129/10

378

129/12—16

广信府部艺文　职方典第865/866卷　第129册

浮桥后记　(宋)朱熹　129/12

葺浮桥记　(宋)真德秀　〃　〃

沁园春(期思桥)(词)　(宋)辛弃疾　129/16

广信府部纪事　职方典第866卷　第129册

(鄱阳记)唐陆羽字鸿渐,号竟陵子。初未知所生,世传雁桥乃竟陵龙盖寺僧得羽处。初见群雁翔集护小儿于下,僧得而育之,欲以为弟子。及长,以易自筮,得蹇之渐,曰:鸿渐于陆,其羽可以为仪,吉。乃以陆为氏,以羽为名,而字鸿渐,以雁名其桥。　129/16

20×20=400(京文)

379

江西南康府部　　129/18—23

南康府山川考　职方典第867卷　第129册（通志 府志）

（本府、星子县附郭）幽邃山：在栖贤桥西，宋冯京爱其幽绝，留此读书，未几擢第。今幽邃庵古松，京手植。129/18

乌龟石：在府西40里罗汉寺桥下，形如龟。俗传龟尾能出土，后广凿而大之，遂止。129/19

石桥潭：在府城西15里，即栖贤桥下，有招隐泉，唐陆羽茶经评此泉为天下第六。129/20

鹰子潭：在国师桥西。〃〃

飞锡泉：在府北21里栖贤桥后，世传拭眼禅师开山于此，飞锡卓石出泉，故名。129/20

南康府关梁考　职方典第868卷　第129册

1/本府（星子县附郭）52桥　129/23-24

冰玉涧桥：在郡治东百十余步，跨冰玉涧，宋淳熙间郡守朱文公建。

数家桥：在府北五里数家山。旧志文公修之以通白鹿洞，康熙十年知府廖文英改筑。

枕流桥：在白鹿洞书院口，桥下即小三峡，石上刻白鹿洞书院五字，峡中勒枕流二字。

先师桥：旧名相辞桥，在府北25里，通九江，跨

20×20=400（京文）　380

129/23-25

相辞间,久废,康熙八年,知府廖文英复改修。

△拈花桥：在庐山开先寺前,南唐时修。

杜林桥：在府西十里入开先寺路,南唐李中主造。

一山桥：在府西十余里开先寺南,宋佛印禅师造。

度仙桥：旧名简寂桥,府西20里,宋陆静修造。

此外有：寻乐、贯道、原石、洗心、莲华、杨梅、三峡、红雁、鲤鱼、流澌、神典、张良、窝崎等桥。(全略)

2/都昌县60桥 129/24

通兴桥：在县西北二里汇泽乡四十五八都,旧以浮石作桥,遇水则圯,往来甚难。明嘉靖中知县屈首以此为通李附安津,于是捐资率众垒石为桥,行人赖之。

此外有：潍荐石、嘉桥、西洋、密塞、阳降、礼思、徐杠、文郁、傅坡、南八等桥。(全略)

3/建昌县61桥 129/24-25

劝仙桥：在县东15里,涂孀妇熊氏男涂宗昆创造。

此外有：楂山、日中、蛉塘、易俗、呼童、军山、瑞云、火烧、凤水、马嘶、下山、渊桥、尖山等桥。(全略)

4/安义县43桥：霞桥、欧公桥、南战平、孔山(全略) 129/25

20×20=400 (京文)

381

南康府祠庙考　职方典第870卷　第129册

(本府星子县附郭)桥神庙：在九洪桥右，康熙八年知府廖文英建。 129/32

(建昌县)徐刘石宗庙：在日中桥南，一在便民门内。世传吴乱四人主寨捍御，后思其功，立庙祀之。 129/33

水口塔：在星甫桥邹姓宗祠前。 129/33

(本府)宝梵院：在鸾溪桥前，宋僧智达建。 129/34

浮桥庵：在郡北40里，架木以渡，明正统间僧德观建。 129/35

清净退庵：在栖贤桥。刘凝之既隐，尝乘犊庐山，宝峯僧结茅以待之，后朱文公守康，即宝峯旧址立清净退庵，今废。 129/35

(建昌县)隆道观：在日中桥东，旧名卫真，为女冠所居，陈大中中建。后改今名…… 129/36

南康府古迹考　职方典第871卷　第129册　(府志)

(本府)三石梁：在府西30里庐山上，长数丈，广不盈尺，杳然无底。世传吴猛与其弟子踰石梁…… 129/39

南康府艺文　职方典第872卷　第129册

三峡桥(诗)　(宋)苏轼　129/43

20×20=400(京文)　382

江西九江府部　　129/47—51

九江府山川考　职方典，第833卷　第129册（府志）

（本府、德化县附郭）甘棠湖堤：唐李渤所筑，即今新堤。九江郡城前临湖水……李堤久圮，明嘉靖间兵备陶承学……万历癸丑，兵备葛寅亮筑石堤以为固，长而成堤。又建石闸一，上施拖桥，亦以而成名之。闸夫以时启闭，冬春则下板用桥，以注湖水，可资搬运；夏秋则撤板去桥，以通江水。　129/47

（湖口县）旗山：在松斋山前，相传明太祖与陈友谅鄱湖鏖战，忽见山巅衣黄者麾旗而谅浮桥解。129/48

旱湖：在县东40里，自刘家市桥来入彭蠡湖，有巨石其色黑。　129/49

九江府关梁考　职方典，第894卷　第129册（府县志合）

1/ 本府（德化县附郭）31桥　129/51

思贤桥：跨甘棠湖上，为思李渤建也。明天顺元年，同知安永隆以舟七间，知府薛致中、赵祺、谢峻、童潮相继修之。今桥迁南薰门外。

太平桥：在白鹿乡太平宫侧，跨庐山涧上，通宫向湖。唐开元间建。明成化初知府谢峻，万历壬戌兵备雷隆萧龍重建。

383

129/51

蓝桥：在甘泉乡龙溪坂，去治50里，上下二。明弘治间，土人陈济造其下，正德癸酉九江卫人于玺造其上。天启元年，左克勤重修。

此外有：徐君、王坡、锦涧、虎溪、纸方、山口、安桥、白水、隔港、洗脚等桥。（余略）

2/德安县20桥 129/51

通津桥：在县南170步，跨金带河，宋嘉祐七年县令杜春造。明正德十年县令陈锦上造观音庙。

七人桥：在县治西北一里许普勤寺后，元至正丁亥年吴氏造。

梅林桥：在县治西10里，明嘉靖间僧明湖造。

三桥：在县南七里，明正德八年李兴妻曾氏造。

此外有：南桥、莲塘、小三、乐渠、下马等桥（余略）

3/瑞昌县15桥：安城、白龙、金城、黄甲、青龙等桥（余略）

4/湖口县49桥 129/51-52

张御史桥：在县南30里，旧名黄家桥，明万历中，邑人御史张科重造，故名。

通仙桥：亦名通济，在柘矶港。明嘉靖中，因徳安王、本府各官捐俸委史胡国臣督造，长20丈，砌石。

郭侗桥：在县北十里。明永乐中邑民郭侗造

384

129/52—130/1

石，万历中邑民吴图瑞修，大仙庙僧道游重修，崇祯三年推官唐廷秦复修，改名仙顺。

此外有：墩头、塌水、长乐、马影、流桥、马步、柳仲太、板桥、瓜子、四官人、火赏、百顺、回远、王思等桥。（余略）

5/彭泽县45桥　129/52

阂家桥：在县治东一里，明成化间僧觉裕修。

黄土桥：在六都，明天顺间欧阳镗建，岁久倾圮，嘉靖壬寅，耆民刘潮捐资重建并修其堤，高丈余，广八尺，长一里许，运石垒砌三年始成，僧圆觉董其事。

此外有：胭脂、女儿、慈善、鲦鱼、分水、黄涂、善公、塔水、大埠、月宫、关缘等桥。（余略）

九江府祠庙考　职方典第875卷　第129册（府县志合）

（瑞昌县）元次山祠：在瀼溪双桥下。　129/57

（湖口县）水府庙：在大虹桥之南，明万历39年钱监李道建。　129/59

（德化县）中大林寺：在庐山锦涧桥北，晋慧远创，明洪武15年重建，弘治间僧明昆修　130/1

下大林寺：在庐山锦涧桥西，唐太和间建，明

20×20=400（京文）

385

130/1—13

宣德八年重建，成化间僧性钊募修。130/1

兴隆庵：△在龙开河浮桥南岸，明初建，后为左兵所毁。清顺治17年行僧了能重建。130/1

（德安县）罗汉寺：△在县南二里罗汉桥西，伪吴顺义元年建。宋大中祥符元年改为净土院，初名归宗罗汉院。元壬辰兵毁，明成化间重建。130/2

九江府古迹考　职方典第877卷　第130册

（本府）锦秀亭：△在锦涧桥之上。130/7

李北海碑：△在东林，宋元祐七年寺毁碑坏，住山古智禅师既新其寺，复取李碑重摹刻之，立于虎溪桥上。后坊毁碑损，移城神运殿左。130/7

虞集碑：△在东林寺虎溪桥上，今移神运殿右。130/7

（瑞昌县）废赤乌镇：在县治西安泰乡桂林桥，址存。130/8

九江府艺文　职方典第877卷　第130册

记游庐山（文）	（宋）苏　轼	130/10
和百花亭怀荆楚	（陈）阴　铿	130/12
泛舟黄桥归庐山（诗）	（宋）白玉蟾	130/13
烟水亭歌（诗）	（明）洪周禄	〃　〃

20×20=400（京文）

386

130/14—15

九江府纪事　　职方典第878卷　　第130册

（府志）（宋）德祐元年正月丙戌元军次江州……伯颜至湖口，系浮桥以渡，风迅水驶，桥不能就，祷于大孤山神，而风息，桥成，大军毕济。 130/14

（元顺帝至正）21年辛丑八月，明太祖亲征（陈）友谅，攻江州，廖永忠造桥于舳曰天桥，以舳附城，引军士登之入，遂取江州…… 130/14

九江府外编　　职方典第878卷　　第130册

（湖口县志）万历间有生员杨某者，家在城南宾门外，夜饮城中，乘月独归，将至大虹桥，遥见数人坐于桥上，相谓曰：狗进子至矣，偿跃入水。即度桥，数十步，犹见数人仍坐桥上，且叹且吟曰：昔日纷纷逢叔度，今朝立遇晋江人。此亦不见。 130/15

江西建昌府部　　13°/21—

建昌府关梁考　职方典第880卷　第130册　（府志）

1/本府（南城县附郭）76桥　130/21-22

五奎桥：在府儒学之左，里人有罕道之、萧京去、夏泉、夏良胜继登魁元，人以为有兆于桥，故名。

城外太平桥：在东川门外，旧为浮桥，宋嘉祐五年，郡守李有俊创立石桥13叠，架屋四楹，名万寿桥……嘉定13年毁于火……（清）康熙壬寅，桥上市民失火，悉烬无遗。郡守高天爵始甃为石梁，不立屋宇，制度如万年桥，山川开阔尽落行人襟袖间。壬子复毁于水，邑令曹养恒捐资复修，两桥相望，如双虹横亘矣。

通福桥：东二里，跨东江上，以其路通福建，故名。宋咸淳丁卯郡守方演始造。元末火于兵。明洪武初县令张税立石墩八，驾木九层，覆以屋43楹。天顺间水啮桥圯，郡守江浩重修，邑人布政使左赞记。明末复圮，今石墩存三之一。

大德桥：在太平桥东，跨乾港，明弘治15年郡守舒崑山造，名普济桥。嘉靖26年毁，28年郡守陈陛、通判胡泽改为平桥。隆庆元年邑人罗汝芳等重修于乾港，桥易名大德。有联：春浪涌：江心有络

20×20=400（京文）

388.

130/21

通平岛，夕阳隐隐，渡口无人问梓舟。

龟湖桥：在东三里。宋淳祐五年，知县赵必揆因洪水冲破造四洋桥，一通福延，一通潭步源，一通龟峰入大源。然则今之通福桥其龟湖四桥之一。又按咸淳七年，武学教谕徐演砌龟湖石梁300尺，是昔之四洋桥至是始合为一石桥。《正德郡志》疑其即今通福桥者是矣。然通福乃方宇所延，与徐谕所延之龟湖固各为一桥也。今之称龟湖桥者有二，一在东江之东岸，一在东江之西岸，皆居通福桥之上游，其所跨之水皆小溪之通东江者耳，非东江也。岂宋之龟福桥则正跨东江，后为湮没，而今二桥者乃旧桥首尾遗址欤。地识在之延东岸者桥旁有峰正当巽位，其水亦为巽水，故堪舆家贵之。

万年桥：东北六里，地名驿洋渡，旧名澄洋渡，今改为万年桥。下有潭曰乌江，宋咸宁七年武学教谕徐演砌龟湖石梁三百尺，乃移湖之旧为梁者舟二十有二，益之五十有二，移置驿溪为浮梁，提刑黄震有记。舟梁不知坏于何时，明成化二年邑人雷显忠作渡舟以利涉。久之舟坏，以治河渡

389

130/21—22

湖尺寞，郑忠子应春、孙炯再舟之，又凿石崖以座，扁曰津馆，庇风雨候渡者，割田17亩为舟馆修葺备，雷氏三世好义，乡人名为雷义舟云。……崇祯甲戌，霞湖之福始弘治时，副使吴麟瑞倡立石桥24墩，延石九层，为湖东诸郡冠。……顺治丁亥年始竣厥功，民不病涉，中建一亭祀大士像以永镇云。

毛坊桥：在城东三里，有亭一所，石路百丈，34都民黄金造。

遇仙桥：近郭仙峰下，有道士胡古屋于此遇仙。

欧家桥：在东北65里，跨曲涧，明永乐间单道人造。

南会仙桥：在南半里旧麻洲渡。宋宝庆三年侍郎曾颖茂、左司曾颖秀造浮桥，名通济桥，明初徐了空复因其圯而造焉。同知梁必达增建两楼于桥端，东曰江山一览，西曰时江伟观，因易桥名曰会仙，今废复为渡。

迎仙桥：在城南一里，旧名麻桥，南丰州判章潭造，中书舍人章文昭、国子生章诏继修之。知府秦燮有省耕过桥诗。

黄公桥：在潭港里人黄世美造。明景泰间黄仕诚修，万历间庠生黄廷秀等重修，邑侯改名绳武桥。

20×20=400（京文）

390

130/22—24

此外有：正俗、雍和、水濺、青麻、禾坪、雲门、三峡、危公、大安、槃魚、孤桥、垂桥、芦桥。(余略)

130/22

2/新城县34桥：葡口、飞鸢、乐土、鹧鸪、赤带、新丰、石磔(余略)

3/南丰县34桥 130/23

会郭桥：世传王郭二真人相遇于此故名。宋绍熙元年里妇丘氏造。

4/广昌县32桥 130/23

郎君桥：跨秀岭、石霁二水。尝有渔人见石人立潭上，故名。明永乐中里人曾世勵、詹允敬重造。

此外有：吉祥、瑞芝、株桥、揭公、阑丹、杨梅、古阳芦桥。

5/泸溪县24桥

接龙桥：在北门外，为往来通道。先时架木为之，水涨则桥断。天启元年知县王德纯议派粮甲兴造，桥未完而公以艰去，通判张兆箐署印，因为偿钱粮不足，募助以充之。后知县李良骏工成桥，往来利赖，今废。

丁字桥：在14都南城，邑令苗蕃诗：山下丁字桥，亭绝更幽古。东与南流合，石垒在中涛。家：竹织序飞轮为之舞。轮飞水自舂，不见谁操杵。闲拍次垂杉，茶铛莫可数。蹒车且停之，欲访深林处，却

391

130/24—35

怪陶彭泽，五柳新幻语。家近画来荒，胜似桃源谱。

欧家桥：去八都。舒奎记：盱东北有水焉，其流甚曲，两山夹辅而去，因以曲涧名之。是涧发源闽境，凡虑数百派，皆自深谷中穿岩凿出而西北流，至涧之上游十里，则群派皆会于一，蜿蜒而西五里，乃折而北，至涧东又折而西，逆挽而南，复迴翔而西，若两蹊相连之状，乃北流而西，又蜿蜒二十余里入于盱水。盖环盱数百里水流之曲未有若是之奇绝者也。

此外有：枫涧、赤境、真如、阳谷，黄家桥。（全县）

建昌府古迹考　职方典第883卷　第130册

（南丰县）南台：△在县西济桥南岸。白鹤仙人有谶云：南台沙上，南丰出相。唐太和中置李南公……130/34

（泸溪县）李泰伯故里：△在三都赤境桥李家园。泰伯公所生之地名贤良里，基址尚存。130/35

20×20=400（京文）

392

江西抚州部

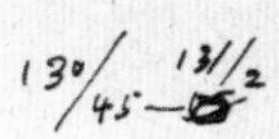

抚州府关梁考　职方典第886卷　第130册　（西志）

1/本府（临川县附郭）141桥　130/45

文昌桥：在府东门外，康熙三年，桥被洪水冲坏，巡抚董卫国首捐银500两，总督张朝璘捐银500两，布政余应魁，按察薛铤，知府刘玉瓒，署同知杨先达，推官丘元斌，临川令丘泰各捐银500两不等，公力同建。

此外有：六水，孝义，河埠，学生，十义，猪桥，品桥，白竿，獭石，念佛，南四，五郎，师姑，近桥，藤桥，五尺，梦桥，软桥，张三，白马，二剌，鼠尾，雷公等桥（余略）

2/崇仁县69桥：铁炉，隐仙，鹅桥，观桥，石牛，樟树，大桥，低桥，刁桥等桥（余略）　130/46

3/金谿县67桥：文兜，真仙，外举，艾鸡，横桥，长乙，柳滚，四坐，鹁鸪，五桥，挽桥，流芳，石埠等桥（余略）　130/46

4/宜黄县九桥：龙崗，龙源，揭潜，金川（余略）　130/47

5/乐安县30桥：贤妇，化龙，南岳，黄花等桥。　130/47

6/东乡县43桥：挽桥，姜桥，瑞官，黄窑（官），米窟（观），七邻，梁桥，总管，林桥，塔桥。

130/65

古迹考（宜黄县）：迎恩桥：按一统志：县北凤山前，元吴澄有记。

艺文考：上巳日临川道中　（宋）陆游　131/1

登溪桥碑阴记　（宋）何时　130/58

石桥（诗）　（明）何麟太仆中　131/2

寿湖……　（元）……　131/2

……望仙桥　（明）汤显祖　131/2

393

江西临江府部　　131/6—19

临江府山川考　职方典第891卷　第131册　(西志)

(新淦县)桂湖：在县南挹秀门外。明万历戊申，县令朱邦祯以水势经湖惠政桥，于学泮设先关锁，率民开濬，远迎春门绕秀峰学泮而出，名玉带水　131/6

(峡江县)亭头水：在县西三里，源出七里洞，环城北经新田大安桥入峡。　131/6

(新喻县)仰天冈：在县西北15里，上有仰山祠，祠旁有仰天池，泉甘旱不竭。山半有石罅，跨崖绝壁可通，号仙人桥。　131/6

临江府关梁考　职方典第894卷　第131册　(西志)

1/本府(清江县附郭)28桥：问津、向阳、曲水、大观、乌泥、一念等桥。(余略)　131/18

2/新淦县31桥　131/19

惠政桥：在县城南，宋元祐中苏轼经此题曰惠政。

此外有：兰陵、神政、黄竹、屯桥、藤桥、柎桥。(余略)

3/峡江县57桥　131/19

善膳桥：在城南五里，宋隆祐孟太后道经此进善膳，故名。

象江桥：在草洲脑，年久废。康熙六年参议施闰章、知府王攙氏、知县佟国才捐资重建。

20×20=400(京文)　　394

131/19-20

莱公桥：在城西一里，宋寇莱公谪潮时经此，故名。

此外有：黄花、株木、顺桥、军民、五眼、五桥、蹇头、花苑、前山、水磨、鹅颈、苑苑、馆头、峡里等桥（余略）

4/新喻县60桥：纂头、暇豫、拜相、长宣、暇山、白沙、睦宜、黄金、细珠、画江、八百、丹桥、孔目、腾驾、龙镜等桥。（余略）

20×20=400（京文）

295

江西吉安府部 131/31—36

吉安府山川考　职方典第897卷　第131册　(府志)

(本府庐陵县附郭)青原山：在城东南15里，山势根盘纡衰，外望如蔽，寺有迴磔涧而入，涧流清驶诘曲，度待月桥，石壁峭倚，中旷衍，净居寺在焉……131/31

(泰和县)王山：在县东80里，状类卓笔，高如里。旧名义山，晋永嘉中有王子瑶者修炼于此，道成仙去，唐因改曰王山。……其坛有上中下三坛，又有龙潭……迴仙桥，白莲池，流泉池12处……131/32

(安福县)鸽湖山：在县北60里。上有雁峰、白崖峰、石人峰、三级桥、桃花涧，景物幽绝，有唐人留题。131/34

纱帽潭：在武功山，水从迴仙桥横流一石，梘悬注潭中，潭口如纱帽，雾气深黑，相传有龙出没。游人坐处潭水沸沸如珠。又有箭箕、龙窟、黄龙、鸟狗诸潭，皆奔腾飞流而下，疑非人世。131/34

吉安府关梁考　职方典第898卷　第131册　(通志县志)

1/ 本府(庐陵县附郭)105桥 131/36—38

习溪桥：在城南门外。水由吉塘支流经阁入太平桥，历铁佛寺，米蔬市西，福善等桥以经习溪而会赣江。图经云：楮木桥，唐天宝七载县令吴励

第　　　页

修，元至元壬午，永新聂阳游信叔垒石为渡，洞高三丈，广半之，长二丈余，傍置僧舍曰大隐庵，即今观音堂是也。

福善桥：南湖上流三十余步，未详造始。甃以石，崇二丈，广一丈二尺。明永乐13年进士彭永闻复修。正德己巳经水灾，知府任伦修之。嘉靖癸未，刘大伦等率众新治，翼以石栏，坚整逾旧。清顺治中复为水坏，唐子里人复修之。康熙八年，知县于藻增以石栏，壮丽如旧矣。

太平桥：在西华门，宋大中祥符二年僧云豁修。明洪武16年僧起田重修，崇二丈，广一丈二尺。

铁佛桥：在半苏桥上流铁佛寺侧，宋淳祐间僧志纬造，元季兵毁，明洪武15年僧本性重修，崇广如太平桥。

半苏桥：在小桥之上流40步，创自宋元丰间，適苏东坡南谪经此，见城隍阁潆水环流，楚蔚秀发，以为其境半于苏州，故名半苏。甃以砌石，崇二丈，广八尺，长15丈，东通旧市，西通城隍阁，元季苏万户重修，今废。

吟溪桥：在县北20里坊郭乡。相传唐杜审言

20×20=400（京文）

司户吉州，尝游咏其上，因以名桥。明洪武元年，里人邹国安、陈子将重修。永乐甲午巨浸湮没，子时之子致广因尚书周忱言，郡守陈本深下邑宰张叔伦竭其旁近二百户编役资桥，致广助成之。桥岸凡四墩，高二丈八尺，广一丈三尺，长20步。

迎恩桥：在城北嘉禾门外，旧名螺阁桥，宋咸淳间建。元时迎接诏敕于此，乃更今名。洪武20年道人胡永成重修，甃以石，高四丈，广半之，长30步，覆之以屋，刘攀伦记。

吉塘桥：在县西南十里永福乡之吉塘，宋元祐庚申僧人善济募建。凡十有三墩，上覆以屋，高阔各二丈，长四之。元至正庚子燬于兵。明洪武间重创，永乐二年洪涨激崩圮，惟十二墩存。

永安桥：在县南十里儒林乡之永安，未详始建，桥岸之三墩，架木甃石，崇二丈，阔一丈二尺，长三丈余。明洪武16年乡人并力重修，南通泰和，东通永和市。

竹瓦桥：邑西90里赞城，宋邑人曾仲巍所，旧日竹溪，因以竹瓦覆亭故名。桥之旁有竹溪路亭，曾乡建以便休憩。

131/37

黄冈木桥：在县东十里坊廓乡，以近黄州铺故名。宋明道二年里人共架木为之，高三丈广一丈五尺。南通梅林渡，北通吉水县。

△多宝桥：在县西15里儒林乡多宝院前，宋绍兴间僧性海造，甃石为之，高三丈，广半之，长25步。北通大皋渡，南通永市。明洪武十年僧兴道重修。

仁恩桥：在县南40里永福乡，始建年代未详，甃以巨石，高二丈，广半之，长20步。明洪武15年兴明寺僧空海重建。

何山桥：北乡何山，吴楚通道也。高三丈，广半之，长20丈有奇。明景泰甲戌水圮，守张煌率富民营之，又造亭十间，御史刘昌记。

何山下市桥：在县西北50里儒行乡，始建年代未详。甃石为之，高三丈，广半之，长20余步，架屋三间。明成化21年里人孙天鉴重修。西通永福，东通郡城。水自冷水坑发源经什善，履枫江，过三江口，会大江。

上观桥：在县西北50里儒行乡上观，宋咸平间乡人共置，明洪武15年里人张志达捐资重修。高二丈五尺，广半之，长九丈，下甃三洞。西通永福，东通郡城。水自冷水坑发源曲折经岭溪桥会于大江。

20×20=400（京文）

399

藤桥：在县北25里坊廓乡。昔传有古藤亘互，乡人因结藤桥之，砌以石，凡五墩，唐延中置。明洪武20年里人刘仲魁重修，高二丈，广一丈一尺，长二丈五尺。西通何山上下桥，东通郡城。

坤溪桥：在县北50里儒行乡63都，建始未详。明洪武30年里人彭志祥重修，甃以础石，连岸四墩，高四丈，广二丈五尺，长四丈。东通郡城，西通安福，水自52都沙石塘发源，历枫江桥，过三江口横石会大江。

竹香桥：在县北40里儒行乡，唐贞观间僧福林建。明洪武15年里人刘克正重修。高、广各二丈，长20步。西通何山市，南通郡城。

大榛桥：在府城北仁50都，未详建始。明洪武20年甃以石，高二丈，广半之，长15步。北通安福，西通郡城。水自钟岗曲折而出，会于赣水。永乐中水决，正统间重建，上增置桥亭七间。

枫江桥：在县北35里儒行乡，唐武德间僧辨公建。明洪武10年里人王仁安重修，架础为之，高二丈五尺，广一丈二尺，长30步。西通安福，东通郡城。

后溪桥：在县东南15里坊廓乡72都青原山。元至正九年净居寺僧后溪建因名。甃石，高二丈

131/37

五尺，广半之，长30余步，覆之以亭三间。东通青霞山，西通洋溪市。

飞锡桥：在县东南16里，行72都净居寺前。唐七祖禅师于此飞锡故名。甃以石，高广与宋矼同。

通仙桥：在县南15里儒林乡，以近王仙而通仙阁故名。宋建炎时建。明洪武20年里人郭弘修甃以石，高二丈，广一丈二尺，长20步。上通白陟，下通大华溪，水自上金陂发源，经小湖坑，会于大江。

東津石平桥：在县南15里永福乡19都，始建未详。明洪武四年僧自如重修，甃石，崇二丈三尺，广一丈二尺，长20步，连岸凡七墩。上通泰和，下通郡城。水自永新界发源，从大华溪会于大江。

三江口桥：在县北25里坊廓乡67都，合坤溪、吟村、富滩三江故名。久圮，明洪武二年，里人胡子明倡资甃石重修，连岸四墩，高二丈，广一丈二尺，长50步。北通吉水，南达郡城。

清湖桥：在邑北68都。石墩九，因水圮，僧慧中邑人李述刚重修。北通吉水，南通郡城。

興明桥：在25都興明寺左，明嘉靖中寺僧重修。

钱富桥：在县北坊廓乡，宋咸淳间僧聪智甃

401

131/37—38

石，高20丈，广半之，长20步。西通袁州，东通郡城。水从藤桥，历螺湖会于大江。

庐陂桥：在邑东北67都。唐天宝中僧华公甃石，崇25尺，广半之，长20步。北通长水谷村，南通郡城。

古江桥：在邑南60里永福乡。唐永泰间僧从礼造，建岸三墩，崇三丈，阔一丈，长30步，南通永阳市，北通郡城。水从梅花樟坑历横石，会于大江。

常村桥：在县北30里儒林乡。宋绍兴中僧性海甃石，高广各二丈，长20步。南通永阳，北通府城。

永宁桥：在淳化乡82都永宁寺前坡右。宋淳熙间僧善集甃石，高二丈，广半之，长20步。东通永丰，西达郡城。

涑山桥：在邑西47都。甃石高二丈，广16尺，长25步，覆以屋13间。西通安福，北达郡城。

山田石桥：通永新，长三丈，深一丈三尺，叶甫修，下有鲤鱼石二。

朗石桥：在26都。相传桥经兵断30年，石自生连合如故。

生公桥：在淳化乡杨江渡，旧有桥经久毁废，康州曾早为之倡，历数年不成，杨生甫慨然独任

402

131/38

第　　　頁

其事，三年而工毕，里人因以生公名桥，表仁也。

此外有：市西，小桥，金凤，竹马，银溪，三板，瑞溪，云腾庙，周家陂，石桥，栎溪，清江，印网，云石，仁，得月，金粟，石溪，通仙，南广，桃林，孔家山，九江，黄家，王郎，陵泽，三山阁，虎溪，双江，常住等桥。（全略）

2/泰和县22桥 131/38

武溪桥：在大江滨。世传隋赵公杨素所筑。元至正间曾同再建。明万泰中王民望，欧阳广濬再建。

胡軏桥：世传胡軏建，遂以名桥。

此外有：钟溪，绿水，龙桥，杨梅等桥。（全略）

3/吉水县40桥 131/38-39

土桥：在县治150步西坊，宋绍兴间知县张汝砺劝本邑人架木为之。明洪武20年主簿李彝号月舟作亭于上，又名月舟桥。高阔一丈二尺，后圮。成化间知县李智重修。

龙陂桥：在县东40里折桂乡21都，世传有龙居此，后又作桥，遂名之。高阔八尺，长一丈余。

连珠桥：在太平桥之东，二桥相连故名。宋熙宁间乡民共建石砌之，其修与太平桥同。

文昌桥：在文昌乡山歇岭下，长一丈，广、高七尺

20×20=400（京文）

403

131/38—39

通去水文昌故名，明弘治间重修。

乌龙桥：在县南15里中鹄乡54都，昔溪水泛溢，有龙绕其下不毁，故名。未详造立之始。

归驷桥：在文昌夏朗，因刘侯拙斋之弟学归故名归驷桥，高广九尺，长一丈五尺。

泰山桥：在折桂乡下江，旧名卑头桥，年久颓圮。明成化辛卯重新修筑，作三间，长十丈，高一丈二尺，阔一丈，更名泰山。

大江桥：在42都宫陂上下去饶通徽，作三间，高阔一丈二尺，长十一尺。

娶妇桥：在文昌乡带溪，昔里人王旦舒妻袁夫守志，每欲捐资造桥未果而卒，夫弟继志筑之故名。

此外有：七里、渔梁、乌江、黄岗、谢家、石胡、大桥、泸熟、牢桥、都陂、双村、南华、三条石桥、傅家、大花、火桥、黄桥、四下芮桥。（余县）

4/永丰县31桥　131/39

恩江桥：旧名涛川，在县南百余武。元至元间，县尹何仲温甃石12墩架屋42间。明洪武24年知县黄兴甫重修，正统九年知县黄永从叠木为梁，造屋57间，正德六年毁于流寇。知府任文定督县

20×20=400（京文）

404

重修。嘉靖40年复毁于寇。知县陈尚伊重修屋53间。至万历12年後毁。16年春大水，渔渡一舟溺水死者47人，知县吴期炤悯之，乃捐木鸠工，架梁竖屋，仍为53间。万历丁巳年知县瞿式耜重建。清顺治中重修。

小江桥：去县12都50步，春夏水涨冲激不能渡。明万历中甃石建屋，偏回渡口徒杠。

○六一桥：在县治西150步，桥畔旧有文忠公祠故名。嘉靖毁于寇，后重修。

清风桥：旧名彭涂埠桥，在五都，宋绍兴里人彭氏建。明洪武四年知县蔡玘重修，后废。正统三年，居民李岳兴甃石架木为梁，建屋11间，钟学士改今名。己亥年朗孙发祥国岩捐资重修，甃石成桥。

此外有罗富、腊陂、马园、迁驾、绳武等桥。（全略）

5/ 安福县19桥

凤林桥：在县北门外，跨泸溪水，宋元丰间建。崇宁、绍兴、淳熙、庆元、嘉泰间相继重修。明嘉靖间复创浮桥。万历中甃石为桥。崇祯中添置石栏，屹然壮观。

○集仙桥：在县北门外，宋绍兴间建。相传居人

20×20=400（京文）

405

第　　　　頁

夜间桥上仙乐缭绕，四往视之，唯见书吕洞宾字於桥柱，故易今名。

○风停桥 在县北，唐元和中有异人以风毛浮水而下，遇此处乃立庙，揭名曰风停庙。宋熙宁间道士就庙前架木为桥，因名。

此外有：亭桥、浴沂、龍马、九都花、芳桥（余略）

6/龍泉县六桥：济川、惠泽、上岩、跟运（余略） 131/40

济川桥：在通江之上。宋景祐中从县北，乃创江桥。元丰中改名王公桥。宣和中复创之，更名陈公桥。后经焚毁，从之上流名双溪桥。隆兴元年仍从故地名曰济川桥。庆元二年移于下流半黄田直通新市街，名曰镇江桥。后乃复旧所。嘉定元年重修。淳祐二年水后再移黄田，五年复旧。元至元15年修治未几复废；元统中重造，至正元年伐石叠木为桥，十年山水冲决，桥圮于水。明洪武元年造浮桥，为船33只，率三年一易，屡易屡坏。宣德之年、景泰三年相继重修，明末废。清顺治14年重修并建风雨亭一所。

7/万安县29桥：大蓼、小蓼、平头、双径、院前、松山（余略） 131/40

8/永新县四桥：清风、龍溪、秀水、长春 131/40

20×20=400（京文）

406

131/46—57.

吉安府祠庙考　职方典第900卷　第131册　(府县志)

(本府)天符庙：在郡治道义坊，以祀天符大帝……
今并废改庙于北门外迎恩桥之侧。　131/46

神坛庙：在儒行乡64都广福寺之左，相传为鲁班神造，祀萧陵王。　131/46

石勤庙：旧志误为石勒庙在32都青原三桥外侍郎山下面石壁……　131/46

(本府)铁佛寺：在铁佛桥畔，桥以寺得名，有铁佛三尊，唐所造也。丙戌毁于兵，壬辰僧庵言修葺之。131/49

永宁寺：在17都吉塘桥，唐惠昌间僧友云建，元季兵毁，明洪武三年僧堂德重建。　131/49

广长庵：在福善桥畔，旧名福善庵。　131/50

大隐庵：在习溪桥之侧。　" "

(永丰县)石桥寺：在县前50步，元大德间僧居于六一桥上，遂创寺，寻废。明洪武元年重建。今改为六一公祠。

吉安府古迹考　职方典第903卷　第131册　(通志县志)

(本府、庐陵县附郭)南塔：在迴龙桥上。三国吴赤乌二年建。　131/57.

素馨楼：在金凤桥之南。　" "

20×20=400（京文）

407.

131/58—63

第　　　　页

(泰和县)迎龍门閣：江南门外岸，即龍橋。131/58

(吉水县)川上橋亭：在儒学前右畔涧上，明宣德间知州柯暹所建，今废。131/58

(安福县)先春閣：江在县北门之外，一名文昌閣，居凤林桥之下。有黄山谷诗载輿地志今閣废遗址尚存。131/59

合婚桥：桥东二石梁，昔有人娶于此，妻不从，指桥誓云石合乃可，石果合，因名。後土人从石为桥他所，雷遂毁之。131/59

梅福市：江在县南70里许大桥。相传汉梅福为吴门市卒即此地，有古碑刻梅福市三字犹存。131/59

(万安县)玉山館：江在朝天桥側，相传隋唐建立。131/59

雞陂洲桥：跨河洲，甫筑时累従不定，忽有神人指累之定之。131/60

吉安府藝文　职方典，第904卷　第131册

春浮園记　(明)萧士瑋　131/62

吉安府纪事　职方典，第904卷　第131册

(安福县志)(明)景泰初，瑞溪桥去大樑桥一里，先雨忽自漲江水三日方清。又桥边禾一茎九穗，故名瑞溪。131/63

20×20=400（京文）

408

江西瑞州府部　　132/1—6

瑞州府形胜　　职方典第905卷　第132册　通志·府志合

（本府·高安县附郭）（高县八景）仁济鲸涛：桥在县前蜀江，高照城西，买舟樯帆遇洪水浮桥即开，轕此往来，其声如雷。132/1

（新昌县）（八景）醉石云迷：石纹如拳，在古阳山清水桥下，陶渊明尝醉卧于此。132/1

柳斋横岚：石在城里桥，陶潜隐居弈基古迹。132/1

瑞州府山川考　　职方典第905卷　第132册　（府志）

（上高县）紫山瀑布泉：在县东南，分两派，一出依仁桥，一出官山桥。132/4

（高安县志）平湖：在治南15里，有四景：东林寺钟、西湖牧笛、紫桥飞跨、鹤岸耸汉。132/5

断水：旧传在治北五里，应使君此水断流，因名。东至架口桥入蜀江。132/5

蓝陵水：在灵山之下，上有鹅池桥，下有石水桥。132/5

（新昌县志）县眼池：有二：一在积善桥之右，一在积善桥之左。132/6

山湖桥水：在县东南五里，发源自黄村周普润泉，东北经学松园石埠头，合元丰桥之水至山湖桥入蜀江。132/6

409

第　　页

瑞州府关梁考　　职方典第907卷　　第132册　　通志缩志

1/本府（高安县附郭）61桥　　132/11

锦江桥：在府治前，一名浮桥，又名永安，今在城隍庙前，梁吴乾贞二年造。

南石桥：在府城庆善坊下，有石龟，又名龟子桥。

此外有：鹳鹅、进贤、三让、多稼、独城、会阳、卯桥、明心、五美、孝桥、大抄、小抄、南步、谊桥、节桥。（余略）

2/新昌县60桥　　132/11—12

积善桥：在县治前，其水萦回旋绕若顾县然，俗呼朝县水。

√达渠桥：在洞山寺前，僧本空修，名取洞山价大师处：得达渠之语。

○芳洲桥：俗呼唐宋桥，在望岭下，即宋状元刘恩之芳洲也。桥始造于刘氏，其后邑人胡某重修，元末毁，刘氏子孙复修，更名恩赋桥。

√樵步桥：在三都，元延祐间府判陈幼登与僧海僧募造，今圮。

书林桥：在四都宋熊冕书院，明成化间重建。

此外有：下山、丰桥、清水、瑞芝、流芳、学前、石桥、黄简、探仙、节桥。（余略）

20×20=400（京文）

410

132/12—23

第　　页

3/ 上高县39桥：金石、大战、虎撞、義桥、高委、一正、乐紫、平桥、人寿、节桥。（余略） 132/12

瑞州府祠庙考　职方典第908卷　第132册（通志、县志合）

（本府）利见庙：在浮桥西，旁回江山胜景。 132/16

　　惠济庙：在世济桥上，祀吴将甘宁。 〃〃

瑞州府古迹考　职方典第909卷　第132册（通志）

（本府）云栅城：在府城北50里。又城北五里有断水桥城，皆唐屯兵之处。 132/19

（新昌县）旧断水桥城：在县北五里。 132/20

　　舒啸台：在县清水桥下，古周平石台是也，渊明游息之处。 132/20

瑞州府艺文　职方典第910卷　第132册

锦水翔鸿（诗）	（宋）苏辙	132/22
游多宝寺（诗）	（宋）法直	〃〃
仁济馀涛（诗）	（明）陶履中	132/23
元欧文岸（诗）	（明）王在逵	132/23

20×20=400（京文）

411

江西袁州府部　　132/27-32

第　　頁

袁州府山川考　职方典第911卷　第132册（府志）

（本府.宜春县附郭）叔季泉：在仰山院之左，旁有龙渊亭，或传石霜和尚谒二神之所。　132/27

（萍乡县）金鳌洲：在县西萍实桥下，其长百余步，状如溯水之鱼……明知县陆世勣旋亭鳌阁其上，为禹门鳌浪，称名景。　132/29

袁州府关梁考　职方典第913卷　第132册（府志）

1. 本府（宜春县附郭）15桥　132/32

秀江桥：在袁山门外，跨秀江上，元至正间建。旧名画舫，明改名广泽，天顺八年重修。明嘉靖中被毁后重修，改甃以石。万历中，水冲岸一墩连陛衡倒，四墩尽颓，重新再造。清顺治中重新栏杆其桥墩坏。后因江涨倾坏十余丈，重加修葺

潆流桥：在府治东北，唐李将顺疏西涧水入城，于此潆流入秀江。

广惠桥：在西门外，旧名沙陂，宋建，明正统初重建。成化水圮重新，更今名。崇广二丈，袤200尺，覆屋20楹。

广润桥：一在上浦，府治东15里，旧名上浦桥，

20×20=400（京文）

412

132/32

宋淳熙三年立，明景泰五年修，成化初圮重修。一在下浦，旧名下浦桥，编木为之，遇水涨每坏，嘉靖中修。

霞底桥：在郡城之东，地名下浦，山溪一道上达仰吴，涨发水时，行人畏渡，旧有长桥年久倾圮。今移近高大，更名霞底，起自康熙十年，落成14年。

枫林桥：在县北20里，久地。明万历丙午间，里人袁北洲倡造石桥，共三洞，费金300余两，郡参陛陈子贞记。

此外有：鄢桥、赤桥、绛桥、拾南、三阳等桥(从略)

2/分宜县27桥 130/32

新年桥：在清源古渡东，明嘉靖中创建，疏水十一道，长120丈，广二丈四尺，翼以石栏。

天津桥：在化龙桥东，宋宣和间建，明正德七年重修。

此外有：诸田、谢恩、种德、义公、燕台等桥。(从略)

3/萍乡县23桥 132/32

萍实桥：在邑南门外，考楚昭王得萍实而名。三国吴宝鼎间建，元末毁，明洪武崇祯中继修。

龍安桥：在邑西五里，唐贞观间建，设栅门以通水道，屋其上以使往来休息。

宋濂桥：在邑东50里芦溪镇，宋濂溪曾经于

20×20=400（京文）

132/32—

此，因名。明洪武中建，万历间重修。

香溪桥：在泮宫桥西，谣传金鳌洲接香溪桥，玉带不当朝。

新侨桥：在邑北泮宫里上栗市，宋宝庆元年僧普照建。

乌龙桥：在邑南长丰里沙园潭，有黑石如龙，故名。宋淳熙间创，元末兵毁，明洪武二年知县赵蘩重建，复圮。崇祯间黎光照首劝里善豪建石桥，因水冲坏，墩存。

此外有：龙桥、绕树、馆埠、父东、妙济、大虹、万寿、草市、桐村、彪家等桥（余略）

4/ 万载县46桥　132/32—33

南浦桥：在县治南300步，元大德间建，明成化间重建，正德中水决，宋珊女贞贞捐资重建。万历崇祯间相继重修。清康熙五年水坏重修。

康乐桥：在邑东北十里，地名丁田。水源来自龙江合丘江向东流。元至正中建，长30丈，高一丈，覆屋27间，中起楼榭。以谢灵运袭封康乐公，频游此，故名。明万历初重修为石礅桥。46年砌石为墩，横余墙高二尺许，以杜骤水冲崩，今桥废墩存。

414

132/92—69

第　　頁

龍何桥：在邑东北。明正德中因合筑东西城雉，于河中造桥联之，开两小门以便往来。桥下有堰，为一邑水口，后圮。邑人谭钺创造；又圮。钺子瑩龍捐修。万历丙子复创造亭。己酉再圮复重修，乙卯五月洪水冲圮。丙辰秋改三洞为一，复加高广。至崇祯六年修复一堰。

此外有：双虹、再思、万岁、石虎、里莹、烟邑等桥（分县）

袁州府祠庙考　职方典第914卷　第132册　（府志）

（本府）仰山古庙：△县治南60里仰山嶽径潭之侧。昔有邑人徐璠舟行至大孤山，有二书生云居宜春仰山，遂同载而归，至浦东告别，期至石桥相访。后徐至其处，见二龍，乃知为仰山神，立庙祀之。132/37

袁州府古迹考　职方典第916卷　第132册　（通志府志）

（萍乡县）龍鳞木：△在县西龍安桥侧。相传昔有商客买一木，欲伐之，其夜忽生龍鳞，因不敢伐。今树虽不存，而通山树木皆多龍鳞。132/43

廿隐堂：△在龍何桥，为谭埙父子建。〃 〃

袁州府艺文　职方典第917卷　第132册

广润桥记　（明）邹守益　132/47

送友人归宜春（诗）　（唐）张乔　132/49

题宜风驿　（宋）阮阅　132/50

415

（京文）
20×20=400（京文）

江西赣州府部　　132/54—133/4

赣州府山川考　职方典919卷　第132册　（府县志合）

（本府.赣县附郭）岘山：距城东南100里，宋敕封妙高峰，建梵刹，有吴生佛，远近朝拜者甚众。山下左有魁星塔，右学田刘姓居焉。132/54

放生池：在西城外知政桥下，旁有亭名临章，郡守赵建时改曰永川。宋绍兴癸亥诏天下各置放生池。今废。132/54

（兴国县）太平岩：在县东常清观后，有石柱、石人、水臼、竹桥之胜。132/57

万磜山：宝城乡旺山皆石磜，下积水成湖，时或风雨变态，其中秀峰特出，缘梯陟而登之，遥闻城市闹声，人号万磜龙湖。132/57

（会昌县）僧帽石：由天竺峰西小桥一石立桥右，微类僧帽。

仙人桥：由迴栖径行入三空胜地，有石倚侧空间，攀援而登，两峰中断，深数百尺，上横一石，若侧刀然，阔不及一尺，长丈许，上有仙人足迹二，长一尺。132/69

（石城县）仙女石：在县治南30里有亭。两石并列，上架石梁，旧传刻仙姑纺绩之所。133/4

20×20=400（京文）

416

133/5—6

赣州府关梁考　职方典第922卷　第133册　（府志）

1/本府（赣县附郭）28桥　133/5

东津桥：在建春门外。宋郡守洪遵始造浮桥，改名惠民。嘉定甲申太史郑性之用铁索联舟以济，后废。明宣德庚戌知县李素重造；正统丙辰通判郑暹修又废；正德间王兵使秩重建。自是有司修葺，以岁为差。

西津桥：在西津门外，旧名知政。宋熙宁间王帅尚仁，郡守刘瑾始造浮梁。宣和间秘阁李遂，宝庆间侍郎薛子述继修。元废，以舟渡。明宣德庚戌知县李素重造，寻废。正德间，王兵使秩重建。自是有司修葺，以岁为差。

留公桥：在百胜门外，宋郡守留正建，故名。

白塔大桥：宋里人郭世仪、郭从宗建。淳祐辛丑进士王有之记。明正德戊寅郭仁重建碑亭。

此外有：南桥、中书、虔郎、赤涧、白土、黄槎等桥（余略）

2/雩都县21桥：朝佛、彩虹、黄金、太白、佛婆、平头（余略）　133/5

3/信丰县23桥　133/6

嘉定桥：在上东门外，宋淳熙间邑令赵师侠始，名平政；嘉德间邑令伍千里移之，更名桃江。嘉

417.

133/6

宋甲申地，邑令张溍重修，改今名。明弘治知县倪侒因其故址作浮梁其上；万历庚寅邑御史士佑倡议易造石桥，工讫，未几被水冲圮。今仍浮梁。

迎恩桥：在县北门外，旧名虹桥。架木为之，后易以石。邑令倪千里修之，改名朝天。明洪武己卯知县彭奉先修，改今名。成化初，知县何让筑石为七墩，梁木其上而屋覆之。正德初知县沈侠嘉靖丁酉知县徐銮，甲辰知县沈学先后继修。丙辰洪水圮，同知赵时希重造石桥，仍屋其上。

此外有：公桥、袁婆、白竹、桃枝、古木、火坑。（余略）

4/兴国县43桥 133/6

龍興桥：在龙王潭。明万历辛亥知县吴宗周创建以障水口，横列七墩，架木为梁。继任蔡锺有讫其工，上覆以屋；旁植栏楯。未几被水冲圮。

此外有：小畲、空心佛、五郎、兔口、马良甘桥。（余略）

5/会昌县10桥 133/6

東门柳洪桥：明万历癸丑知县冒梦龄易造。为石墩凡九，架以木，覆以砖，护以栏，表以坊，计广二丈，长五百余尺，高二十有八尺，费1600有奇

珠兰铺广济桥：居民黄应奎造。万历癸丑知

418

133/6—14

第　　页

县署萝龄修，长七丈，上覆以屋。

此外有：会通、怀仁、龙光、虎溪等桥（余略）

6/安远县17桥　　133/6

县城濂川桥：宋嘉定丙子县令袁士表造。明嘉靖乙卯知县吴卜拥伐石建造改名躍星。

此外有：拱桥、龙头、迳口、滑石等桥（余略）

7/长宁县四桥：太平、福善、通济、东拱等桥　　133/6

8/宁都县37桥：苦竹、大高、美山、狮子、月桂、迴步、龙舌、浮堂、云逐等桥。（余略）　　133/6

9/瑞金县九桥：云龙、严坑、大埠、菱角、会通等桥。（余略）133/7.

10/龙南县14桥：下渡、长桥、双院、酒口、楼背等桥。（余略）133/7.

11/石城县28桥：卧虹、李獭石、花斑、隴东门、嘴铺背、段东、秋口、磔下等桥。（余略）　　133/7.

12/定南县22桥：泥竹园、黄乾头、刁溪、郑屋、盘古、十二坵、鱼迳、粗石、黄沙等桥。（余略）　　133/7.

赣州古迹考（通志）（本府）郁孤台：在府治西南，即贺兰山右。隆阜郁然，孤起平地，因数为台，故名。莫详所始。……宋州守赵时逢即台麓之东北造一洞天，中有莲池，跨以虹桥……——　　133/11

赣州藕文西隐山（诗）　　（明）蒋　曙　　133/14

20×20=400（京文）

419

江西南安府部　　133/19—26

南安府山川考　职方典第925卷　第133册　（府志）

（本府大庾县附郭）罗汉洞：在府治旧攀林镇西八里。洞有岩口为门，中有十八石排列左右若罗汉然。其岭有石梁长丈余，危峻人不敢度。133/19

（南康县）莲花山：在县西北三里……又东行一里为龙冈，前有龙伏山与莲花山对峙。通志云，山上有仙岩，岩前有桥，桥下有瀑布千尺，泻于石窦，不知所往。133/20

（崇义县）大峰山：在县西50里，环横叠涧如屏幕然，延袤数百里，前临绝崖，驾以石桥，广寻丈，长数十丈。133/21

南安府关梁考　职方典第926卷　第133册

1）本府（大庾县附郭）32桥　133/26

横浦桥：在府南门外东100步。元延祐间造，后改平政桥。明成化间知府张弼修之，复名横浦。万历乙亥，知府陈诰修之。丙申又坏，知府曾光鲁修之。今桥凡五墩，长22丈，阔一丈八尺。有屋，为小贾贸货，岁收税，积为修桥之用。

平易桥：在今行台右。元至正间薛理造。明永乐甲辰知县谢贞修之，名县埠桥，以近旧县也。又名新陂桥，以有陂流也。后以桥繁平又近县，知府

20×20=400（京文）

420

衢修之改今名。今县治迁入城中，桥存。

小沙桥：在五里山之南。唐开元间开岭路，以板木为之。明景泰中始甃拱；成化庚子，知府张弼复为二墩，上甃以石。

大沙桥：在小沙桥之南。唐开元中造。正统间甃拱，成化间知府张弼修。后圮。万历甲午知州刘自明复倡修。

擂梅岭桥：在大庾岭下，唐开元间造，旧名礼锡桥。弘治间郡人朱华重造。

第一桥：在府城北门外，旧名朝天桥，即堕桥也。宋刘从学造，元薛理甃砌，成化张弼修。北十余步镇南门外为第二桥，又北百步为第三桥。

此外有：青云、寅宾、迎曦、宜男、驲使门、峡口、大里、小溪、京舟等桥。（余略）

2/南康县32桥　　　　133/26

宝林山桥：在县东门外，明嘉靖间李傑乾妻王氏造。

迎恩桥：在县东门外，甃以石，明嘉靖■京邑人刘庆与族人共造。清康熙己酉春又造玉皇阁。

通粤桥：在县西门外，康熙戊申合，上覆以屋。

通济桥：在县东一里，名东桥，又名关善亭。上

133/26-37

旧为浮屋，后毁于火，遂废。

苏步桥：在县北资圣寺右畔，以宋学士苏东坡经此故名。

银溪桥：在县西35里，溪头，有银溪馆，宋崇宁中邑人王九成建。

此外有：古桥、宣鸣、白塔、石古、龙安、舒、黄土、全桥、会襟、文付、芙蓉等桥。（余略）

3/ 上犹县12桥 133/26

东阳桥：在县东半里，旧名游龙桥。宋绍兴丙子，知县林次韩以东山隆起者七，星，更名七星桥。元大德间，知县魏义贤以石，后水圮。至治间典史王銮始具舟为浮桥，取今名。

济川桥：在县南，元至大间，知县刘仕雄具舟20只为浮桥。

犹口桥：在治东，桥上有恩亭。

此外有：营口、神桥、龙渊、园坑等桥。（余略）

4/ 崇义县三桥：太平、鄢坑、集坑。 133/26

南安府部艺文　职方典第929卷　第133册

通济桥记　（明）钟　贤　133/34

横浦垂虹（诗）　（明）刘　节　133/37

南康道中　（明）徐　琏　133/38

资圣寺　（明）邓本元　〃　〃

422

20×20=400（京文）

浙江杭州府部　　134/1—2

杭州府部山川考　　职方典第936卷　　第134册　　府县志合

（本府、钱塘、仁和二县附郭）狗儿山：按旧志在清波门内之北，旧半条桥之南。考今在清波门北约半里，貌而状存，高止丈许。　　134/1

集庆山：在仙姑山之西南……仙姑山稍南有行春桥，过桥由大道经普福，迤逦集庆山东，转折而南曰飞来峰。曰上天竺、中天竺、下天竺，三面阻山，中路直开若函谷然。由行春至天竺皆长松夹道，名曰九里松，松盖唐宋时植。集庆山之西曰灵隐寺。　　134/2

灵隐山：在城西12里，高92丈，亦曰灵苑，曰仙居，亦称西山……南涧自合涧桥迴流出白云峰之下凡八度桥，其七石也，其一木也。北涧自龙脊桥迴流至冷泉峰之下凡七度桥，其四石也，其三木也。……灵隐山有灵隐寺，慧理为祖，延弘礼数千方丈，法席一新。山巅顶有韬光庵，灵寺之别院，磴道盘空，极望寥邈。骆宾王诗云楼观沧海日，门对浙江潮，即此境也……　　134/3

白岩山：在郡城西南约20里，盘迂森郁与云栖并周。中有资圣禅寺……按县志在县西南50

20×20=400（京文）

423

134/2—8

里，高50丈，周回六里，岩势险峻，磊落多石。按白岩岭……归龙桥。思君子经为白岩十景。藤村至归龙桥数里，夹道修竹，盛夏使人忘暑。 134/2

风篁岭：在南山饮马桥西，龙井在其下，岭之西可达江浒。按县志，上多篔筜篠簜。宋元丰中僧辩才驻锡于此。苏公轼常访辩才，辩才送逾此岭，左右惊曰：远公乃过虎溪耶？辩才笑曰：与子成二老，来往亦风流。溪旁有亭，因名二老亭。 134/4

八蟠岭：在大麦岭后。……按旧志湖山有西八蟠岭，一在西湖定香桥，一在万松岭右。 134/4

水竹坞：在九里松行春桥南，旧有水竹之胜，为步司前军寨。 134/5

龙山河：自凤山水门至龙山闸旧有河……岁久湮塞。元……延祐三年，行省丞相脱脱命民间浚河，长九里362步，造石桥八，立上下二闸，仅四十日而毕工。…… 134/8

学士港：在清波门外，相传宋有学士家此，故名。港底幽深隐僻，依蓬沿洄，方出湖口，古木翳蔽，斜连茅屋，最为幽胜处。港上有学士桥。 134/8

枯树湾：东通浮胜桥。 〃 〃

第　　页
20×20=400（京文）

424

134/8—16

第　　頁

涌泉：在霍山张真君庙西。宋高宗日遣人取之，寺僧覆以朱栏，泉从石隙中流出庙前，折入黄山桥小河。134/8

金沙涧：在灵隐寺侧，自合涧桥绕灵隐寺山一带唐家衖石桥，过行春桥，由麯院流入湖。134/8

金刚潭：在塔西道跨壕桥，有古塔基，今追三神阁为一镇锁钥。134/9

（富阳县）：观山：在县治东百余步，又名鹳山，一峰高耸，横截大江。……山顶旧为僧宇，后改吉祥寺，久废。洪武初，因其故地造山川坛，未能改文昌祠，后为双明阁，改传心堂。堂为四贤祠，东西为钟楼，又东为待月桥。……134/12

永安山：在县南50里小剡村。山甚高大，石绕数里，至半处有妙智寺，群山迴绕，内有田60亩，溪水环流，有桥四贯焉，因以名溪。水分两处湾下，前方有池，古木森蔚。134/13

（余杭县）尹公潮：在县东二里通济桥下首溪内。每春风吹激，波涌涛溥，水跃长数尺。父老相传，昔有尹公控吴御此水成潮，故至今传尹公潮。宋隐诗：安乐塔前水相出，尹公潮动状元生。留为他日之谶云。134/16

20×20=400（京文）

425

134/16—

第　　頁

△冷泉在去洞霄宫外元同桥三池上，出石罅间，甚细，冬夏不竭，掬而饮之，毛骨清爽。炎月置热物于中，至晚即冰。 134/16

(临安县)东天目山：在县西50里，高3900丈，周廻800里，有36洞，为仙灵所居。……太平寰宇记：水缘山曲折，东西区源若两目，故曰天目。梁昭明太子分经此山目瞽，洗于泉明一目，后居西山又以泉洗之，目悉开。故称曰双清山曰天目，西目属於潜，东目属临安。△东目山麓有昭明庵，去望天桥数百步。昭明始参禅处，遗像俨然。……又上则观瀑亭，瀑布泉高倚断崖，下临绝涧，自龙池下泻，望之如匹练，名曰东崖瀑布。有垂虹桥，桥驾两峰，泉自峰顶泻下，如白虹倒饮，至天入涧，名曰西锁垂虹。……中有龙池，云是天之一目，深不可测，常作云雨，旱祷辄应。池上有飞桥，四面皆危壁，悬桥往还，似飞渡者。下有玉涧泉流出瀑布，名曰玉涧飞桥。…… 134/16

大涤山：据县志，去县25里，道经为第34洞天，名曰大涤元盖之天。凡四峰，穹窿千仞，居之可以洗涤尘心故名。其麓为九锁山，萦迴环抱，左右山相错者九，中溪流界断，从溪度小石桥，有九峰拱

20×20=400（京文）

426

136/17—22

第　　　页

秀坊……上数百步为鸣凤桥，宋建炎间造。……左有会仙桥入楼员……再上为聚仙亭，元周先生创以息气者……有元周桥，先生与吴越王相地注水饯此桥。 134/17

南溪：在县西天目山发源，45里至县东入余杭县界28里，共70里，今建竹林长桥。 134/18

（於潜县）紫萝山：在县治西二里，高60丈。……东面有石壁高50丈，去水数丈有桥，山腰有路可通车马，现于林樾掩映间者即飞来桥也，今断塞。……

△又有亭曰更好，元皇庆间建，前瞰浮溪，虹桥雄跨其上，名邵公亭。…… 134/19

浮溪：在县治西北二里，又名锦江，阔52丈，深五尺，源自天目山，出县70里入桐庐县，今汪华所建石桥古迹。 134/20

（昌化县）晚山：在县西十里，高100丈，晋许遂游寓此山采药，遗踪记许由、侣巢父，故山有洗耳潭、白牛桥。 136/21

秦皇石：在县西44里百丈山下，两石相峙，高三丈许。相传秦始皇东游登会稽，欲作石桥渡海以观日出处，使神人驱石，行不速，鞭之，此二石乃驱之不去者。 134/22

20×20=400（京文）

427

134/25

第　　　　頁

杭州府关梁考　职方典第939/940卷　第134册　（府县志合）

1）本府（钱塘、仁和二县附郭）600桥　134/25-28

○登云桥：贡院北。其地，棘闱榜发，获隽者由贡院赴布政司宴，鼓吹导引必登此桥，取登青云之意，故有是名。

○李博士桥：李姓，[illegible]字彦之，宋嘉定四年进士，迁武学博士，居此，故名。

鹅鸭桥：原名淩虚，古名清宁，清康熙26年建。

○诒孝桥：旧名军头司桥，俗呼偶孝，一名荀王。贡院在东北，故去西路大街，大比之场不合式者憩此。

井亭桥：以相国井得名，南属钱塘，北属仁和。

八字桥：旧名洗麵桥，与清湖桥成八字形。

△○江学士桥：以学士江晓居此得名。

△○石湖桥：宋相范成大号石湖居此，又名石虎桥。

○粱家桥：南北跨大街，上有施全庙，全尝伏此桥下刺秦桧。

○涧板桥：疑即旧东贡院桥。桥上石板二，每板约阔丈许。

清湖桥：八字桥河西，跨街南北，自北而西一带名清湖河。

○望桥：与车桥相接。望桥上筑瓮城为军民门[illegible]。

134/25—28

平安第一桥、第二桥、第三桥：俗呼豆腐一桥、二桥、三桥，亦曰斗富。

○海鲜桥：宋大内莲花池，有石水润之见鱼虾形，因名。

○得胜桥：在东城巷东，宋韩世忠击苗刘败之，因名。

√江涨桥：香积寺西南跨官河，东属仁和，西属钱塘，宣德间僧觉徽重建。

√通市桥：在江涨桥南，宣德间僧觉徽重建。

√会安桥：北新桥西，正统初僧觉徽重建。

○上案桥：正统初岁饥，里人夏诚出粟二十余斛赈济一方，旌表其门。是年更新此桥，故以上案名。

√中兴永安桥：上陡门西，宋绍兴丁巳耆民陈德诚、僧梵海等募缘重建。

○桂芳桥：旧名菜桥。宋时里人徐宣与弟寓、埙同太学数十人伏阙上书攻贾似道，后同登进士，埙居榜首，乡人荣之，更桥名桂芳桥。

断桥：一名段家桥，在孤山路口。

此外有：六部、黑桥、三圣、鹰桥、仙林、鹁鸽、清泠、灌肺、金波、猫儿、方便、日新、胭脂、溜水、军将、鞔鼓、结缚、藩封、车桥、漾金、渡子、如意、台后、木龍、戒子、流福、淳祐、红莲花、白莲花、珍珠、蔡胡、笕桥、众星、蝙蝠、荼满先生、安稳、螺蛳、淳熙、周师长、独陈、登开、风桥、上

429

20×20=400（京文）

13/28-29

第　　　頁

花、下花、老鸦、陆郎、秀才、杨翁子、浪荡化人、月轮、未富、大力、李烟金、弥陀佛、张三、三十、竿桥、国庆、归家、一姑、二姑、猪坊、鸭舍、姚马四、独托庙、兔桥、连桥、阿妈、糖饼、汤泾、处士、西泾、东行春、西行春、潘雷、乌盆、浴堂、搭蓬、岸安、楼檀、老人、无私、中五郎、金四妈、姨娘母、郎子、良犬、杜甫、七贤、草鞋、太婆、一郎背桥。（余略）

2/海宁县58桥　　124/29

中和桥：疑即纪宗桥也。图经云，在县西北，旧志云在县西73步，跨市河，唐僖宗中和二年建。

△嘉泰桥：在县西南65步，旧名姜兕。宋嘉泰元年县令赵彦适修改今名。桥侧有唐咸通间所立经幢。

海昌桥：在县东南一里，跨城南小河。隋大业二年建。

辛江塘桥：在县东北十里郭店西。祝侍郎辛江塘记云：邑故所建36桥，如虹如蜓，今止约记数桥，以存其概，此在薛婆桥之内，乃错编也。

赵家桥：在县东36里，宋南渡后赵氏宗室族居于此，故名。

△萼羲桥：在县东北15里，跨辛江塘河，以桥石方正，俗呼为扇面桥。桥北杨家湖有二数公衣冠墓。

20×20=400（京文）　　430

134/29—

△相院桥：跨磺石市口，以晋尚书张延先故第得名。

○仙鹿桥：在县西北24里，康熙12年造。里人见一鹿绝尘而奔，因名。

△状元坊桥：宋张九成所居处。

○社稷桥：在县西南，桥图经续略云：此当县之西南忠孝坊西钱氏坟园内，园后地得旧碑，皆有社字，坊侧有石桥，邑人犹以社坛桥称之，意旧坛在旁之也。

此外有：胜安、双庙、行春、醋坊、珠桥、王道、前步、于许墉、景龄、紫微等桥。（余略）

3/富阳县46桥 134/29-30

○望跨桥：在县西100步，相传李文忠兵临本邑，至此桥回刃偃武，故名。

○秦望桥：在县北100步。旧云始皇南巡，驻此望会稽。

○孙桥：在县南50里威化村，世传孙钟设瓜于此，故名。

√太平桥：在县西三里临湖路，通灵泉惠宽明。万历间圮，邑人周吉临重造，清初又圮，僧云台募缘重造。

○青云桥：在县西十里，元大德间里有孙学禄中举题名，故名。孙学禄一作徐学禄。

431

134/29-30

第　　页

白鹤桥：在县东20里。正统间县令孙胜重建春明村，相传赤松子驾鹤于华盖山，鹤鸣桥表，故名。

√龙门大桥：在县南40里庆善村，元至正间僧云岩建，盖屋17间，明永乐间僧法龄重建。万历间，里人孙安霖等重修，46年大水圮。

赤松桥：在县东十里春明村，因赤松子故名。

亭桥：在县西十里露泉村，里人王道建，上有亭，故名。

√洪济桥：在县东南40里露华村。渔溪之水至此与江相会。元天历中，里人施岳山甃石为桥，元末毁于兵。明洪武初，施叙等架以木，永乐间，僧无易以砖，皆不久而圮。正统四年县令吴堂重建，易以石，广一丈六尺，长三倍之。

繁华桥：在县西五里，旧名半泉桥。正统四年县令吴堂建。因里人有陈观、郾顾子晃联登科第，改今名。

待月桥：在县东山上严子陵祠东。

罗桥：在县西六里惠爱村。唐末罗隐尝游吟于此得名。万历间里人王学辉重修。

状元桥：在县西南40里新店埠，宋嘉定三年建，上有"宋嘉定三年李昱造"八字

此外有：濠湖、鱼笆、善仙、德星等桥（今略）

20×20=400（京文）

432

（京文）
20×20=400

134/30

第 页

4/馀杭县82桥 134/30-31

○通济桥：在县东半里跨苕溪，旧名隆兴，钱武肃王改名安镇。绍兴12年复造，改今名。以木为梁。明洪武元年县令魏本初重造，通易以石，袤25丈，广三丈五尺，俗呼大桥。明正统间县丞丘熙岳加石栏。

万岁桥：在县东半里于警分司之侧跨津溪，惟一巨石。

○葫芦桥：在县东南一里，跨南渠河，东汉隐士张微植葫芦以贸，积钱造桥，又名安乐桥。明万历间知县戴日强重造。

V安乐桥：在县东四里，跨南渠，明洪武四年宝轮寺僧重造。

横渎桥：在县东15里，跨宦(?)塘港，唐大历四年造。距桥五里有横渎铺故名。明永乐三年主簿黄宗振重造，弘治四年本人符後重造。

V寺兴桥：在县东18里，灵源院西，跨小港，唐咸通间僧善本造。

長桥：在县东28里，跨余杭塘河，余杭钱塘以长桥为东西两界。自郡至此，东接钱塘县铺塘。

V章家桥：在县东南十里闲林六七保，跨宫河，明正德间知县俞仁命道人徐庆募资重造。

20×20=400（京文）

433

134/30-31

第　　页

石标桥：在县东南五里岩前之东南，跨山溪，不通舟楫。宋咸平间建，明永乐六年吴思敬重建。

闲林市桥：在县东南18里闲林市，跨官河，宋淳祐二年建，清康熙28年八月重建。

丁公桥：在县西八里戚宅界，跨山涧。明天启初丁𨖂为临安县令，性恬淡，薄名利，弃官之后，筑室山间隐而学道，为桥以济不通。

道士桥：在县西南六里，跨山涧，宋绍兴间，洞霄宫道士贝大钦建。

丁桥：在县西12里，吴司徒丁固墓在桥北山下。九世孙丁𨖂天启中为临安令，后筑室山间，造桥以便行者，因有是名。

此外有上郎、伍城、罗后、王、水滩、上坞、石蛤、双仙、邵墓、塞庵、遗安等桥。（余略）

5/临安县127桥　　134/31

长桥：在县东三里安义乡苕溪，明成化间知县方早经始，陈献重建。有亭，竖碑，同知殷自仁题“振衣濯足”，书法为人所珍。清康熙十年知县陈楏知李仲士倡募重建。

竹林桥：在县西三里，凡九水合流，南北诸山

20×20=400（京文）

434

134/31—32

夹峙而来，蔡君谟题为山水佳处。明宣德七年知县张昇始造，知县方早完工。崇祯七年高全评修；16年郑允珍重修。

锦桥：在县南二里，明崇祯间僧慧明断手募造石桥，寻圯，今土人架以木桥。

此外有：五柳、独山、蟠龍、正心、迎仙、锦绣、长乐、观莲、素云、波罗、更鼓、封丹、拗桥等桥。（余略）

6/於潜县46桥　　134/31—32

飞来桥：县西二里岩鹫山之尖，凿崖嵌石，临深涧，势若飞动，宋时以木为之，元皇庆间邑民八都鲁丁易之以石。

此外有：桂芳、跨马、西善、察口、大有、后千、於口、黯蛇、祝胜等桥。（余略）

7/新城县54桥　　134/32

观音桥：县南100步，长24丈。

塔山桥：在县西一里，治沿河耆民徐寔创造木桥，历年修葺，寔之子孙任之。

南津桥：县南一里，宋令杨思诚造，后律间赵崇俊相继重修，旧名登平。万历三年邑人画判陈永余同乡民孙驰捐资募造石桥，邑侯张鹏湖出

20×20=400（京文）

435

赎金助成之。

步蟾桥：县北三里松溪，原名松溪桥，以木为之。宋绍圣元年权邑尉张延之重建，改今名。元至元间，县丞张世荣重修；明邑民王德累石作三洞，上平以木。正德乙亥邑民徐旭孙继修易以石。万历壬子，邑宦方廉捐资为倡，县令施宗贤发赎金及里人夫助工，辛未邑令张建复捐俸终事，不三月而桥成。时桥下深渊不测，工头先为措手，众祷于溪旁广利庙，忽雨积沙涨，径若平地，工完涨没如故。

挿竿桥（善安桥）：在昌东乡。明万历三年普照寺僧文所法来募化重造。

双江桥：在县东二里双江口，明万历七年邑人侍郎方廉募造。清康熙七年县令张瓒重修，加砌石墩。

惠济桥：在县北官塘闸口，明万历七年侍郎方廉募造，其塘溉田千余亩，自唐迄今，惠利无穷。

此外有：西凉、大夫、行春、裹笱、闻雷、黄砚、潘公等桥。

8）昌化县43桥：元桥、首坊、百佛、白牛、迎春、童婆、栖云、塌水、晚溪、百丈、巨溪、永年、塌洞、柳下、仁里、仙潭、云壑、潭桥等桥。（余略）

20×20=400（京文）

135/5—14

杭州府祠庙考　职方典第967/968卷　第135册　（府志）

（本府）显忠庙：△在府城长生桥西，宋绍兴初建，祀汉博陆侯霍光。135/5

嘉泽庙：△在府城安乐桥东香饼园巷，祀唐杭州刺史李泌。初民德泌立祠祀之，宋嘉定中赐额。135/5

中将军庙：△在府城临平升门桥北30步，今庙有残碑宋季人撰，谓为申包胥。乡人祈祷多应。135/6

（富阳县）东平庙：△在恩波桥西200步，祀唐睢阳太守张巡。又桐庐亦有张公祠。135/9

报功祠：△在县恩波桥西南，一名三侯祠，祀明知县吴堂、宋时儒、施阳得，俱有功德于富阳。135/10

（本府）仙林慈恩普济教寺：△在义同坊仙林桥西。唐显庆初，高宗念母后生育劬劳，乃建慈恩寺以报之。寺在汴京，命基法师主领。宋建炎时，其徒弘济庵舉南渡，乃就安国桥东金仙氏之居以为弘教之所，因敕额仙林。……135/12

香乳庵：△在艮山门内有古观音桥，即俗所谓堪子桥也。庵在桥西，里人沈学曾建。左西溪僧戒明续筑一亭以蔽烈日风雨，塑像其徒上人额曰香乳，学曾即以是名庵。135/14

20×20=400（京文）

437

135/15—26

第　　页

定香寺：在良山门外。宋乾德初造西湖上，今定香桥是也，名香积院，治平初改今额。宝庆间移造今所。 135/15

○永兴寺：在灵竺山后。唐贞观间，僧悟明造。宋济颠垒石为寿安桥。桥当水嘴处，夏秋洪涨，桥甚冲决，而寺岿然独存。村民将食螺，已断其尾，颠放之池遂活，至今池中螺皆无尾。 135/16

○灵隐禅寺：晋咸和中僧慧理造。山门匾曰绝胜觉场，相传葛洪书，或云宋之问。明初重建，改灵隐寺。寺门有五亭，今止存冷泉……灵隐西合涧桥而北，岩洞深窈，屈曲通明，嵴望玉削，古木奔藤，倒悬斜倚，根垂石外，红碧蒙幕，寺门屏障环之，下临溪水，冷泉亭据其上，波澄黛蓄，渺然意深—— 135/17.

杭州府古迹考　职方典第952卷　第135册（西湖府县志）

（本府）苏堤：元祐中东坡守杭所筑，起南讫北，横截湖面，夹道杂植花柳，为六桥九亭。李子厚诗云：天面长虹一鉴痕，直通南北两山春。 135/26

○六桥：第一桥名映波……第二桥名锁澜……第三桥名望仙……第四桥名压堤……第五

20×20＝400（京文）

438

135/26-32

第　　頁

桥名東浦……第六桥名跨虹……　135/26

杨公堤：裏湖西岸，明杨太守孟瑛增筑。第一桥环翠，第二桥流金，第三桥卧龙，第四桥隐秀，第五桥景行，第六桥濬源。

宋秀邸新园：内有先得楼……溜水桥。135/27

石函桥：宋半僧舍？　135/28

宋濮王的八卯车坊桥。　" "

总宜园：左断桥，宋张中贵别业，后归赵平远溥，又为太乙宫　135/28

羊角埂：自溜水桥北截湖至乳石渡口，延袤十余里，介東西马塍之间，其形如羊角。　135/29

饮马桥：地名牧马坊，吴越、南宋牧马于此。135/29

三桥柳：垂柳万株，阴夹两岸，披拂行人，游踪最为妖冶。三桥居民临水，亦称花市。　135/30

（海宁县）迴纹壁：在惠力寺正殿，高三丈，阔四丈，厚尺五，砌法迴纹如织。相传構殿之始，有巧者操墁受工，群工从之，巧同一手。巧者工讫去，群工欲更为之，则茫然失其纹理。千年以来殿已数圮，此壁巍然不动。故殿虽尝极敝，终无崩塌者，人以为公输神迹云。　135/32

20×20=400（京文）

439

135/32—47.

第　　　　頁

隅园：陈太常与郊近，在北城，地远阛阓，池圃二十余亩，中有竹堂……全城称诸胜。 135/32

（临安县）石屏：县西，秦始皇游天目，刻石为榜，此其遗迹。135/33

戴妃宅：马荦桥之上，萧墙尚存，旁有戴家园其遗址也。 135/34

（海宁县）宋尚书右丞洛阳许景衡墓：在许村。宋高宗时景衡官尚书右丞，危辟南渡，卒于瓜州道中，帝悯之，归葬临官安文里。……景衡子孙世居其地，俗呼为许坟村。坟南有桥曰追远桥。 135/37

（余杭县）秦张仪墓：在县北青桥镇，土僧掘土得碑，上书皇秦丞相张仪墓。 135/38

杭州府艺文　职方典第954卷　第135册

葛仙翁丹井（诗）	（唐）白居易	135/44
孤山	（唐）张祜	135/45
六桥烟柳（诗）	（明）高孟升	135/47
苏堤春晓	（明）聂大年	〃 〃
断桥残雪（诗）	（明）聂大年	〃 〃

杭州府纪事　职方典第955卷　第135册

（府志）丁兰故居在艮山门外36里，地名丁桥，事母至孝。母死，刻木为像，事之如生，至今桐柏山之东有

20×20=400（京文）

440

135/47—52

第　　　　　頁

丁母墓在焉。　135/47

(宋史苏轼传)轼拜龙图阁学士知杭州……轼复言三吴之水潴为太湖，太湖之水溢为松江以入海。海日两潮，潮浊而江清，潮水常欲淤塞江路，而江水清驶，随辄涤去，海口常通，则吴中少水患。昔苏州以东，公私船皆以篙行，无陆挽者。自庆历以来，松江大筑挽路，建长桥以扼塞江路，故今三吴多水。欲凿挽路为千桥以迅江势，亦不果用，人皆以为恨。轼二十年间再莅杭，有德于民，家有画像，饮食必祝，又作生祠以报。　135/48

杭州府杂录　联方典第956卷　第135册

(桯史)行都之山肇自天目，清淑扶舆之气，钟而为吴。储精发祥，肇在宅纬。负山之址有门曰朝天……朝天之东有桥曰望仙，仰眺吴山，如卓马立顾。绍兴间，望气者以为有郁葱之符。秦桧颛国，心利之，请以为赐第，其东偏即桧家庙，西则一德格天阁之故基也。……　135/50

(遵生八牋)西湖十景中有断桥残雪一景，自断桥一径至孤山下，残雪满隄，恍若万丈玉虹，跨截湖面，真奇观也。高雅者策蹇行吟以赏之。　135/52

20×20=400（京文）

441